JN047628

応用栄養学

塩入輝恵・七尾由美子　編著

石黒真理子
大瀬良知子
大森　　聡
岸　　昌代
小林　理恵
佐喜眞未帆
増野　弥生
山本　浩範

学文社

編者のことば

　「応用栄養学」は，管理栄養士養成施設における教育カリキュラムの専門科目 9 分野のひとつです。

　その内容は，生命誕生から成長，発達，加齢という過程における良好な健康状態から疾病に罹患する直前までのヒトを対象とし，その健康の保持・増進を栄養・食事面からサポートすることを目的とした，管理栄養士や栄養士が社会的役割を果たすための職務には必要不可欠な知識と技能を習得するための学問です。ゆえに，各ライフステージやライフスタイルにおける栄養状態に照らし合わせた適切な栄養ケア・マネジメントをできるようになることが目標となります。

　栄養ケア・マネジメントには，栄養診断を含む栄養アセスメントが必須です。このため，各ライフステージやライフスタイルの基本的な特性や特徴を，生理学，生化学，心理学，行動学などに基づき，重ねて知識を得ること，同時に，各時代の社会背景におけるヒトの健康問題や課題を知ることが必要です。また，これらに対する政府や各専門学会が示す指針やガイドラインなどの知識の習得，さらには改定に関する情報にも敏感でなければなりません。特に「日本人の食事摂取基準」は 5 年ごとに改定され，この理論や科学的根拠に関する理解が「応用栄養学」には欠かせません。

　現在の日本は，超高齢社会です。総人口の 28.4 ％（2019 年 9 月現在）が 65 歳以上であり，健康課題も多いことから人々はこの高齢者のステージに注目しがちです。しかし，ヒトはこのステージに至るまでのプロセスがあり，その健康状態は生活習慣で培われてきたものといえましょう。であるならば，ヒトの一生は途切れるものではないということを常に念頭において，本書をテキストのみならず参考書としてもご活用いただければ幸いです。

　本書は，吉田勉先生監修のもと，2019 年 3 月に改定された管理栄養士国家試験ガイドライン，および同年 12 月に公表された「日本人の食事摂取基準（2020 年版）」に準拠し，第一線で活躍される多くの先生方のご協力を得て完成しました。

　『新応用栄養学』の制作にあたりご執筆いただいた先生方，編集部の皆様に，この場をお借りして厚く御礼申し上げます。

　本書の構成と内容は，「管理栄養士・栄養士養成のための栄養学教育モデル・コア・カリキュラム」「管理栄養士国家試験ガイドライン」「日本人の食事摂取基準」に準拠し，執筆には，第一線でご活躍されている先生方の協力を得て完成いたしました。

　末筆ながら，本書の出版にあたり企画と編集にご尽力いただきました学文社編集部の皆様に心より感謝いたします。

2024 年 3 月吉日

塩　入　輝　恵

七　尾　由美子

目　　次

1　栄養ケア・マネジメント

2　食事摂取基準の基礎的理解

3　成長・発達・加齢

☞ コラム3　老化と老化制御（アンチエイジング）········· 49

4　妊娠期・授乳期

☞ コラム4　妊産婦のメンタルヘルス ················· 56

5　新生児期・乳児期

   ☞ コラム 5　乳幼児におけるアレルギー発症と予後の特徴 … 73

6　幼児期

   ☞ コラム 6　乳幼児に BMI（カウプ指数）を使用する

       メリットとデメリット ………………………… 99

7　学童期

1 栄養ケア・マネジメント

1.1 栄養ケア・マネジメントの概念

1.1.1 栄養ケア・マネジメントの定義

栄養ケア・マネジメントとは，対象者の栄養状態や身体状況を評価・判定し，栄養上の問題を解決するために，個々人に最適な栄養ケアを，効率的かつ系統的に行うためのシステムである。そのゴールは，対象者の栄養状態や健康状態を改善し，**QOL**^{*1}（quality of life：生活の質）を向上させることにある。

1.1.2 栄養ケア・マネジメントの過程

栄養ケア・マネジメントは，図1.1に示した過程に従って行われる。栄養ケア・マネジメントの過程は，栄養スクリーニング，栄養アセスメント，栄養ケア計画，栄養ケア計画の実施，モニタリング，最終評価からなる。

*1 **QOL** 生活の質，人生の質と訳され，身体的，精神的，社会的に，より快適な状態を目指す言葉として使用されることが多い。生活の満足度，豊かさを表す。

*2 **栄養管理プロセス**（栄養ケアプロセス：Nutrition Care Process：NCP） 栄養管理システムの用語・概念の国際的な統一を目指し，アメリカ栄養士会の提案で始まった栄養管理の手法である。①栄養アセスメント，②栄養診断，③栄養介入，④栄養モニタリングと評価の4段階で構成される。2008年横浜で開催された第15回国際栄養士会議で各国における普及が合意された。

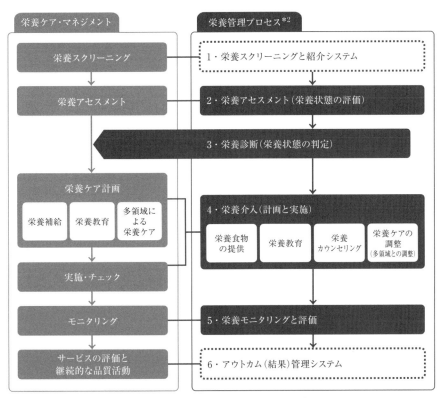

図1.1 栄養ケア・マネジメント 概念図

出所）日本栄養士会：栄養管理の国際基準を学ぶ，https://www.dietitian.or.jp/career/ncp/（2023.9.30）

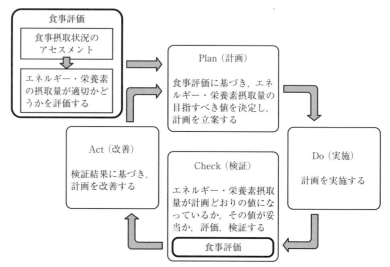

図 1.2　食事摂取基準の活用と PDCA サイクル

出所）厚生労働省：「日本人の食事摂取基準（2020 年版）」策定検討会報告書，23，（2019）

　また，日本人の食事摂取基準では，食事の改善には，PDCA サイクルを活用することを基本としている（**図1.2**）。対象者の食事摂取状況のアセスメントによる食事評価に基づき，食事改善計画の立案，食事改善を実施し，それらの検証を行う。検証を行う際には，食事評価を行う。検証結果を踏まえ，計画や実施の内容を改善する。

1.2　栄養アセスメント

1.2.1　栄養アセスメントの意義と目的

　栄養アセスメントとは，対象者の栄養状態や身体状況を，さまざまな指標を用いて，包括的に評価していくことである。具体的な実施方法については，次に示す。

1.2.2　栄養アセスメントの方法

(1) 栄養スクリーニング

　栄養アセスメントの前段階において，栄養スクリーニングによるふるい分けを行う。迅速，簡便に対象者を選定するためのスクリーニング項目を用いて，栄養状態のリスクの有無を判定する。リスクがある場合には，リスクレベルを判定し，詳細な栄養アセスメントを実施する。

　栄養スクリーニングに用いる項目は，①簡便で侵襲性がない，②妥当性と信頼性が高い，③感度と特異度が高いものが望ましい。侵襲とは，生体の内部環境の恒常性を乱す可能性がある刺激全般をいう。ここでいう刺激とは，採血や切開のように身体に負担を与えることをいう。妥当性とは，スクリーニングの結果と真の栄養状態の一致性を表す。信頼性とは，同一の対象者に

```
A．病　歴                                    5．疾患および栄養必要量との関係
  1．体重の変化                                  初期診断：＿＿＿＿＿
    過去6カ月間の体重減少：　＿＿＿kg　　減少率　＿＿＿％      代謝性ストレス：なし＿＿＿＿軽度＿＿＿＿中等度＿＿＿＿
    過去2週間の体重変化：＿＿＿kg                       高度＿＿＿＿
              増加＿＿＿　変化なし＿＿＿　減少＿＿＿
  2．通常時と比較した場合の食物摂取の変化              B．身体症状（スコアによる評価）：0＝正常；1＋＝軽度；
    変化なし＿＿＿                                            2＋＝中等度；3＋＝高度）
    変化（期間）：＿＿＿月＿＿＿週                      皮下脂肪の減少（三頭筋，胸部）＿＿＿＿＿＿
    タイプ：固形食＿＿＿流動食（栄養量充足）＿＿＿        筋肉の減少（四頭筋，三角筋）＿＿＿＿＿＿
        流動食（未充足）＿＿＿絶食＿＿＿              くるぶし部浮腫＿＿＿＿　仙骨部浮腫＿＿＿＿
  3．消化器症状（2週間の持続）                        腹水＿＿＿＿＿
    なし＿＿＿悪心＿＿＿嘔吐＿＿＿下痢＿＿＿食欲不振＿＿＿
  4．機能状態（身体検査，作業能力）              C．主観的包括的評価
    機能不全なし＿＿＿＿＿                          栄養状態良好　　　　A＿＿＿＿＿
    機能不全（期間）：＿＿＿月＿＿＿週              中等度の栄養不良　B＿＿＿＿＿
    タイプ：日常生活可能＿＿＿歩行可能＿＿＿寝たきり＿＿＿   高度の栄養不良　　C＿＿＿＿＿
```

図1.3　主観的包括的栄養評価（SGA）

出所）Detsky A.S., et al.: What is Subjective Global Assessment of Nutritional Status?, *J Parenter Enteral Nutri*, 11（1），8-13（1987）訳

同じような調査を繰り返した場合，一貫して同じ結果が得られるかどうかの精度のことをいう。感度(敏感度)とは，陽性のものを正しく陽性と判断する確率である。また，特異度とは，陰性のものを正しく陰性と判断する確率をいう。

　低栄養状態の判定によく使用されるフォームには，SGA（subjective global assessment：主観的包括的アセスメント)**図1.3**や MNA®（mini nutritional assessment-short form)**図1.4**がある。

（2）栄養アセスメント

　栄養アセスメントとは，対象者の栄養状態を包括的に評価することである。栄養アセスメントの方法には，1）臨床診査(問診・観察)，2）身体計測，3）臨床検査(生理・生化学検査)，4）食事調査などがある。

　栄養アセスメントには，さまざまな分類がある。対象者の体重の変化や食欲などの情報から，評価者が対象者を主観的に評価，判定する主観的栄養アセスメントと，身体計測，臨床検査，食事調査などの結果から客観的に評価，判定する客観的栄養アセスメントがある。

　また，時間軸から，短期間での変動が少ない指標(代謝回転の遅い)指標(**表1.1**)を用いて，対象者の栄養状態を評価・判定する静的栄養アセスメントと，短期間で鋭敏に変動する指標(**表1.2**)を用いて，対象者の栄養状態を評価，判定する動的栄養アセスメントとがある。

1）臨床診査（問診・観察）

　問診では，対象者の主訴，既往歴，現病歴，家族歴，喫煙歴，飲酒歴，体

簡易栄養状態評価表
Mini Nutritional Assessment
MNA®

Nestlé
NutritionInstitute

氏名：			性別：	
年齢：	体重： kg	身長： cm	調査日：	

スクリーニング欄の□に適切な数値を記入し、それらを加算する。11 ポイント以下の場合、次のアセスメントに進み、総合評価値を算出する。

スクリーニング

A 過去3ヶ月間で食欲不振、消化器系の問題、
そしゃく・嚥下困難などで食事量が減少しましたか？
0 = 著しい食事量の減少
1 = 中等度の食事量の減少
2 = 食事量の減少なし □

B 過去3ヶ月間で体重の減少がありましたか？
0 = 3 kg 以上の減少
1 = わからない
2 = 1～3 kg の減少
3 = 体重減少なし □

C 自力で歩けますか？
0 = 寝たきりまたは車椅子を常時使用
1 = ベッドや車椅子を離れられるが、歩いて外出はできない
2 = 自由に歩いて外出できる □

D 過去3ヶ月間で精神的ストレスや急性疾患を
経験しましたか？
0 = はい　2 = いいえ □

E 神経・精神的問題の有無
0 = 強度認知症またはうつ状態
1 = 中程度の認知症
2 = 精神的問題なし □

F BMI 体重 (kg) ÷ [身長 (m)]²
0 = BMI が 19 未満
1 = BMI が 19 以上、 21 未満
2 = BMIが 21 以上、 23 未満
3 = BMI が 23 以上 □

スクリーニング値：小計 (最大：14 ポイント) □□

12-14 ポイント： 栄養状態良好
8-11 ポイント： 低栄養のおそれあり (At risk)
0-7 ポイント： 低栄養

「より詳細なアセスメントをご希望の方は、引き続き質問 G～Rにおすすみください。」

アセスメント

G 生活は自立していますか（施設入所や入院をしていない）
1 = はい　0 = いいえ □

H 1日に4種類以上の処方薬を飲んでいる
0 = はい　1 = いいえ □

I 身体のどこかに押して痛いところ、または皮膚潰瘍がある
0 = はい　1 = いいえ □

J 1日に何回食事を摂っていますか？
0 = 1 回
1 = 2 回
2 = 3 回 □

K どんなたんぱく質を、どのくらい摂っていますか？
・乳製品（牛乳、チーズ、ヨーグルト）を毎日1品
以上摂取　　　　　　　　　　　　はい □ いいえ □
・豆類または卵を毎週2品以上摂取　はい □ いいえ □
・肉類または魚を毎日摂取　　　　　はい □ いいえ □
0.0 = はい、0～1 つ
0.5 = はい、2 つ
1.0 = はい、3 つ □.□

L 果物または野菜を毎日2品以上摂っていますか？
0 = いいえ　　　　1 = はい □

M 水分（水、ジュース、コーヒー、茶、牛乳など）を1日どのくらい
摂っていますか？
0.0 = コップ 3 杯未満
0.5 = 3 杯以上 5 杯未満
1.0 = 5 杯以上 □.□

N 食事の状況
0 = 介護なしでは食事不可能
1 = 多少困難ではあるが自力で食事可能
2 = 問題なく自力で食事可能 □

O 栄養状態の自己評価
0 = 自分は低栄養だと思う
1 = わからない
2 = 問題ないと思う □

P 同年齢の人と比べて、自分の健康状態をどう思いますか？
0.0 = 良くない
0.5 = わからない
1.0 = 同じ
2.0 = 良い □.□

Q 上腕（利き腕ではない方）の中央の周囲長(cm)：MAC
0.0 = 21cm 未満
0.5 = 21cm 以上、22cm 未満
1.0 = 22cm 以上 □.□

R ふくらはぎの周囲長 (cm)：CC
0 = 31cm未満
1 = 31cm 以上 □

評価値：小計 (最大：16 ポイント)		□□.□
スクリーニング値：小計 (最大：14 ポイント)		□□
総合評価値（最大：30 ポイント）		□□.□

低栄養状態指標スコア

24～30 ポイント	□	栄養状態良好
17～23.5 ポイント	□	低栄養のおそれあり (At risk)
17 ポイント未満	□	低栄養

Ref.　Vellas B, Villars H, Abellan G, et al. *Overview of MNA® - Its History and Challenges.* J Nut Health Aging 2006; 10: 456-465.
Rubenstein LZ, Harker JO, Salva A, Guigoz Y, Vellas B. Screening for Undernutrition in Geriatric Practice: *Developing the Short-Form Mini Nutritional Assessment (MNA-SF).* J. Geront 2001; 56A: M366-377.
Guigoz Y. The Mini-Nutritional Assessment (MNA®) *Review of the Literature – What does it tell us?* J Nutr Health Aging 2006; 10: 466-487.
® Société des Produits Nestlé, S.A., Vevey, Switzerland, Trademark Owners
© Nestlé, 1994, Revision 2006. N67200 12/99 10M
さらに詳しい情報をお知りになりたい方は、
www.mna-elderly.com にアクセスしてください。

図 1.4　MNA®-SF

出所）ネスレ日本株式会社より転載

表 1.1　静的栄養指標	
身体計測	・身長，体重，BMI，体重変化率 ・体脂肪率 ・ウエスト周囲長（腹囲） ・皮下脂肪厚：上腕三頭筋部皮下脂肪厚，肩甲骨下部皮下脂肪厚 ・筋量：上腕周囲長，上腕筋囲，上腕筋面積 ・骨密度（DXA 法など）
血液・生化学検査	・血清総たんぱく，アルブミン，コレステロール，コリンエステラーゼ ・ヘモグロビン ・血中ビタミン濃度，血中微量元素濃度 ・クレアチニン身長係数，尿中クレアチニン ・末梢血中総リンパ球数 ・血清ヘモグロビン A1c
皮内反応	遅延型皮膚過敏反応

表 1.2　動的栄養指標	
血液・生化学検査	・急速代謝回転たんぱく質（rapid turnover protein：RPT）：レチノール結合たんぱく質（半減期 12 ～ 16 時間），プレアルブミン（トランスサイレチン）（半減期 2 ～ 4 日），トランスフェリン（半減期 7 ～ 10 日） ・たんぱく代謝動態：窒素平衡，尿中 3-メチルヒスチジン ・アミノ酸代謝動態：フィッシャー比
間接熱量測定	・安静時エネルギー消費量（REE） ・呼吸商 ・糖利用率

重変化，食生活状況，運動習慣などを調査する。対象者に，問診票に記入をしてもらう方法，調査者が対象者に問いかけ，聞きとり，記録する方法がある。

また，観察項目としては，体格，頭髪，顔色，爪，皮膚，浮腫などがあげられる。

2）　身体計測

主な身体計測の種類，測定方法を次に示す。

①　身長・体重

身長・体重は，一般的によく測定される。成長期では，身体発育の指標となる。体重変化率や体重減少率も評価指標の 1 つとなる。各値は次の式から算出することができる。

体重変化率(%) = (通常時体重(kg) − 現在の体重(kg)) / 通常時体重(kg)

②　BMI

身長，体重を用いて，BMI (body mass index)は，次の式で算定できる。

BMI (kg/m^2) = 体重(kg) ÷ 〔身長(m)〕^{2}

食事摂取基準では，観察疫学研究において総死亡率が最も低かった BMI をもとに，疾患別の発症率と BMI の関連，喫煙や疾病の合併による BMI や死亡リスクへの影響，日本人の BMI の実態に配慮し，総合的に判断し目標とする範囲が設定されている。高齢者では，フレイル予防および生活習慣病の発症予防の両者に配慮することも踏まえ，当面目標とする BMI の範囲が設定されている(表 1.3)。

③　体脂肪率（量）

体脂肪は，皮下に存在する皮下脂肪と，内臓の周囲に存在する内臓脂肪とに分けられる。体脂肪の評価で

表 1.3　目標とする BMI の範囲（18 歳以上）[1,2]

年齢（歳）	目標とする BMI (kg/m^2)
18 ～ 49	18.5 ～ 24.9
50 ～ 64	20.0 ～ 24.9
65 ～ 74[3]	21.5 ～ 24.9
75 以上[3]	21.5 ～ 24.9

[1]　男女共通。あくまでも参考として使用すべきである。
[2]　観察疫学研究において報告された総死亡率が最も低かった BMI を基に，疾患別の発症率と BMI の関連，死因と BMI との関連，喫煙や疾患の合併による BMI や死亡リスクへの影響，日本人の BMI の実体に配慮し，総合的に判断し目標とする範囲を設定。
[3]　高齢者では，フレイルの予防及び生活習慣病の発症予防の両者に配慮する必要があることも踏まえ，当面目標とする BMI の範囲を 21.5 ～ 24.9 kg/m^2 とした。
出所）厚生労働省：「日本人の食事摂取基準（2020 年版）」策定検討会報告書，61，(2019)

は，その量(割合で表すことが多い)と体内での分布状況を評価する。

　測定の精度が高く**ゴールドスタンダード**^{*1}とされる方法には，二重エネルギー X 線吸収(dual energy X-ray absorptiometry：DXA)法や空気置換法，水中体重測定法がある。DXA 法は，生体に 2 つのエネルギーの X 線を照射し，照射した X 線が体内を通過する減衰率を利用して，体成分を定量する。測定機器は高額であり，専門家による測定が必要となるため，研究レベルで使用されることが多い。

　生体インピーダンス(Bioelectrical Impedance Analysis：BIA)法は，生体内に微小な電流を流して，筋肉や脂肪内の電気抵抗(インピーダンス)から除脂肪量，体脂肪率を推定する方法である。DXA 法や水中体重測定法と比較して，非侵襲的，安価で簡便であるため，身体組成を評価する有用な方法として，広く普及している。体水分や体温が，測定値に影響するため，食事や水分をとった後や運動後，入浴後などの測定は避けることが望ましい。

　皮下脂肪厚法は，皮下脂肪厚測定器(キャリパー)を用い，皮下脂肪厚を測定する方法である。測定部位は，利き腕でなく，骨折や麻痺のない腕とし，上腕三頭筋部皮下脂肪厚(triceps skinfold：TSF)や肩甲骨下部皮下脂肪厚(subscapular skinfold：SSF)を測定する。測定した皮下脂肪厚の値から，下記の式で体脂肪率を算出することができる。

　　男性　体脂肪率 = $\{[4.57/(1.0913-0.00116\overset{*2}{SFT})]-4.142\} \times 100$
　　女性　体脂肪率 = $\{[4.57/(1.0897-0.00133\overset{*2}{SFT})]-4.142\} \times 100$

計測部位を**図 1.5** に示す。

　体脂肪は，皮下脂肪や内臓脂肪の分布の評価をすることも重要である。内臓脂肪の蓄積量が多い者は，脂質異常症，糖尿病，高血圧などの生活習慣病を発症するリスクが高まる。内臓脂肪蓄積の診断項目とし，内臓脂肪面積 $\geqq 100\ cm^2$ をマーカーとして，臍の位置で測定したウエスト周囲長(腹囲)の基準値は男性 85 cm，女性 90 cm と定められている。ウエスト周囲長が，男性 85 cm 以上，女性 90 cm 以上では，心血管疾患のリスクが高くなる。

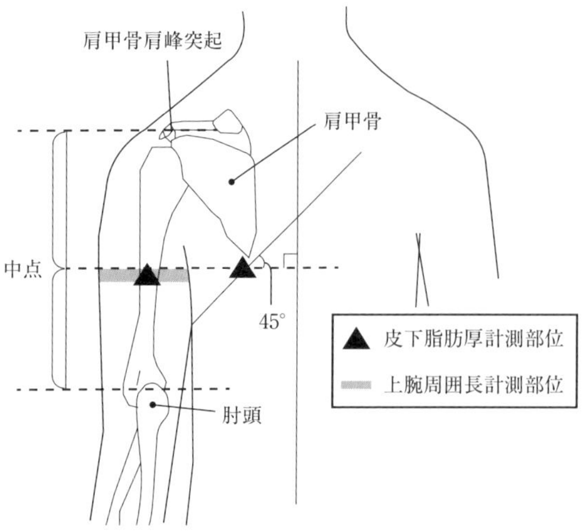

④ **上腕周囲長(arm circumference：AC)**

　上腕周囲長(arm circumference：AC)は，肩甲骨肩峰突起と尺骨肘頭突起の中間点の周囲を測定する。エネルギー摂取量を反映するため，体脂肪量，筋肉量の指標となる。

図 1.5 上腕三頭筋部皮下脂肪厚，肩甲骨下部皮下脂肪厚，上腕周囲長の計測部位

肩甲骨肩峰突起
肩甲骨
中点
45°
肘頭
▲ 皮下脂肪厚計測部位
━ 上腕周囲長計測部位

表1.4　日本人の新身体計測基準値（中央値）

年齢（歳）	男					女				
	上腕三頭筋部皮下脂肪厚（TSF）（mm）	肩甲骨下部皮下脂肪厚（SSF）（mm）	上腕周囲長（AC）（cm）	上腕筋囲長（AMC）（cm）	下腿周囲長（CC）（cm）	上腕三頭筋部皮下脂肪厚（TSF）（mm）	肩甲骨下部皮下脂肪厚（SSF）（mm）	上腕周囲長（AC）（cm）	上腕筋囲長（AMC）（cm）	下腿周囲長（CC）（cm）
18 〜 24	10.00	10.00	27.00	23.23	35.85	14.00	12.75	24.60	19.90	34.50
25 〜 29	11.00	12.50	27.35	23.69	36.45	14.00	12.00	24.25	19.47	33.90
30 〜 34	13.00	15.00	28.60	24.41	38.00	14.00	13.50	24.30	19.90	33.80
35 〜 39	12.00	15.50	28.00	24.10	37.45	15.00	14.00	25.00	20.23	34.60
40 〜 44	11.00	16.00	27.98	24.36	37.67	15.50	14.50	26.40	21.09	34.95
45 〜 49	10.17	14.00	27.80	24.00	36.90	16.00	16.00	26.00	20.60	34.30
50 〜 54	10.00	16.00	27.60	23.82	36.92	14.50	13.00	25.60	20.78	33.60
55 〜 59	9.00	13.00	27.00	23.68	35.60	16.00	16.50	26.20	20.52	33.10
60 〜 64	9.00	12.50	26.75	23.35	34.80	15.10	13.75	25.70	20.56	32.50
65 〜 69	10.00	18.00	27.50	24.04	34.00	20.00	22.00	26.20	20.08	32.20
70 〜 74	10.00	16.00	26.80	23.57	33.40	16.00	18.00	25.60	20.28	31.60
75 〜 79	9.25	15.00	26.20	22.86	32.80	14.00	16.00	24.78	20.16	30.60
80 〜 84	10.00	14.00	25.00	21.80	31.90	12.50	13.25	24.00	19.96	29.60
85 〜	8.00	10.00	24.00	21.43	30.00	10.00	10.00	22.60	19.25	28.30

出所）日本栄養アセスメント研究会　身体計測基準値検討委員会：日本人の新身体計測基準値（JARD2001）栄養評価と治療　2002年増刊号，Vol.19 suppl.，メディカルレビュー社（2002）

⑤　上腕筋囲長（arm muscle circumference：AMC），上腕筋面積（arm muscle area：AMA）

　上腕筋囲長(AMC)，上腕筋面積(AMA)は，上腕周囲長，上腕三頭筋部皮下脂肪厚の計測値から，算出する。筋たんぱく質量の指標となる。

$$AMC（cm）= AC（cm）- TSF（cm）× 3.14$$

$$AMA（cm^2）=〔AMC（cm）〕^2 ÷（4 × 3.14）$$

⑥　下腿周囲長（calf circumference：CC）

　下腿周囲長(calf circumference：CC)は，軸足でないまたは骨折や麻痺のない下腿の最も太い位置で測定する。下腿筋量の指標として用いられる。下腿周囲長は，BMIとの相関がある。

コラム1　身長を測定するときのポイント

　身体計測において，実施される頻度が多いのは身長，体重であろう。身長と体重を正確に測定できれば，BMIも正確な値を算出することができる。しかしながら，自らが身長を計測される立場になると，姿勢がととのっていないうちに測定されてしまうことが多いように感じる。

　身長を測定するときには，対象者の姿勢をととのえることが重要である。その姿勢のポイントは2つある。1つめは，対象者が足先は30度くらいの角度に開き，踵，臀部，胸背部が一直線に身長計の尺柱に接するように立つこと。2つめは，対象者が顎をひき，眼は正面を見る姿勢をとることである。これは，耳珠点と眼窩点がつくる平面が水平となる状態である（耳珠点とは，耳の孔の前側にある突出した部分の付け根の点のこと。眼窩点とは，眼球が入っている頭骨の穴の縁のうち，最も下方にある点のことである）。短時間で行われる計測であっても，ぜひこの2つのポイントはおさえたいところである。

表 1.5　血液生化学検査

項目	基準値	異常値をとる疾患・病態
赤血球数（RBC）	男 410 〜 530 万 /μℓ 女 380 〜 480 万 /μℓ	高値　真性多血症，脱水，ストレス，二次性多血症 低値　貧血，白血病，悪性腫瘍，出血
ヘモグロビン（Hb）	男 14.0 〜 18.0 g/dℓ 女 12.0 〜 16.0 g/dℓ	
ヘマトクリット（Ht）	男 40 〜 48 % 女 23 〜 42 %	
平均赤血球容積（MCV）	84 〜 99 fℓ	高値　大球性貧血 低値　小球性貧血
平均赤血球ヘモグロビン量 （MCH）	26 〜 32 pg	低値　低色素性貧血
平均赤血球ヘモグロビン濃度 （MCHC）	32 〜 36 g/dℓ（%）	低値　低色素性貧血
白血球数（WBC）	3600 〜 9300 /μℓ	高値　感染症，心筋梗塞，白血病，真性多血症，出血 低値　SLE，白血病，無顆粒球症，悪性貧血，再生不良性貧血，骨髄線維症，薬剤副作用，腸チフス
鉄（Fe）	男 54 〜 181 μg/dℓ 女 43 〜 172 μg/dℓ	高値　ヘモクロマトーシス，再生不良性貧血，肝癌 低値　鉄欠乏性貧血，慢性炎症，慢性出血，悪性腫瘍，寄生虫症
フェリチン	男 37 〜 420 ng/mℓ 女 6 〜 140 ng/mℓ	高値　ヘモクロマトーシス，ヘモシデローシス，悪性腫瘍，炎症 低値　鉄欠乏性貧血，真性多血症
総たんぱく（TP）	6.6 〜 8.1 g/dℓ	高値　炎症，脱水，多発性骨髄腫 低値　低栄養，吸収不良症候群，肝障害，ネフローゼ症候群，火傷
アルブミン（Alb）	4.1 〜 4.9 g/dℓ	高値　脱水 低値　肝硬変，ネフローゼ症候群，吸収不良症候群，低栄養
AST（GOT）	10 〜 34 U/ℓ	高値　急性肝炎，心筋梗塞，肝硬変，肝癌
ALT（GTP）	5 〜 46/ℓ	高値　急性肝炎，慢性肝炎，肝硬変，肝癌，脂肪肝
γ-GTP	男 7 〜 60 U/ℓ 女 7 〜 38 U/ℓ	アルコール性肝炎，閉塞性黄疸，薬剤性肝炎
コリンエステラーゼ（ChE）	172 〜 457 U/ℓ	高値　ネフローゼ症候群，糖尿病性腎症 低値　肝硬変，農薬中毒，サリン中毒
血糖（グルコース，Glu）	70 〜 109 mg/dℓ （空腹時）	高値　糖尿病，肝疾患，脳血管障害 低値　高インスリン血症，肝疾患，腸管吸収不良
HbA1c（ヘモグロビンA1c）	4.6 〜 6.2 % （NGSP 値）	高値　高血糖状態の持続 低値　赤血球寿命短縮
フルクトサミン（FRA）	205 〜 285 μmol/ℓ	高値　高血糖の持続
総コレステロール（T-Chol）	120 〜 219 mg/dℓ	高値　原発性・続発性高コレステロール血症，甲状腺機能低下症，ネフローゼ症候群，胆道閉鎖症，悪性腫瘍 低値　家族性低コレステロール血症，肝障害，甲状腺機能亢進症
HDL コレステロール	男 40 〜 85 mg/dℓ 女 40 〜 95 mg/dℓ	高値　家族性高 HDL コレステロール血症，CETP 欠損症 低値　高リポたんぱく血症，虚血性心疾患，脳梗塞，肥満症，喫煙
LDL コレステロール	65 〜 139 mg/dℓ	高値　原発性・家族性高コレステロール血症，甲状腺機能低下症 低値　家族性低コレステロール血症，肝障害，甲状腺機能亢進症
中性脂肪（TG）	50 〜 149 mg/dℓ	高値　脂質異常症，肥満，糖尿病，肝胆道疾患，甲状腺機能低下症 低値　甲状腺機能亢進症，副腎不全，肝硬変，低栄養
クレアチニン（Creat）	男 0.7 〜 1.1 mg/dℓ 女 0.5 〜 0.9 mg/dℓ	高値　腎炎，腎不全，脱水，巨人症，甲状腺機能亢進症

出所）奈良信雄：栄養アセスメントに役立つ臨床検査値の読み方考え方ケーススタディ第 2 版，137-140，医歯薬出版（2014）

表 1.6　尿検査

項目	基準値	異常値（陽性）をとる疾患・病態
たんぱく	（−）〜（±）	腎炎，ネフローゼ症候群，発熱，過労
糖	（−）	糖尿病，腎性糖尿，ステロイド服用，膵炎，脳出血，妊娠
潜血	（−）	腎・尿路の炎症，結石，腫瘍，出血性素因，腎臓外傷
ビリルビン	（−）	閉塞性黄疸，体質性黄疸
ケトン体	（−）	飢餓，糖尿病性ケトアシドーシス，嘔吐，下痢，空腹，発熱

出所）奈良信雄：栄養アセスメントに役立つ臨床検査値の読み方考え方ケーススタディ第 2 版，137，医歯薬出版（2014）

前述した身長，体重，BMI，上腕三頭筋部皮下脂肪厚，肩甲骨下端部皮下脂肪厚，上腕周囲長，上腕筋囲，上腕筋面積は，「**日本人の新身体計測基準値**（**JARD2001**）」と比較し，評価を行う。

＊日本人の新身体計測基準値（JARD2001）　日本栄養アセスメント研究会の身体計測基準値検討委員会が，7640 例，有効 5492 例（男性 2738 例，女性 2754 例）を実際に計測し，国際的に比較検討できる方法で，日本人の新身体計測基準値を算出した。

3）　生理・生化学検査（臨床検査）

臨床検査には，対象者より採取した血液，尿，便，組織や細胞を試料とする検体検査と，対象者に対して機能検査や画像検査を行う生理機能検査がある。**表1.5** に血液生化学検査の項目と基準値，**表1.6** に尿検査の項目と基準値を示した。

4）　食事調査

食事調査は，対象者の食事摂取状況や食習慣を把握するために行われる。

対象者に必要なエネルギーおよび各栄養素の摂取量に過不足があるかを確認する際には，日本人の食事摂取基準を用いる。また，食事調査からエネルギーおよび各栄養素の摂取量を推定する際には，食品成分表を用いて栄養計算を行う。

食事調査法には，食事記録法，24 時間思い出し法，陰膳法，食物摂取頻度法，食事歴法，生体指標などがある。調査法によって，長所と短所があるため，食事調査の目的や状況に応じて選択する必要がある。食事摂取状況に関する調査法のまとめは，**表1.7** のとおりである。

近年は，食事（料理）の写真を撮影し，その写真から食品の種類と量（摂取量）を推定し，栄養価計算を行う方法も用いられている。

食事調査で得られた結果は，食事摂取基準などの指標を用いて，評価を行う。そのときに，食事調査結果には，過小申告，過大申告，日間変動などの測定誤差が生じることを念頭におき，結果を取り扱う必要がある。

1.2.3　アセスメントの結果から現状把握と課題の抽出

スクリーニング，アセスメントの結果より得られた情報を整理し，対象者の問題点を抽出する。食生活における問題点は何か，食生活の影響が，どのようなアセスメントデータに表れているのか，などをあげて検討する。

1.3　栄養ケア計画の実施，モニタリング，評価，フィードバック

1.3.1　栄養ケア計画の作成と実施

（1）栄養ケア計画

栄養ケア計画を作成する際には，栄養アセスメントから得られた対象者の問題点を解決するための目標設定を行う。

目標は達成時期を明確化し，段階に分けて，短期目標・中期目標・長期目標を設定するとよい。短期目標は行動目標ともいい，対象者の能力や環境に

表 1.7 食事摂取状況に関する調査法のまとめ

	概　要	長　所	短　所	習慣的な摂取量を評価できるか	利用に当たって特に留意すべき点
食事記録法	・摂取した食物を調査対象者が自分で調査票に記入する。重量を測定する場合（秤量法）と，目安量を記入する場合がある（目安量法）。食品成分表を用いて栄養素摂取量を計算する。	・対象者の記憶に依存しない。 ・ていねいに実施できれば精度が高い。	・対象者の負担が大きい。 ・対象者のやる気や能力に結果が依存しやすい。 ・調査期間中の食事が，通常と異なる可能性がある。 ・データ整理に手間がかかり，技術を要する。 ・食品成分表の精度に依存する。	・多くの栄養素で長期間の調査を行わないと不可能。	・データ整理能力に結果が依存する。 ・習慣的な摂取量を把握するには適さない。 ・対象者の負担が大きい。
24時間食事思い出し法	・前日の食事，又は調査時点からさかのぼって24時間分の食物摂取を，調査員が対象者に問診する。フードモデルや写真を使って，目安量を尋ねる。食品成分表を用いて，栄養素摂取量を計算する。	・対象者の負担は，比較的小さい。 ・比較的高い参加率を得られる。	・熟練した調査員が必要。 ・対象者の記憶に依存する。 ・データ整理に時間がかかり，技術を要する。 ・食品成分表の精度に依存する。	・多くの栄養素で複数回の調査を行わないと不可能。	・聞き取り者に特別の訓練を要する。 ・データ整理能力に結果が依存する。 ・習慣的な摂取量を把握するには適さない。
陰膳法	・摂取した食物の実物と同じものを，同量集める。食物試料を化学分析して，栄養素摂取量を計算する。	・対象者の記憶に依存しない。 ・食品成分表の精度に依存しない。	・対象者の負担が大きい。 ・調査期間中の食事が通常と異なる可能性がある。 ・実際に摂取した食品のサンプルを，全部集められない可能性がある。 ・試料の分析に，手間と費用がかかる。		・習慣的な摂取量を把握する能力は乏しい。
食物摂取頻度法	・数十～百数十項目の食品の摂取頻度を，質問票を用いて尋ねる。その回答を基に，食品成分表を用いて栄養素摂取量を計算する。	・対象者1人当たりのコストが安い。 ・データ処理に要する時間と労力が少ない。 ・標準化に長けている。	・対象者の漠然とした記憶に依存する。 ・得られる結果は質問項目や選択肢に依存する。 ・食品成分表の精度に依存する。 ・質問票の精度を評価するための，妥当性研究を行う必要がある。	・可能。	・妥当性を検証した論文が必須。また，その結果に応じた利用に留めるべき。 （注）ごく簡易な食物摂取頻度調査票でも妥当性を検証した論文はほぼ必須。
食事歴法	・上記（食物摂取頻度法）に加え，食行動，調理や調味などに関する質問も行い，栄養素摂取量を計算に用いる。				
生体指標	・血液，尿，毛髪，皮下脂肪などの生体試料を採取して，化学分析する。	・対象者の記憶に依存しない。 ・食品成分表の精度に依存しない。	・試料の分析に，手間と費用がかかる。 ・試料採取時の条件（空腹か否かなど）の影響を受ける場合がある。摂取量以外の要因（代謝・吸収，喫煙・飲酒など）の影響を受ける場合がある。	・栄養素によって異なる。	・利用可能な栄養素の種類が限られている。

出所）厚生労働省：「日本人の食事摂取基準（2020年版）」策定検討会報告書，24，（2019）

応じて，短期間で達成できる項目を設定する。数週間から3か月を目途に効果が得られるようにする。具体的で実現可能な目標は，対象者に意欲や満足感を与え，中期目標・長期目標への達成へと導く。中期目標は，短期目標として設定した行動目標の積み重ねにより，達成が期待され，栄養状態や食行動，食習慣が一定期間維持できることを目指す。期間は6か月くらいを目途とする。長期目標は，課題解決により最終的に達成できる到達目標（ゴール）である。期間は1年から数年とし，対象者の健康上の問題点が解決され，QOL（quality of life）の向上につながるものとする。目標は，対象者にとって実行可能なものとし，目標が複数ある場合には，優先順位を決めていく。

1）栄養補給

栄養補給は，対象者に食事・栄養を提供するためのアプローチである。日本人の食事摂取基準を基に，対象者に対応したエネルギーおよび各栄養素量を算出する。疾病予防や治療への配慮が必要な対象者においては，食事摂取基準の基本的な理論を踏まえたうえで，疾病に応じたガイドラインを参照し，エビデンスに基づいた食事・栄養提供の計画を立てる。

また，食事の形態は，対象者の摂食嚥下機能，消化機能などの状態に応じて，経口栄養法，経腸栄養法，経静脈栄養法から選択する。

経口栄養法は，摂食機能に障害がなく，口からの摂取が可能な対象者に用いる方法である。経口栄養法は，自然な栄養補給法であるため，対象者の食欲や味覚，精神的な満足度が高い。経口栄養法のみでは必要な栄養量が確保できない場合に，経腸栄養法，経静脈栄養法を用いる。

経腸栄養法は，消化管が機能している場合に用いることができる方法である。経管栄養法の経路（アクセス）には，経鼻アクセス（経鼻胃アクセス，経鼻十二指腸アクセス，経鼻空腸アクセス），消化管瘻アクセス（胃瘻，空腸瘻，PTEG）がある。

経静脈栄養法は，末梢あるいは中心静脈の経路（アクセス）を介して，輸液を投与する。長期間の投与には，中心静脈栄養を選択する。

2）栄養教育

栄養教育では，対象者に栄養・食生活に関する情報提供を行い，対象者が自身の現状を理解したうえで，望ましい食行動が実現できるように導く。具体的な情報提供を行うため，指導媒体（教材）には，フードモデル，料理カード，リーフレットなどを用意するとよい。

3）多領域による栄養ケア

栄養状態の改善には，対象者の身体的，精神的，経済的，社会的な状況も関わっている。そこで，効果的に栄養ケアを行っていくうえでは，管理栄養士・栄養士だけではなく，他の専門職（医師，歯科医師，保健師，看護師，薬剤師，言語聴覚士，理学療法士，臨床心理士など）や関連スタッフ，ボランティアなどと

表 1.8 栄養ケア計画書 （通所・居宅） （様式例）

氏名：	殿	初回作成日：		年 月 日
		作成（変更）日：		年 月 日
		作成者：		

医師の指示	□なし □あり （要点　　　　　　　　　　　　　　　） 指示日 （　／　）		
利用者及び家族の意向		説明日	
		年 月 日	
解決すべき課題 （ニーズ）	低栄養状態のリスク　　　　　　□低 □中 □高		
長期目標と期間			

分類	短期目標と期間	栄養ケアの具体的内容（頻度，期間）	担当者
栄養補給・食事			
栄養食事相談			
他職種による課題の解決など			
特記事項			

栄養ケア提供経過記録

月 日	サービス提供項目

出所）厚生労働省：老認発 0316 第 3 号 別紙様式 5-1 （2021）

12

連携し，幅広い視点から栄養ケアを行っていくことが望ましい。

表1.8に，栄養ケア計画書の例を示す。

1.3.2　モニタリングと個人評価

(1) 栄養ケアの実施・モニタリング

栄養ケアを実施する際には，栄養ケア計画の目標に到達できるよう，実施状況を定期的に確認することが必要である。モニタリングでは，設定したエネルギーおよび各栄養素の妥当性，対象者の栄養状態・健康状態の現状と変化などを定期的に確認する。モニタリングにより，改善が必要な点が発見された場合には，栄養ケア計画を速やかに修正する。

1.3.3　マネジメントの評価

(1) 栄養ケアの評価

1)　評価の種類

栄養ケアの評価は，最終的な到達目標に対して行うだけでなく，栄養ケアの実施過程においても，経時的・段階的に行うことが望ましい。下記に，段階に応じた評価の種類を示す。

●栄養評価の視点　下記のように，さまざまな視点から行う。

① 臨床的視点：健康状態および栄養状態の改善。

② 教育的視点：知識の習得，意識の変容，行動の変容。

③ 教育方法・教材の視点：栄養教育の進め方，使用した教材の種類・内容など。

④ QOLの視点：生活の満足感，QOLの向上。

⑤ 医療経済的視点：労働生産性の向上，医療費節約の程度など。

●栄養評価の段階

① 経過（過程）評価

栄養ケア計画が，計画どおりに実施されているのかその過程を評価する。例えば，栄養ケアの方法や使用した媒体(教材)，支援者のかかわり方や支援方法，活動などが，計画通りに行われ，適切であったかを評価する。

② 影響評価

対象者の健康・栄養状態に影響を及ぼす行動に変化があったか。短期目標が達成されたかを評価する。

③ 結果評価

行動の変化により，健康・栄養状態が改善されたか，その達成度を評価する。中期・長期目標の評価である。

④ 経済評価

栄養ケア計画の実施に要した費用が妥当であったか，評価する。

(2) 栄養ケアのフィードバック・改善

栄養アセスメント，栄養ケア計画の段階においては，栄養アセスメントに用いた評価指標の選定，実施時期，評価方法，栄養アセスメントからの問題点の抽出方法，栄養ケア計画の目標設定などが適切であったか，などを具体的に検討する。また，栄養ケアの実施においては，実施内容，スタッフの人員配置や勤務体制，設備などが適切であったか，などを検討する。PDCAサイクルに基づき，栄養アセスメント，栄養ケア計画，実施への各段階においてフィードバックを行う。

検証の結果に基づき，改善点が発見された場合には，栄養ケア計画を改良し，対象者に有効なシステムを確立していく。

【演習問題】

問 1 栄養アセスメントに用いる指標のうち，半減期が約 3 日の血液成分である。最も適当なのはどれか。1 つ選べ。　　　　　　（2022 年国家試験）
(1) レチノール結合たんぱく質
(2) トランスサイレチン
(3) トランスフェリン
(4) アルブミン
(5) ヘモグロビン

解答（2）

問 2 栄養スクリーニングに関する記述である。誤っているのはどれか。1 つ選べ。　　　　　　　　　　　　　　　　　　　（2023 年国家試験）
(1) 低コストの方法を用いる。
(2) 侵襲性が低い方法を用いる。
(3) 敏感度が高い方法を用いる。
(4) SGA では，採血が必要である。
(5) 簡易栄養状態評価表(MNA®)は，体重変化を含む。

解答（4）

📖 参考文献・参考資料

厚生労働省：「日本人の食事摂取基準（2020 年版）」策定検討会報告書（2019）
奈良信雄：栄養アセスメントに役立つ臨床検査値の読み方考え方ケーススタディ第 2 版，137-140，医歯薬出版（2014）
日本栄養士会ホームページ，栄養管理プロセスとは
　https://www.dietitian.or.jp/career/ncp/（2023.9.30）

2 食事摂取基準の基礎的理解

　日本人の食事摂取基準は，健康な個人および集団を対象として，国民の健康の保持・増進，生活習慣病予防のために参照するエネルギー・栄養素の摂取量を示すものであり，5年ごとに改定を行っている。「日本人の」とあるように諸外国にも同様の基準が策定されているが，定期的に改定している国は多くない。この定期的な改定によって，最新の研究成果を反映させることができる仕組みとなっている。なお，現行版は2020年版で，Web上で公開されており，研修動画も閲覧が可能である。

https://www.mhlw.go.jp/stf/seisakunitsuite/bunya/kenkou_iryou/kenkou/eiyou/
syokuji_kijyun.html（2023.9.30）

2.1　策定の基本的事項と留意事項

2.1.1　策定方針

　日本人の食事摂取基準2020年版は策定の方向性が示されている（図2.1）。原則として，2015年版の策定方法を踏襲した上で，栄養に関連した身体・代謝機能の低下の回避の観点から，健康の保持・増進，生活習慣病の発症予防及び重症化予防に加え，高齢者の低栄養予防やフレイル予防も視野に入れ

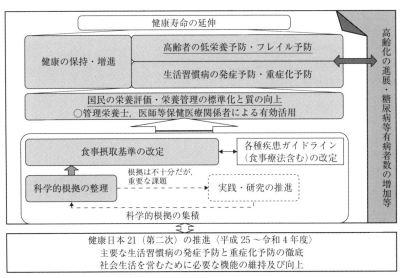

図2.1　日本人の食事摂取基準（2020年版）策定の方向性

出所）厚生労働省：日本人の食事摂取基準（2020年版），1（2020），図1

表 2.1 目標とする BMI の範囲（18 歳以上）

年齢（歳）	目標とする BMI（kg/m²）
18 〜 49	18.5 〜 24.9
50 〜 64	20.0 〜 24.9
65 〜 74	21.5 〜 24.9
75 以上	21.5 〜 24.9

出所）厚生労働省（2020），61，表 1

表 2.2 推定エネルギー必要量（kcal/日）

性別	男性			女性		
身体活動レベル[1]	I	II	III	I	II	III
0 〜 5 （月）	—	550	—	—	500	—
6 〜 8 （月）	—	650	—	—	600	—
9 〜 11 （月）	—	700	—	—	650	—
1 〜 2 （歳）	—	950	—	—	900	—
3 〜 5 （歳）	—	1,300	—	—	1,250	—
6 〜 7 （歳）	1,350	1,550	1,750	1,250	1,450	1,650
8 〜 9 （歳）	1,600	1,850	2,100	1,500	1,700	1,900
10 〜 11 （歳）	1,950	2,250	2,500	1,850	2,100	2,350
12 〜 14 （歳）	2,300	2,600	2,900	2,150	2,400	2,700
15 〜 17 （歳）	2,500	2,800	3,150	2,050	2,300	2,550
18 〜 29 （歳）	2,300	2,650	3,050	1,700	2,000	2,300
30 〜 49 （歳）	2,300	2,700	3,050	1,750	2,050	2,350
50 〜 64 （歳）	2,200	2,600	2,950	1,650	1,950	2,250
65 〜 74 （歳）	2,050	2,400	2,750	1,550	1,850	2,100
75 以上 （歳）[2]	1,800	2,100	—	1,400	1,650	—
妊婦（付加量）[3] 初期				+50	+50	+50
中期				+250	+250	+250
後期				+450	+450	+450
授乳婦（付加量）				+350	+350	+350

1　身体活動レベルは，低い，ふつう，高いの三つのレベルとして，それぞれ I，II，III で示した。
2　レベル II は自立している者，レベル I は自宅にいてほとんど外出しない者に相当する。レベル II は高齢者施設で自立に近い状態で過ごしている者にも適用できる値である。
3　妊婦個々の体格や妊娠中の体重増加量及び胎児の発育状況の評価を行うことが必要である。
出所）厚生労働省（2020），84，参考表 2

て策定された。そのため，関連する各種疾患ガイドラインとも調和を図っていく運びとなった。

2.1.2　指標の概要

(1) エネルギーの指標

エネルギーの摂取量および消費量のバランス（エネルギー収支バランス）の維持を示す指標として体格指数（Body Mass Index : BMI）を用い，成人における観察疫学研究において報告された総死亡率が最も低かった BMI の範囲，日本人の BMI の実態などを総合的に検証し，目標とする BMI の範囲を提示している（**表 2.1**）。この目標とする範囲については，18 歳以上に限られており，0 〜 17 歳や妊婦・授乳婦には適用できない。また，BMI のみを用いて栄養アセスメントや食事指導を行うことは困難であること，ビタミン B$_1$ やビタミン B$_2$ など一部の栄養素の摂取基準の算定にはエネルギー必要量の概念が必要となることから，参考資料として，推定エネルギー必要量が掲載されている（**表 2.2**）。

(2) 栄養素の指標

栄養素とは，生物が生命を保ち，健康な生活を営むため，あるいは成長・発育のために体外から取り入れる物質を指す。炭水化物，脂質，たんぱく質，ミネラル，ビタミンは五大栄養素とよばれるが，ミネラルは自然界に 100 種類以上存在するといわれている。食事摂取基準では，数多く存在する栄養素の中からヒトにおいて，必須性が認められた 34 種類の栄養素について収載されている。各栄養素においては，目的別に後述の 5 つの指標が設けられている。しかしながら，34 種類それぞれの栄養素ごとに 5 つの指標全てに数値が算定されているわけではなく，栄養素や年代によっては 1 つあるいは，2 つといったものもある。

1) 推定平均必要量（Estimated Average Requirement : EAR）

摂取不足回避を目的として設定された指標で，個人を対象とした場合は不

足の確立が 50 ％であり，集団を対象とした場合は当該集団において 50 ％の者が必要量を満たし，残りの 50 ％の者は不足を生じていると推定される摂取量と定義された。ここでいう「不足」とは，必ずしも欠乏症が生じることだけを意味するものではなく，その定義は栄養素によって異なる。

2）　推奨量（Recommended Dietary Allowance：RDA）

摂取不足回避を目的として設定された指標で，個人を対象とした場合は不足の確立がほとんどなく，集団を対象とした場合は当該集団において 97 〜 98 ％（ほとんどの者）が充足している摂取量と定義された。推奨量は，推定平均必要量が算定可能な栄養素に対して設定され，推定平均必要量を用いて算出される。

3）　目安量（Adequate Intake：AI）

摂取不足回避を目的として設定された指標で，推定平均必要量と推奨量を算定するのに十分な科学的根拠が不足している場合に設定される指標である。個人を対象とした場合は不足の確率がほとんどなく，集団の場合は不足が生じていると推定される対象者はほとんど存在しないと推定される摂取量と定義された。特定の集団において，不足状態を示す者がほとんど観察されない摂取量であり，栄養素摂取量を観察した疫学研究によって得られたものである。なお，前述の定義から考えると，目安量は推奨量よりも理論的に高値を示すと想定される（図 2.2）。

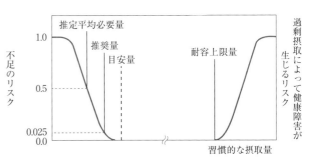

図 2.2　食事摂取基準の各指標（推定平均必要量，推奨量，目安量，耐容上限量）を理解するための概念図

出所）厚生労働省（2020），7. 図 5

4）　耐容上限量（tolerable Upper intake Level：UL）

摂取過剰回避を目的として設定された指標で，過剰摂取による健康障害が発生するリスクがないとみなされる習慣的な摂取量の上限として定義された。つまり，習慣的に摂取する栄養素が耐容上限量を超えた場合，過剰摂取による健康障害が発生する可能性が高まる。しかしながら，その特性上，科学的根拠が乏しく，超えない方が望ましい量ではなく，その数値に接近すべきでない量といえる。また，耐容上限量は過剰摂取による健康障害を回避する指標であり，健康増進や生活習慣の発症予防を目的として策定されたものではない。つまり，摂取不足回避のために設定された指標と異なり，耐容上限量を超えていなくとも習慣的にそれに近い値を摂取していた場合，健康を害したり，疾患を発症する可能性が否定できないので留意する。

5) 目標量（tentative Dietary Goal for preventing life-style related diseases：DG）

　生活習慣病の発症予防を目的として設定された指標で，当該集団において，その疾病の発症リスクや，その代理指標となる生体指標の値が低くなると考えられる栄養状態が達成できる量であり，現在の日本人が当面の目標とすべき摂取量と定義された。しかしながら，生活習慣病の発症予防に関連する要因は多数存在し，食事はその一部でしかない。そのため，目標量を活用する場合は，関連する因子の存在とその程度を明らかにし，これらを総合的に考慮する必要がある（図2.3）。また，食事摂取基準2015年版までは生活習慣病の発症予防および重症化予防に重点を置かれてきたが，2020年版においては，高齢社会の更なる進展への対応から，新たに低栄養予防を含んだフレイル予防を目的とした目標量が設定された。さらに，目標量を策定している摂取基準に限ってエビデンスレベルが記載されることとなった。

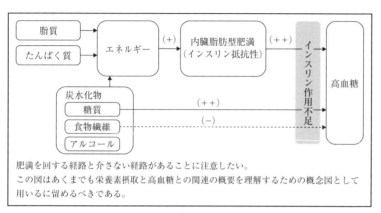

図2.3　栄養素摂取と高血糖との関連（特に重要なもの）

出所）厚生労働省（2020），462，図2

表2.3　年齢区分

年齢等
0～5（月）※
6～11（月）※
1～2（歳）
3～5（歳）
6～7（歳）
8～9（歳）
10～11（歳）
12～14（歳）
15～17（歳）
18～29（歳）
30～49（歳）
50～64（歳）
65～74（歳）
75以上（歳）

※エネルギー及びたんぱく質については，「0～5か月」，「6～8か月」，「9～11か月」の三つの区分で表した。

出所）厚生労働省（2020），10，表2

(3) 年齢区分

　表2.3 示した年齢区分を用いることとした。ただし，エネルギーおよびたんぱく質に関しては，成長に合わせてより詳細な区分の設定が必要であると考えられ，別途「出生後6か月未満（0～5か月）」，「6か月以上9か月未満（6～8か月）」，「9か月以上1歳未満（9～11か月）」の3つに区分されている。また，1～17歳を小児，18歳以上を成人とした。さらに，65歳以上を高齢者とし，65～74歳，75歳以上の2つに区分された。

(4) 参照体位

　参照体位（参照身長・参照体重）とは，性および年齢区分に応じて，日本人として平均的な身長と体重を持った者を想定し，健全な発育および健康の保持・増進，生活習慣病の予防を考える上での参照値として提示したものである。参照値の算定において，乳児・小児については，日本小児内分泌学会・日本成長学会合同標準値委員会による小児の体格評価に用いる身長，体重の標準値を基に，年齢区分に応じて，当該月齢および年齢区分の中央時点における中央値を引用，成人・高齢者については，国民健康・栄養調査における当該の性・年齢区分における身長・体重の中央値とした。ただし，女性について

は，妊婦と授乳婦を除いて算定されている。なお，算定の根拠となったデータには肥満ややせの者が数割含まれており，参照体位＝望ましい体格ではないということに留意する必要がある。

2.1.3 策定された食事摂取基準

現行版である日本人の食事摂取基準 2020 年版の一部は巻末に付表として掲載した。

2.1.4 策定の留意事項

（1）摂取源

経口摂取されるもの全てを対象としており，食事に加え，間食，飲料，サプリメント，健康食品由来のエネルギーと栄養素を含むものとする。通常の食品からの摂取を想定しているが，通常の食品のみの摂取では必要な量を満たすことが困難な栄養素もある。これは対象と栄養素が限られており，妊娠を計画している，もしくは妊娠の可能性がある女性と妊娠初期の女性と葉酸が該当する。葉酸の摂取不足は，胎児の**神経管閉鎖障害**[*]のリスクの要因となるため，リスク低減を目的として，通常の食品以外(サプリメントや健康食品)での摂取についても提示してある。

＊神経管閉鎖障害　脳，脊椎，脊髄に生じる先天異常の一種で，無脳症，二分脊椎などがある。妊娠初期に葉酸が不足すると胎児に発症リスクが高まる。そのため，妊娠を計画している女性，妊娠の可能性がある女性および妊娠初期の妊婦は，リスク低減のために摂取が推奨されている。

（2）摂取期間

食事摂取基準は，1 皿や 1 食の食事について，基準と見比べることは想定しておらず，あくまでも習慣的な摂取量の基準を与えるものである。また，単位としては「1 食当たり」はなく，「1 日当たり」としている。栄養素の摂取量は日間変動が大きく，食事摂取基準で扱っている健康障害がエネルギー・栄養素の習慣的な過不足が発生要因となっているためである。習慣的な摂取を把握するためにはおおむね一か月程度の期間を要すると考えられている。

（3）行動学的・栄養生理学的な視点

基本的に食事摂取基準は，栄養生化学的視点から策定されている。しかしながら，経口摂取したエネルギー・栄養素摂取量が及ぼす健康影響を考えた場合，栄養生化学のみならず，食べる順序，速度，時刻，エネルギー産生栄養素比率，朝昼夕の 3 食のバランス，一日の食事回数，食事のスキップなどの食習慣や行動学的，栄養生理学的視点も欠かすことができない。しかしながら，これらの領域の知見を食事摂取基準に取り入れるには更なる研究や概念の整理が必要であり，今後の課題となっている。

（4）研究調査の取り扱い

国民の栄養素摂取状態を反映していると考えられる代表的な研究論文を引用し，適切なものがない場合には，公表された直近の国民健康・栄養調査結果で安定したデータを用いる。

(5) 外挿方法

食事摂取基準で示された指標を算定するのに用いられた数値は，ある限られた性・年齢の者に観察されたものである。したがって，性・年齢別区分ごとに量を設定するためには観察された値(参照値)に外挿することで値を推計する必要がある。

2.2　活用に関する基本的事項

2.2.1　活用の基本的考え方

健康な個人または集団を対象として，食事を改善する目的で食事摂取基準を活用する場合は，PDCA サイクルに基づく活用を基本とする(図1.2 参照)。

2.2.2　食事摂取状況のアセスメントの方法と留意点

(1) 食事摂取基準の活用と食事摂取状況のアセスメント

エネルギー・各栄養素の摂取状況は，食事調査による摂取量と食事摂取基準の各指標で示されている値を比較することによって評価することができる。ただし，エネルギー摂取量の過不足の評価には，BMI または体重変化量を用いる。図2.4 に食事摂取基準を用いた食事摂取状況のアセスメントの概要を示す。一方，食事調査によって得られる摂取量には必ず測定誤差が伴う。測定誤差で特に留意が必要なのは，過小申告・過大申告と日間変動である。

(2) 食事調査

食事状況を把握する方法として，食事記録法，24 時間食事思い出し法，陰膳法，食物摂取頻度法，食事歴法，生体指標などがある(表1.7 参照)。食事摂取基準は，習慣的な摂取量の基準を示したものであることから，その活用における調査では，習慣的な摂取量の推定が可能な食事調査法を選択する必要がある。最近，スマートフォンなどで撮影した食事を画像解析して，食材や食事の量からエネルギー・栄養素量を推計するアプリケーションなどが開発され，精度が高まっている。しかしながら，見た目では想像ができない調味料の使用や一度にすべての食事が用意された上で，撮影することが前提であったり，その利用には慎重さが望まれる。

(3) 食品成分表の利用

食事調査からエネルギー・各栄養素の摂取量を推定する際に，食品成分表を用いて栄養価計算を行うが，食品成分表の栄養素量と実際にその摂取量を推定しようとする

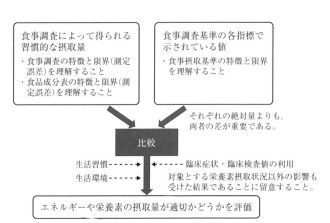

図2.4　食事摂取基準を用いた食事摂取状況のアセスメントの概要

出所) 厚生労働省:「日本人の食事（2020 年版）」策定検討報告書. 24, 図7（2019）

食品に含有される栄養素量は必ずしも同じではない。したがって，それらの誤差を踏まえた上での対応が必要である。

2.2.3 指標別に見た活用法の留意点

(1) エネルギー収支バランス

エネルギーについては，エネルギーの摂取量および消費量のバランス(エネルギー収支バランス)の維持を示す指標として BMI を用いることとする。実際は，エネルギー摂取の過不足について体重の変化を測定することで評価する。または，測定された BMI が，目標とする範囲を下回っていれば「不足」，上回っていれば「過剰」のおそれがないか，他の要因も含め，総合的に判断する。

(2) 推定平均必要量

個人では 50 ％の確率で不足，集団では約半数の者で不足が生じると推定される摂取量であることから，食事調査の結果がこの値よりも低値を示したり，この値を下回っている対象者が多くいる場合は「問題あり」と判断して良い。

(3) 推奨量

個人では不足の確立がほとんどなく，集団では不足が生じると推定される者がほとんど存在しない摂取量であることから，食事調査の結果がこの値付近かそれ以上である場合は「問題なし」と判断して良い。

(4) 目安量

個人では不足の確立がほとんどなく，集団では不足が生じると推定される者がほとんど存在しない摂取量であることから，食事調査の結果がこの値以上を摂取していた場合は「問題なし」と判断して良い。目安量は，科学的根拠が不十分であり，推定平均必要量と推奨量が算定できない場合に設定される指標である。なお，その定義から考えると，目安量は推奨量よりも理論的に高値を示すと考えられる(図2.2)。一方，食事調査の結果が目安量未満だったとしても，不足の有無やそのリスクの割合を示すことはできない。

(5) 耐容上限量

食事調査の結果がこの値を超えていた場合は「問題あり」と判断して良い。しかしながら，通常の食品を一般的な食べ方をしている限りは，この値を超えることはほとんどありえない。一方で，サプリメントや健康食品を逸脱した食べ方をしている場合は，その限りではない。また，耐容上限量の算定には偶発的に発生した事故事例を根拠としており，科学的根拠が十分でない。したがって，超えてはならない量ではなく，接近を回避すべき量と理解した方が良い。

(6) 目標量

生活習慣病の発症を予防する目的で算定された指標であり，食事調査の結果はこの値を目指し，範囲内に収めることが望ましい。しかしながら，生活習慣病発症の要因は様々で，目標量の順守のみで発症を予防できるわけではない。参考までに栄養摂取と高血糖との関連を示す(図2.3)。

2.2.4　目的に応じた活用上の留意点

(1) 個人の食事改善を目的とした活用

個人の食事改善を目的として食事摂取基準を活用した食事摂取状況のアセスメントの概要を(図2.5)に示す。エネルギー摂取量の過不足の評価には，成人の場合は体重変化量を用い，目標とするBMIの範囲を目安とする。乳児および小児の場合は成長曲線(身体発育曲線)を用いる。体重や身長を計測し，成長曲線(身体発育曲線)のカーブから大きく外れていないかなど成長の経過を縦断的に観察する。栄養素摂取量の評価には，基本的には食事調査の結果から推計した栄養素量を用い，改善へ繋げる。ただし，食事調査は測定誤差を避けることができないため，結果に及ぼす影響の意味とその程度を，十分に理解して評価を行わねばならない。個人の食事改善を目的として食事摂取基準を活用する場合の基本的事項を表 2.4 に示す。

(2) 集団の食事改善を目的とした活用

集団の食事改善を目的として食事摂取基準を活用した食事摂取状況のアセスメントの概要を(図2.6)に示す。エネルギー摂取の過不足を評価する場合には対象とする集団におけるBMIの分布を用いる。エネルギーについては，BMIが目標とする範囲内にある者の割合を算出する。BMIについては，目

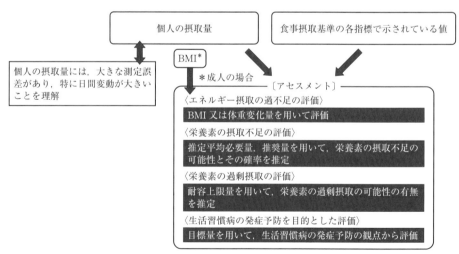

図 2.5　食事改善（個人）を目的とした食事摂取基準の活用による食事摂取状況のアセスメント

出所）厚生労働省（2020），37，図14

表2.4 個人の食事改善を目的として食事摂取基準を活用する場合の基本的事項

目 的	用いる指標	食事摂取状況のアセスメント	食事改善の計画と実施
エネルギー摂取の過不足の評価	体重変化量BMI	○体重変化量を測定 ○測定されたBMIが，目標とするBMIの範囲を下回っていれば「不足」，上回っていれば「過剰」のおそれがないか，他の要因も含め，総合的に判断	○BMIが目標とする範囲内に留まること，又はその方向に体重が改善することを目的として立案 〈留意点〉おおむね4週間ごとに体重を計測記録し，16週間以上フォローを行う
栄養素の摂取不足の評価	推定平均必要量推奨量目安量	○測定された摂取量と推定平均必要量及び推奨量から不足の可能性とその確率を推定 ○目安量を用いる場合は，測定された摂取量と目安量を比較し，不足していないことを確認	○推奨量よりも摂取量が少ない場合は，推奨量を目指す計画を立案 ○摂取量が目安量付近かそれ以上であれば，その量を維持する計画を立案 〈留意点〉測定された摂取量が目安量を下回っている場合は，不足の有無やその程度を判断できない
栄養素の過剰摂取の評価	耐容上限量	○測定された摂取量と耐容上限量から過剰摂取の可能性の有無を推定	○耐容上限量を超えて摂取している場合は耐容上限量未満になるための計画を立案 〈留意点〉耐容上限量を超えた摂取は避けるべきであり，それを超えて摂取していることが明らかになった場合は，問題を解決するために速やかに計画を修正，実施
生活習慣病の発症予防を目的とした評価	目標量	○測定された摂取量と目標量を比較。ただし，発症予防を目的としている生活習慣病が関連する他の栄養関連因子及び非栄養性の関連因子の存在とその程度も測定し，これらを総合的に考慮した上で評価	○摂取量が目標量の範囲に入ることを目的とした計画を立案 〈留意点〉発症予防を目的としている生活習慣病が関連する他の栄養関連因子及び非栄養性の関連因子の存在と程度を明らかにし，これらを総合的に考慮した上で，対象とする栄養素の摂取量の改善の程度を判断。また，生活習慣病の特徴から考えて，長い年月にわたって実施可能な改善計画の立案と実施が望ましい

出所）厚生労働省（2020），40，表16

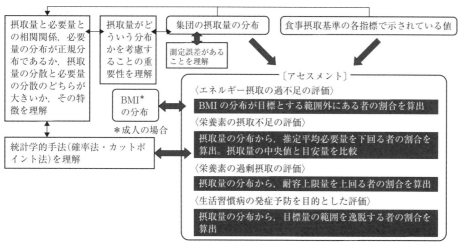

図2.6 食事改善（集団）を目的とした食事摂取基準の活用による食事摂取状況のアセスメント

出所）厚生労働省（2020），41，図17

標とするBMIの範囲を目安とする。栄養素については，個人の場合と同様に食事調査を実施し，摂取量の分布を把握する。その分布から摂取不足あるいは摂取過剰の可能性がある者の割合を推定し，食事の改善へ繋げる。しか

表 2.5　集団の食事改善を目的として食事摂取基準を活用する場合の基本的事項

目　的	用いる指標	食事摂取状況のアセスメント	食事改善の計画と実施
エネルギー摂取の過不足の評価	体重変化量 BMI	○体重変化量を測定 ○測定された BMI の分布から，BMI が目標とする BMI の範囲を下回っている，あるいは上回っている者の割合を算出	○BMI が目標とする範囲内に留まっている者の割合を増やすことを目的として計画を立案 〈留意点〉一定期間をおいて 2 回以上の評価を行い，その結果に基づいて計画を変更し，実施
栄養素の摂取不足の評価	推定平均必要量 目安量	○測定された摂取量の分布と推定平均必要量から，推定平均必要量を下回る者の割合を算出 ○目安量を用いる場合は，摂取量の中央値と目安量を比較し，不足していないことを確認	○推定平均必要量では，推定平均必要量を下回って摂取している者の集団内における割合をできるだけ少なくするための計画を立案 ○目安量では，摂取量の中央値が目安量付近かそれ以上であれば，その量を維持するための計画を立案 〈留意点〉摂取量の中央値が目安量を下回っている場合，不足状態にあるかどうかは判断できない
栄養素の過剰摂取の評価	耐容上限量	○測定された摂取量の分布と耐容上限量から，過剰摂取の可能性を有する者の割合を算出	○集団全員の摂取量が耐容上限量未満になるための計画を立案 〈留意点〉耐容上限量を超えた摂取は避けるべきであり，超えて摂取している者がいることが明らかになった場合は，問題を解決するために速やかに計画を修正，実施
生活習慣病の発症予防を目的とした評価	目標量	○測定された摂取量の分布と目標量から，目標量の範囲を逸脱する者の割合を算出する。ただし，発症予防を目的としている生活習慣病が関連する他の栄養関連因子及び非栄養性の関連因子の存在と程度も測定し，これらを総合的に考慮した上で評価	○摂取量が目標量の範囲に入る者又は近づく者の割合を増やすことを目的とした計画を立案 〈留意点〉発症予防を目的としている生活習慣病が関連する他の栄養関連因子及び非栄養性の関連因子の存在とその程度を明らかにし，これらを総合的に考慮した上で，対象とする栄養素の摂取量の改善の程度を判断。また，生活習慣病の特徴から考え，長い年月にわたって実施可能な改善計画の立案と実施が望ましい

出所）厚生労働省（2020），45，表 17

しながら，食事調査法に起因する測定誤差が結果に及ぼす影響の意味と程度を十分に理解して評価を行わねばならない。集団においては，過小申告・過大申告が評価に与える影響が特に大きい点に留意する。集団の食事改善を目的として食事摂取基準を活用する場合の基本的事項を表 2.5 に示す。

2.3　エネルギー・栄養素別食事摂取基準
2.3.1　エネルギー
(1) 基本的事項

エネルギーの収支バランスは，「エネルギー摂取量－エネルギー消費量」として定義される（図 2.7）。成人期以降は身長の伸びはほとんど期待できないことから，その結果が体重の変化に現れ，BMI が変動する。エネルギー収支のアンバランスについては，短期的には体重の変化で評価が可能である。一方，長期的にはエネルギー摂取量と消費量，体重とが相互に連動した結果，収支のバランスがゼロとなってしまう。すなわち，体重・体組成が一定となり，BMI が変動しなくなる。その結果，肥満の者は肥満のまま，やせの者はやせのままといった状況を招く危険性がある（図 2.8）。したがって，健康の保持・増進，生活習慣病の予防の観点からはエネルギー収支のバランスを保つだけでなく，望ましい BMI の範囲を維持することが重要といえる。望ま

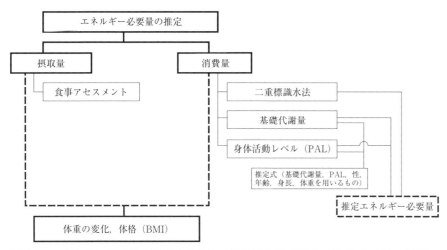

図 2.7　エネルギー必要量を推定するための測定法と体重変化，体格（BMI），推定エ
ネルギー必要量との関連

出所）厚生労働省（2020），53，図 2

しい BMI の範囲については，前述の通り，観察疫学研究の結果から得られた総死亡率や疾患別の発症率と BMI の関連から範囲が設定されている。

(2) エネルギー摂取量・エネルギー消費量・エネルギー必要量の推定の関係

エネルギー必要量を推定するためには，体重が一定の条件下において，摂取量の推定と消費量の測定の 2 つの方法がある。前者は食

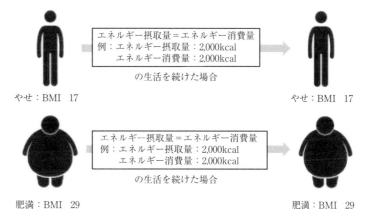

図 2.8　エネルギー収支バランスがゼロとなった場合のイメージ

出所）筆者作成

事アセスメント法，後者は**二重標識水法**[*]と基礎代謝量ならびに身体活動レベル（Physical Activity Level：PAL）の測定値や性，年齢，身長，体重を用いてエネルギー消費量を推定する方法がある。二重標識水法では，エネルギー消費量が直接測定されるため，測定精度が非常に高い。一方で，食事アセスメント法は，いずれの方法を用いても測定誤差が大きく，エネルギー必要量を推定するのは極めて難しい。そこで，エネルギー必要量の推定には，エネルギー摂取量ではなく，エネルギー消費量から算出する方法が広く用いられている。なお，基礎代謝量と PAL を用いた推定エネルギー必要量は，次式にて求めることができる。

・成人以上（18 歳以上，妊婦・授乳婦を除く）

[*]**二重標識水法**　酸素と水素の安定同位体で二重にラベルした二重標識水を用いたエネルギー消費量の測定方法。現時点で最も精度が高い。ただし，二重標識水が高価なこと，分析に技術を要することから，限られた研究グループでしか実施されていない。

$$推定エネルギー必要量(kcal/日) = 基礎代謝量(kcal/日) \times PAL$$

また，乳児，小児，妊婦，授乳婦においては，これに成長や妊娠継続，授乳に必要なエネルギー量を付加量として加える。

・乳児・小児

推定エネルギー必要量(kcal/日) =

$$基礎代謝量(kcal/日) \times PAL ＋エネルギー蓄積量(kcal/日)$$

・妊婦・授乳婦については，妊娠・授乳前と比べて余分に摂取すべきと考えられるエネルギー量を，妊娠・授乳期別に付加量として示してある（表2.2）。

2.3.2 たんぱく質

(1) 基本的事項

＊動的平衡状態　相反する代謝が同じ速度で進行することによって，全体としては変化がみられず，平衡に達している状態。たんぱく質においては合成量と分解量が等しくたんぱく質の総量に変化がみられないこと。

体たんぱく質は，合成と分解を繰り返しており，**動的平衡状態**[*]を保っている。たんぱく質の種類によりその代謝回転速度は異なるが，いずれも分解されてアミノ酸となり，その一部は体外に失われることを避けられない。したがって，生きている限りたんぱく質を補給し続ける必要がある。加えて，成長期には新生組織の蓄積のため，妊婦は胎児および胎盤などの成長のため，授乳婦は母乳に含まれるたんぱく質のために必要なたんぱく質を摂取しなければならない。

(2) 健康の保持・増進

たんぱく質の必要量は窒素出納法を用いて研究が進められてきた。推定平均必要量および推奨量の算定においても窒素出納実験により測定されたたんぱく質維持必要量をもとに次式より算定された。

維持必要量(g/日) = 維持必要量(g/kg 体重 /日) × 参照体重(kg)

推定平均必要量(g/日) =

維持必要量(g/日) / 日常食混合たんぱく質の利用効率

推奨量(g/日) = 推定平均必要量(g/日) × 推奨量算定係数

たんぱく質の耐容上限量は過剰摂取による健康障害を根拠に算定すべきだが，現時点ではたんぱく質の耐容上限量を設定し得る根拠が不十分であるため，2020 年版においては設定しないこととした。また，生活習慣病およびフレイルについては，習慣的なたんぱく質摂取量とフレイルの発症・罹患率などの関連を検討した研究から，フレイル・サルコペニアの発症予防を目的とした場合，65 歳以上の高齢者では少なくとも 1.0 g/kg 体重/日以上のたんぱく質を摂取することが望ましいと考えられている。したがって，目標量の下限は 1 歳から 49 歳で 13％エネルギー，50 ～ 64 歳で 14 ％エネルギー，65 歳以上で 15 ％エネルギーと加齢に伴い底上げされた（表11.4）。また，特定のたんぱく質・アミノ酸，特定の食品とフレイルとの関連については，一

定の結果は得られておらず，現時点でそれらを勧める根拠は不十分である。

2.3.3 脂　　質

(1) 基本的事項

栄養学的に重要な脂質は脂肪酸，中性脂肪，リン脂質，糖脂質およびステロール類である。食事摂取基準 2020 年版においては，図 2.9 の通り，点線で囲んだ 4 つの項目について基準を設けている。また，エネルギー産生栄養素としても，1 g 当たりエネルギー価はたんぱく質・炭水化物の 2 倍以上である。さらに，脂溶性ビタミン(A，D，E，K)やカロテノイドの吸収を促進する。コレステロールについては，細胞膜の構成成分，肝にて胆汁酸に変換，ステロイドホルモン(性ホルモン，副腎皮質ホルモン)等の前駆体となる。なお，コレステロールは，ステロイド骨格と炭化水素側鎖を持つ両親媒性の分子であり，脂肪酸とはその構造が異なる。しかしながら，食品中ではその大半が脂肪の中に存在することやその栄養学的な働きの観点から，本項に含めることとした。

(2) 健康の保持・増進

脂質の食事摂取基準は，0 ～ 11 か月の乳児は目安量，1 歳以上は目標量として，脂質のエネルギー比率として示されている。脂質の中には必須脂肪酸を含む n-6 系・n-3 系の脂肪酸が含まれており，目標量の下限値は国民健康・栄養調査における脂肪酸摂取量の中央値から必須脂肪酸の目安量(表 2.6)を下回らないように算定した結果，20 ％エネルギーとなった。一方，上限については，飽和脂肪酸の過剰摂取が生活習慣病と関連していることを加味し，日本人の脂質・飽和脂肪酸摂取の特徴から飽和脂肪酸の目標量(表 2.7)を超過しないと期待される 30 ％エネルギーとした(表 2.8)。

体内で合成されるコレステロールは，食事性コレステロールの約 1/3 ～1/7 との報告がある。また，コレステロー

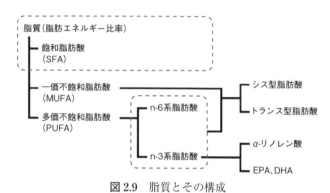

図 2.9　脂質とその構成

出所) 厚生労働省（2020），127

表 2.6　n-6 系および n-3 系脂肪酸の食事摂取基準（g/日）

n-6

性　別	男性	女性
年齢等	目安量	目安量
0 ～ 5 （月）	4	4
6 ～ 11 （月）	4	4
1 ～ 2 （歳）	4	4
3 ～ 5 （歳）	6	6
6 ～ 7 （歳）	8	7
8 ～ 9 （歳）	8	7
10 ～ 11 （歳）	10	8
12 ～ 14 （歳）	11	9
15 ～ 17 （歳）	13	9
18 ～ 29 （歳）	11	8
30 ～ 49 （歳）	10	8
50 ～ 64 （歳）	10	8
65 ～ 74 （歳）	9	8
75 以上 （歳）	8	7
妊　婦		9
授乳婦		10

n-3

性　別	男性	女性
年齢等	目安量	目安量
0 ～ 5 （月）	0.9	0.9
6 ～ 11 （月）	0.8	0.8
1 ～ 2 （歳）	0.7	0.8
3 ～ 5 （歳）	1.1	1.0
6 ～ 7 （歳）	1.5	1.3
8 ～ 9 （歳）	1.5	1.3
10 ～ 11 （歳）	1.6	1.6
12 ～ 14 （歳）	1.9	1.6
15 ～ 17 （歳）	2.1	1.6
18 ～ 29 （歳）	2.0	1.6
30 ～ 49 （歳）	2.0	1.6
50 ～ 64 （歳）	2.2	1.9
65 ～ 74 （歳）	2.2	2.0
75 以上 （歳）	2.1	1.8
妊　婦		1.6
授乳婦		1.8

出所) 厚生労働省（2020），151

表2.7　飽和脂肪酸の食事摂取基準(%エネルギー)[1,2]

性　別	男　性	女　性
年齢等	目標量	目標量
0～5（月）	—	—
6～11（月）	—	—
1～2（歳）	—	—
3～5（歳）	10以下	10以下
6～7（歳）	10以下	10以下
8～9（歳）	10以下	10以下
10～11（歳）	10以下	10以下
12～14（歳）	10以下	10以下
15～17（歳）	8以下	8以下
18～29（歳）	7以下	7以下
30～49（歳）	7以下	7以下
50～64（歳）	7以下	7以下
65～74（歳）	7以下	7以下
75以上（歳）	7以下	7以下
妊　婦		7以下
授乳婦		7以下

1 飽和脂肪酸と同じく，脂質異常症及び循環器疾患に関与する栄養素としてコレステロールがある。コレステロールに目標量は設定しないが，これは許容される摂取量に上限が存在しないことを保証するものではない。また，脂質異常症の重症化予防の目的からは，200 mg/日未満に留めることが望ましい。
2 飽和脂肪酸と同じく，冠動脈疾患に関与する栄養素としてトランス脂肪酸がある。日本人の大多数は，トランス脂肪酸に関する世界保健機関（WHO）の目標（1％エネルギー未満）を下回っており，トランス脂肪酸の摂取による健康への影響は，飽和脂肪酸の摂取によるものと比べて小さいと考えられる。ただし，脂質に偏った食事をしている者では，留意する必要がある。トランス脂肪酸は人体にとって不可欠な栄養素ではなく，健康の保持・増進を図る上で積極的な摂取は勧められないことから，その摂取量は1％エネルギー未満に留めることが望ましく，1％エネルギー未満でもできるだけ低く留めることが望ましい。
出所）厚生労働省（2020），150

表2.8　脂質の食事摂取基準（％エネルギー）

性　別	男　性		女　性	
年齢等	目安量	目標量[1]	目安量	目標量[1]
0～5（月）	50	—	50	—
6～11（月）	40	—	40	—
1～2（歳）	—	20～30	—	20～30
3～5（歳）	—	20～30	—	20～30
6～7（歳）	—	20～30	—	20～30
8～9（歳）	—	20～30	—	20～30
10～11（歳）	—	20～30	—	20～30
12～14（歳）	—	20～30	—	20～30
15～17（歳）	—	20～30	—	20～30
18～29（歳）	—	20～30	—	20～30
30～49（歳）	—	20～30	—	20～30
50～64（歳）	—	20～30	—	20～30
65～74（歳）	—	20～30	—	20～30
75以上（歳）	—	20～30	—	20～30
妊　婦			—	20～30
授乳婦			—	20～30

1 範囲に関しては，おおむねの値を示したものである。
出所）厚生労働省（2020），149

ルの摂取が多くなった場合，肝でのコレステロール合成が低下し，反対に摂取が少なくなった場合，コレステロールの合成が上昇することで末端への供給が一定となる。したがって，コレステロールは必須の栄養素ではなく，目標量も設定されていない。しかしながら，コレステロールは脂質異常症・循環器疾患に関与する栄養素であり，許容される摂取量に上限が存在しないわけではないことに留意する。また，脂質異常症の重症化予防の目的からは，200 mg/日未満に留めることが望ましいとされている。

2.3.4　炭水化物

(1)　基本的事項

　炭水化物は分類の方法によって栄養学的な意味合いが異なるが，食事摂取基準2020年版においては，総炭水化物と食物繊維に限定して基準を設けている。炭水化物から摂取するエネルギーのうち，食物繊維由来のものはごくわずかであり，そのほとんどは糖質由来である。したがって，食事摂取基準においては，炭水化物＝糖質と考えて良い。糖質の栄養学な役割は，グルコースしかエネルギー源として利用できない組織へのグルコースの供給である。理論上，グルコースの必要量は100 g/日と推定されるが，必要に応じて糖新生が行われ，血中にグルコースが供給されることから，真に必要な最低量を示すものではない。食物繊維は，腸内細菌による発酵によりエネルギーを産生するが，その量は一定でなく，0～2 kcal/gと考えられている。さらに，炭水化物に占める食物繊維の重量比はわずかであることから，食事摂取基準の活用上はエネルギー源としては無視し得ると考えられている。一方で，食物繊維は摂取量が多いほど生活習慣病の発症・死亡率が低くなる傾向が認められている。

(2)　健康の保持・増進

　炭水化物はエネルギー源として重要な役割を担

っているが，前述の通り，真に必要な量を明らかにすることは困難である。また，一般的に，乳児を除いて1日に100gをはるかに上回る量のグルコース(炭水化物)を摂取している。さらに，2型糖尿病を除いて，炭水化物が直接，特定の健康障害を引き起こすとの報告が乏しい。したがって，炭水化物については，推定平均必要量，推奨量，目安量および耐容上限量は設定されていない。しかしながら，エネルギー源として重要である点を加味し，アルコールを含んだ合計量として，目標量として，%エネルギーの範囲を算定した。なお，その数値はたんぱく質と脂質のエネルギー比の残余から算定された。アメリカ・カナダの食事摂取基準を参考にすると成人での理想は24g/日以上の食物繊維の摂取を目標量とすべきだと考えられる。しかしながら，国民健康・栄養調査によると日本人の食物繊維摂取量の中央値は，全ての年齢区分でこれよりもかなり少ない。したがって，実現可能な数値として，現在の日本人の18歳以上における食物繊維摂取量の中央値13.7g/日と前述の24gの中間値18.9g/日を目標量を算出するための参照値とした。

2.3.5　エネルギー産生栄養素バランス

エネルギー産生栄養素バランスは，摂取されたたんぱく質，脂質，炭水化物(アルコールを含む)とそれらの構成成分が総エネルギー摂取量に占める割合(%)としての構成比を示す。これらの比率を決定する順序としては，まず，推定平均必要量・推奨量が設定されているたんぱく質，次に目安量(n-6系・n-3系)と目標量(飽和脂肪酸)が設定されている脂質，最後にそのエネルギー比率の残余から炭水化物を決めることが最も適当である。

2.3.6　ビタミン

ビタミンとは，生物が正常な生理機能を営むために，その必要量は微量であるが，自分ではそれを生成，合成できず，他の天然物から栄養素として取り入れなければならない一群の有機化合物と定義されている。「一群の」とあるように，ビタミンは単一の物質を指し示すものではなく，機能によって13種類に分類されている。また，その性質から脂溶性と水溶性の2つに大別される。

(1) 脂溶性ビタミン

1) ビタミンA

ビタミンAはその末端構造によりレチノール，レチナール，レチノイン酸に分類される。経口摂取した場合，体内でビタミンA活性を有する化合物はレチノールやレチナールのほか，α-カロテン，β-カロテン，β-クリプトキサンチンなどのプロビタミンAカロテノイドがある。食事摂取基準では，ビタミンAの数値をレチノール活性当量(Retinol Activity Equivalents：RAE)という単位で算定している。典型的な欠乏症として，乳幼児では角膜

乾燥症，成人では夜盲症がある。しかしながら，ビタミンAは肝臓に大量に貯えられており，摂取不足となった場合においても，肝臓のビタミンA貯蔵量が20μg/g以下に低下するまで血中濃度の低下はみられないので，この濃度を維持するのに必要なビタミンAの最低必要摂取量を推定平均必要量とした。過剰摂取による健康障害が報告されているのは，サプリメントあるいは大量のレバー摂取によるものである。一方，ビタミンAの前駆体であるβ-カロテンは，経口摂取されると小腸粘膜上皮細胞から吸収されて，開裂，酸化されレチナールとなる。このような変換は，体内でビタミンAが不足している状態において，必要な量だけビタミンAとなるため，耐容上限量を考慮したビタミンAの算出にはプロビタミンAカロテノイドは含めない。

2）　ビタミンD

天然にビタミンD活性を有する化合物として，キノコ類に含まれるビタミンD$_2$(エルゴカルシフェロール)と魚肉・魚類肝臓に含まれるビタミンD$_3$(コレカルシフェロール)に分類される。また，2つの供給源があり，1つは，ヒトを含む哺乳動物の皮膚に存在するプロビタミンD$_3$が日光の紫外線によりプレビタミンD$_3$となり，体温による熱異性化によりビタミンD$_3$が生成される経路である。もう1つは，食品由来のビタミンD$_2$とビタミンD$_3$である。一方で，ビタミンDは，肝臓で25-ヒドロキシビタミンDに代謝された後，腎臓で活性型である1α, 25-ジヒドロキシビタミンDに代謝される。この肝臓，腎臓での水酸化が活性化には必須である。ビタミンDが欠乏すると，小児ではくる病，成人では骨軟化症の発症リスクが高まる。紫外線による皮膚での産生は調節されており，必要以上のビタミンDが産生されることはなく，過剰な日照によるビタミンD過剰症は起こらない。また，ビタミンDは，肝臓および腎臓にて水酸化により活性化するが，腎臓における水酸化は厳密に調節されており，高カルシウム血症が起こると，それ以上の活性化が抑制される。

3）　ビタミンE

ビタミンEには4種のトコフェロールと4種のトコトリエノールの合計8種の同族体が存在するが，体内におけるビタミンEの大半を占めているのはα-トコフェロールである。したがって，食事摂取基準ではα-トコフェロールを指標とした基準を策定した。また，生体膜を構成する不飽和脂肪酸などの成分を酸化障害から防御する機能があり，細胞膜のリン脂質二重層内に局在する。

4）　ビタミンK

天然に存在するビタミンKには，フィロキノン(ビタミンK$_1$)とメナキノン

類がある。メナキノン類のうち，栄養上，特に重要なものは，動物性食品に広く分布するメナキノン-4(ビタミンK_2)と納豆菌が産生するメナキノン-7である。また，ビタミンKは，肝臓においてプロトロンビンやその他の血液凝固因子を活性化し，血液凝固を促進する。生体内のメナキノン類は，食事由来の他に，腸内細菌が産生するものと組織内で酵素的に変換し，生成するものがある。しかしながら，腸内細菌や組織でのメナキノン類産生量は，生体の需要を満たすほどには多くない。欠乏すると血液凝固が遅延するが，日本人において，健常者でビタミンK欠乏に起因する血液凝固遅延が認められるのは稀である。手術後の患者や血液凝固阻止薬ワルファリンの服用者を除き，ビタミンKはほぼ充足していると考えられる。

(2) 水溶性ビタミン

1) ビタミンB_1

化学名でチアミンという。食事摂取基準では，日本食品標準成分表2020年版(八訂)と同様にチアミン塩化物塩酸塩の重量を基準として策定された。ビタミンB_1はグルコース代謝と分枝アミノ酸代謝などに関与する補酵素として機能している。ビタミンB_1は，摂取量が増えていくと，肝臓内，血中内で飽和状態となる。この条件が整った後に尿中へ排泄され，その後は摂取量の増加に伴い，ほぼ直線的に増大する。この尿中排泄が増大する変曲点を必要量としている

2) ビタミンB_2

化学名でリボフラビンという。食事摂取基準では，リボフラビン重量を基準として策定された。ビタミンB_2はTCA回路，電子伝達系，脂肪酸のβ酸化等のエネルギー代謝に関与する補酵素として機能している。

3) ナイアシン

ナイアシン活性を有する主要な化合物として，ニコチン酸，ニコチンアミド，トリプトファンがある。食事摂取基準では，ニコチン酸量として設定し，ナイアシン当量(Niacin Equivalent：NE)という単位で策定された。ナイアシンはトリプトファンから肝臓で生合成されるため，次式で求めることができる。

ナイアシン当量(mgNE) ＝ ナイアシン(mg) ＋ 1/60 トリプトファン(mg)

ナイアシン欠乏症の**ペラグラ**[*]の発症を予防できる最小摂取量から推定平均必要量が算定された。

*ペラグラ ナイアシンの欠乏症。皮膚炎，下痢，認知障害を主訴とする。

4) ビタミンB_6

ビタミンB_6活性を有する化合物として，ピリドキシン，ピリドキサール，ピリドキサミンとこれらの酸化型が存在する。食事摂取基準では，日本食品標準成分表2020年版(八訂)と同様にピリドキシンの重量を基準として策定された。ビタミンB_6は免疫系の維持に重要だけでなく，アミノ酸の異化代

謝にも関与している。また，血中ピリドキサール 5-リン酸（PLP）は，体内組織のビタミン B_6 貯蔵量を鋭敏に反映する。

5） ビタミン B_{12}

ビタミン B_{12} はコバルトを含有する化合物であり，メチルコバラミンやシアノコバラミンなどがある。食事摂取基準では，日本食品標準成分表 2020 年版（八訂）と同様にシアノコバラミンの重量を基準として策定された。食事由来のビタミン B_{12} は胃の壁細胞から分泌された内因子と内因子 – ビタミン B_{12} 複合体を形成し，主として回腸下部の腸管上皮細胞に取り込まれる。また，3 つのビタミン B_{12} 依存性の酵素があり，欠乏することでそれらの代謝が損なわれる。代表的な欠乏症として，未熟な赤血球前駆細胞が循環血流へ送り込まれる**巨赤芽球性貧血**[*]がある。

6） 葉　酸

化学名でプテロイルモノグルタミン酸という。これはサプリメントや葉酸の強化食品など，人為的に合成されたものに含まれるのがほとんどである。一方，食品中の大半は N^5-メチルテトラヒドロ葉酸という構造で存在する。食事摂取基準では，日本食品標準成分表 2020 年版（八訂）と同様にプテロイルモノグルタミン酸の重量を基準として策定された。葉酸は DNA や RNA の合成に必要なプリンヌクレオチド・デオキシピリミジンヌクレオチドの合成に関与しており，細胞の増殖と深い関係がある。欠乏すると，巨赤芽球性貧血を招くが，ビタミン B_{12} の欠乏によっても引き起こされるため，区別が難しい。葉酸の欠乏障害を引き起こさない赤血球中の葉酸濃度を成人の推定平均必要量とした。妊婦については妊娠中期および後期に葉酸の分解・排泄が促進する報告と妊婦の赤血球中葉酸濃度が維持できた摂取量を加味して付加量が算定された。ただし，この付加量は妊娠中期・後期に該当するものである。妊娠初期については，胎児の神経管閉鎖障害の発症予防の観点から通常の食品以外の食品に含まれる葉酸を付加量ではなく 400 μg/日の摂取が望まれている点に留意が必要である。食事由来の葉酸による過剰障害の報告は存在しないため，耐容上限量は食事由来でなく，サプリメントや葉酸強化食品からの摂取を想定している。

7） パントテン酸

パントテン酸は細胞中では，補酵素 A（コエンザイム A, CoA），アシル CoA，アシルキャリアたんぱく質（ACP）などとして存在する。食事摂取基準では，パントテン酸の重量を基準として策定された。

8） ビオチン

ビオチンは糖新生，脂肪酸合成に関わる補酵素である。食事摂取基準では，ビオチンの重量を基準として策定された。

9) ビタミン C

化学名で L-アスコルビン酸という。食事摂取基準では，L-アスコルビン酸の重量を基準として策定された。ビタミン C は皮膚やコラーゲンの合成に必須である。コラーゲンは人体のたんぱく質の約 30 ％を占めており，皮膚，血管，靱帯などの組織を構成している。したがって，欠乏すると出血傾向となる。ビタミン C を 1 日当たり 10 mg 程度摂取していれば欠乏症は発症しないとの報告がある。

2.3.7　ミネラル

生体を構成する元素のうち，炭素，水素，酸素，窒素以外の成分の総称で，無機質ともよばれる。体内に比較的多量に存在するものを多量ミネラル，微量に存在するものを微量ミネラルと分類する。しかしながら，体内に存在する量に関係なく，細胞レベルの代謝調節に関与するため，生理的に重要である。

(1) 多量ミネラル

1) ナトリウム

ナトリウムは，細胞外液の主要な陽イオン(Na⁺)である。ナトリウム喪失の 90 ％以上は腎臓経由による尿中排泄である。通常の食生活では不足や欠乏の可能性はほとんどないが，便，尿，皮膚からの不可避損失量を補うという観点から推定平均必要量が算定された。しかしながら，算出された値は，平成 28 年国民健康・栄養調査における摂取分布の 1 パーセンタイル値をも下回っているため，ほとんど意味をなさない。したがって，推奨量は算定されていない。耐容上限量も算定されていないが，これは目標量がそれに近い意図で作成されているためであり，許容される摂取量に上限が存在しないわけではない。生活習慣病の発症および重症化予防の観点からは過剰摂取を避けた方が望ましく，2012 年の WHO のガイドラインにおいて，成人に対して強く推奨しているのは，食塩相当量として 5 g/日未満である。しかしながら，この値は平成 28 年国民健康・栄養調査における成人のナトリウム摂取量(食塩相当量)の分布における下方 5 パーセンタイル値付近であり，実現可能な目標とは言い難い。したがって，実現できる可能性を加味して，5 g/日と平成 28 年国民健康・栄養調査における摂取量の中央値との中間値をとり，目標量とした。

2) カリウム

カリウムは細胞内液の主要な陽イオン(K⁺)である。多くの食品に含まれており，通常の食生活で不足になることはない。目安量は不可避損失を補うことが可能な平衡維持量 1,600 mg/日と，平成 28 年国民健康・栄養調査における成人のカリウム摂取量の中央値を加味して算定された。WHO のガイドラインでは，生活習慣病予防のために 3,510 mg/日のカリウム摂取を推奨して

いる。しかしながら，この値は現状の日本人の摂取状況よりもかなり多く，実現可能な目標とは言い難い。そこで，平成 28 年国民健康・栄養調査における成人のカリウム摂取量の中央値 2,168 mg/日と 3,510 mg/日の中間値を目標量算出のための参照値とした。

3) カルシウム

体内のカルシウムの 99 ％は骨・歯に存在し，残りの 1 ％は血液や組織液，細胞に含まれている。血中カルシウム濃度は厳密にコントロールされており，濃度が低下すると副甲状腺ホルモンの分泌が増加し，骨からカルシウムが供給されることで濃度を保っている。経口摂取されたカルシウムは，主に小腸上部で吸収されるが，その吸収率は成人で 25 ～ 30 ％程度である。また，ビタミン D はカルシウムの吸収を促進するといわれている。なお，妊婦，授乳婦ともに非妊娠時と比べて腸管からのカルシウム吸収率が増加することから，付加量は設定されていない。しかしながら，国民健康・栄養調査の結果における成人女性のカルシウム摂取量は，平均値，中央値ともに推定平均必要量を下回っていることから，妊娠，非妊娠に関わらず積極的な摂取が必要な栄養素といえる。

4) マグネシウム

体内のマグネシウムの 50 ～ 60 ％は骨に存在し，骨や歯の形成の他，酵素反応やエネルギー産生に寄与している。マグネシウムが欠乏すると腎臓からの再吸収が亢進し，骨からマグネシウムが供給されることによって濃度が保たれている。経口摂取されたマグネシウムの腸管からの吸収率は 40 ～ 60 ％と推定される。マグネシウムが欠乏すると，低マグネシウム血症となり，吐き気，嘔吐，眠気，筋肉の痙攣，食欲不振などを招く。マグネシウムの過剰摂取によって下痢を招くことがある。しかしながら，サプリメントや健康食品以外の通常の食品からのマグネシウムの過剰摂取による障害は発生した報告がないため，通常の食品を想定した耐容上限量は設定されていない。ただし，通常の食品以外からの摂取量の上限は，成人で 350 mg/日，小児では 5 mg/kg 体重/日と設定された。

5) リン

体内には最大 850 g のリンが存在し，その 85 ％が骨組織，14 ％が軟組織と細胞膜，1 ％が細胞外液に存在する。リン酸カルシウムの一種であるヒドロキシアパタイトとして骨格を形成するだけでなく，ATP の形成，細胞内リン酸化を必要とするエネルギー代謝に必須の成分である。リンは消化管で吸収される一方で，消化管液として分泌されるため，見かけの吸収率は成人で 60 ～ 70 ％である。リンは多くの食品に含まれており，通常の食事では不足や欠乏することはない。目安量について，1 歳以上は平成 28 年国民健

康・栄養調査における摂取量の中央値とし，18歳以上は男女別に各年齢区分の摂取量の中央値の最小値をもって，一律1,000 mg/日とした。妊婦，授乳婦については，非妊娠時との必要量の差を見いだすことができなかったため，付加量は設定されていない。しかしながら，目安量として一律800 mg/日と算定された。

(2) 微量ミネラル

1) 鉄

　鉄はヘモグロビンや各種酵素の構成成分であり，欠乏すると貧血や運動機能の低下を招く。また，女性は月経による出血と妊婦，授乳中の需要増大が必要量に影響を及ぼす。摂取された鉄は十二指腸から空腸上部で吸収される。食品中の鉄は動物性食品に多く含まれるヘム鉄と植物性食品に多く含まれる非ヘム鉄に分けられ，前者の方が吸収率が高い。吸収を促進するといわれているビタミンCは非ヘム鉄に対して効果を発揮し，吸収率を上昇させることができる。鉄の吸収率は摂取量によって変動し，摂取量が少ない場合においても平衡状態が維持される。したがって，出納実験ではなく，**要因加算法**＊によって推定平均必要量と推奨量が算定された。さらに，女性では10〜64歳において月経の有無による値が示されている。なお，妊婦においては，妊娠中期と後期に需要が集中し，両期間における差はないものと考えられた。授乳婦においては分娩時失血に伴う鉄損失ではなく，母乳中の鉄濃度と哺乳量を加味して付加量が算定された。妊婦，授乳婦ともに，こられの付加量は月経がない場合の推定平均必要量と推奨量に加算する値である。

2) 亜　鉛

　体内の亜鉛は約2,000 mg存在し，骨格筋，骨，皮膚，肝臓，脳，腎臓に分布する。触媒作用と構造の維持作用に大別され，欠乏すると皮膚炎，味覚障害，慢性下痢，免疫機能障害，成長遅延，性腺発達障害などを招く。亜鉛の腸管吸収率は約30％だが，亜鉛の摂取量に伴って変動する。また，フィチン酸は吸収阻害を引き起こす。腸管粘膜の脱落，膵液や胆汁の分泌に伴う糞便への排泄，発汗と皮膚の脱落，精液，月経血への逸脱などによるものが体外損失の主たるものであり，尿中への排泄は少ないとされている。

3) 銅

　体内に銅は約100 g存在し，約65％は筋肉や骨，約10％は肝臓，脳に約8％，血中に約6％分布する。摂取された銅イオンは十二指腸で還元され，小腸粘膜上皮細胞の刷子縁膜から細胞内へ取り込まれる。銅の体内の恒常性は食事と排泄によって調節されている。銅の摂取不足に起因する欠乏症は，外科手術後に投与される高カロリー輸液や経腸栄養剤に銅が添加されていないことが要因で多発しているアメリカ人を対象とした銅の出納実験から得る

＊要因加算法　エネルギーや栄養素の必要量を推定する方法の一つ。栄養状態を維持するのに必要な摂取量を既存の数値（体内蓄積量・排泄量，吸収率など）を組み合わせて理論的に求める。

ことができた最小の維持必要量を参照値として，性別および年齢区分ごとに推定平均必要量と推奨量が算定された。

4）マンガン

体内にマンガンは 10 ～ 20 mg 存在し，約 25 ％は骨，残りは生体内組織・臓器にほぼ一様に分布している。マンガンはアルギナーゼ，マンガンスーパーオキシドジムスターゼなどの構成成分である。摂取されたマンガンは胃で2価イオンとして吸収される。消化管からの見かけの吸収率は 1 ～ 5 ％とされる。また，吸収率は鉄欠乏下では増加する。吸収後は肝臓に運ばれ，胆汁を介して 90 ％以上が糞便に排泄される。以上の理由から出納実験によりマンガンの平衡維持量を算定することは難しい。そこで，マンガンの平衡維持量を大幅に上回って摂取している日本人の摂取量に基づいて目安量が算定された。マンガンは穀物や豆類に豊富に含まれており，欧米人の摂取量よりも明らかに高値を示している。したがって，サプリメントの不適切な利用に加え，ヴィーガンなどの厳格な菜食主義など特異な食事形態である場合においても過剰摂取を生じる可能性がある。

5）ヨウ素

生体内のヨウ素の 70 ～ 80 ％は，甲状腺に存在する。甲状腺ホルモンの構成成分であり，生殖，成長，発達等の生理的プロセスを制御し，エネルギー代謝を亢進させる。ヨウ素は海藻類，特に昆布に高濃度で含まれるため，日本人は世界でも稀な高ヨウ素摂取の集団である。一方で，ヨウ素が不足する国や地域では，欠乏症の予防のために食用塩にヨウ素が添加されることがあるが，前述の通り，日本では欠乏することがほとんどないことから，国内では生産されておらず，食用塩にヨウ素を添加すること，添加された食用塩を輸入することは禁止されている。日常的にヨウ素を過剰摂取すると，甲状腺でのヨウ素の有機化反応が阻害されるが，次第に甲状腺へのヨウ素輸送が低下する現象が起こり，甲状腺ホルモンの生成量は基準範囲に維持される。しかしながら，輸送低下現象が長期に亘れば，ホルモンの合成に必要なヨウ素が不足し，合成量は低下し，その結果，軽度の場合は甲状腺機能低下，重度の場合には甲状腺腫が発生する。

6）セレン

セレンはシステインの硫黄がセレンに置き換わったセレノシステインというアミノ酸として，たんぱく質中に存在する。このセレノシステインを含むたんぱく質はセレノプロテインと総称される。ヒトには 25 種類のセレノプロテインの存在が明らかとなっており，代表的なものにグルタチオンペルオキシダーゼがある。食品中のセレンの多くはセレノメチオニン，セレノシステインなどセレンを含んだアミノ酸の形態で存在する。尿中セレン濃度がセ

レン摂取量と強い相関を示すことから，セレンの恒常性は尿中排泄によって維持されると考えられる。欠乏すると心筋障害を起こす克山病を発症する。

7）クロム

クロムは遷移元素であり，さまざまな価数をとる。食品に含まれるものは3価クロムであるため，食事摂取基準においても3価クロムを対象としている。アメリカ・カナダの食事摂取基準では，3価クロムの吸収率を1％と見積もっている。また，主な排泄経路は尿とされている。3価クロムの投与を行った動物実験における耐糖能異常の改善や糖尿病症例における病状の改善が報告されている。一方で，低クロム飼料を投与した動物実験においては，糖代謝異常が観察できなかったことから，3価クロムによる糖代謝の改善は薬理効果であるとの説が有力であるが，今のところ定説には至っていない。前述の通り，クロムは遷移元素であるため，食品に含まれる3価クロムだけでなく，6価クロムも存在する。6価クロムは強い毒性を持つが，人為起源であり，食品に用いられることはまずない。したがって，耐容上限量設定に当たり，6価クロムは対象に含まれていない。

8）モリブデン

モリブデンは，キサンチンオキシダーゼ，アルデヒドオキシダーゼなどの活性発現に必須である。モリブデンは米や小麦などの穀類や大豆などの豆類に豊富に含まれており，これらが主要な供給源である。尿中モリブデン排泄はモリブデン摂取量と強い相関を示すことから，モリブデンの恒常性は尿中排泄によって維持されると考えられる。

2.4　対象特性

2.4.1　妊婦・授乳婦

（1）妊娠の区分

食事摂取基準では妊娠期間の代表値を280日，40週とし，妊娠初期（〜13週6日），妊娠中期（14週0日〜27週6日），妊娠後期（28週0日〜）の3つに分類した。

（2）妊婦の付加量

推定エネルギー必要量は，妊娠中に適切な栄養状態を維持し正常な分娩をするために，妊娠前と比べて余分に摂取すべきと考えられるエネルギー量が妊娠期別に付加量として示された。推定平均必要量と推奨量が設定可能なものについては，あくまでも非妊娠時の年齢階級別の食事摂取基準を踏まえた上で，妊娠期特有の母体の変化，胎児の発育に伴う蓄積量を考慮して付加量が設定された。

（3）授乳婦の付加量

　推定エネルギー必要量は，正常な妊娠・分娩を経た授乳婦が授乳期間中に妊娠前と比べて余分に摂取すべきと考えられるエネルギー量が付加量として示された。推定平均必要量と推奨量が設定可能なものについては，母乳含有量を基に付加量が設定された。

2.4.2　高齢者

（1）基本的事項

　加齢に伴う除脂肪体重の減少によって基礎代謝が低下する。しかしながら，その減少は必ずしも直線的に変化するわけではなく，男性は40歳代，女性では50歳代に著しく減少するとの報告がある。女性の場合は閉経も関与している。また，食後に誘導される筋たんぱく質の合成は，成人と比較して高齢者では反応性が低下しており，同化抵抗性の存在が報告されている。

（2）フレイルおよびサルコペニアと栄養の関連

　フレイルは，要介護状態に至る前段階として捉えることができ，介護予防との関連が高い。サルコペニアはフレイルの原因の一つである。この2つに共通する予防対策として，骨格筋の機能維持があげられる。骨格筋量，筋力，身体機能はたんぱく質の摂取と強く関連しており，その重要性が注目されている。また，ビタミンDについてもカルシウム代謝に密接に関与しており，骨粗鬆症との関連が再注目されている。

【演習問題】

問1　日本人の食事摂取基準(2020年版)における栄養素の指標に関する記述である。誤っているのはどれか。1つ選べ。　　　　　（2021年国家試験）
（1）RDAは，個人での摂取不足の評価に用いる。
（2）摂取量がAIを下回っていても，当該栄養素が不足しているかを判断できない。
（3）ULには，サプリメント由来の栄養素を含まない。

(4) DG の設定で対象とした生活習慣病に，CKD が含まれる。

(5) DG の算定に，エビデンスレベルが付された。

解答（3）

問2　日本人の食事摂取基準(2020 年版)における小児に関する記述である。
　　最も適当なのはどれか。1 つ選べ。　　　　　　　　　（2021 年国家試験）

(1) 1 ～ 2 歳児の参照体重は，国民健康・栄養調査の中央値である。

(2) 3 歳児の基礎代謝基準値は，1 歳児より大きい。

(3) 1 ～ 5 歳児の身体活動レベル(PAL)は，1 区分である。

(4) 小児(1 ～ 17 歳)の脂質の DG (%エネルギー)は，成人(18 歳以上)より
　　高い。

(5) 3 ～ 5 歳児のビタミン A の UL には，性差はない。

解答（5）

問3　日本人の食事摂取基準(2020 年版)における成人の食塩相当量の目標量
　　に関する記述である。最も適当なのはどれか。1 つ選べ。

　　　　　　　　　　　　　　　　　　　　　　　　　　（2022 年国家試験）

(1) WHO が推奨している量とした。

(2) 日本高血圧学会が推奨している量とした。

(3) 国民健康・栄養調査における摂取量の中央値とした。

(4) WHO が推奨している量と国民健康・栄養調査における摂取量の中央
　　値との中間値とした。

(5) 健康日本 21(第二次)の目標値とした。

解答（4）

問4　日本人の食事摂取基準(2020 年版)において，集団内の半数の者で体内
　　量が飽和している摂取量をもって EAR としたビタミンである。最も適
　　当なのはどれか。1 つ選べ。　　　　　　　　　　　（2022 年国家試験）

(1) ビタミン A

(2) ビタミン B1

(3) ナイアシン

(4) ビタミン B$_{12}$

(5) 葉酸

解答（2）

📖 **参考文献・参考資料**
厚生労働省：日本人の食事摂取基準（2020 年版），第一出版（2020）
厚生労働省：「日本人の食事摂取基準（2020 年版）」策定検討会報告書（2019）
　　https://www.mhlw.go.jp/content/10904750/000586553.pdf（2023.9.25）
食事摂取基準の実践・運用を考える会：日本人の食事摂取基準（2020 年版）
　の実践・運用第 2 版，第一出版（2022）

3 成長・発達・加齢

3.1 成長・発達・加齢の概念

3.1.1 成長・発達と発育

　成長とは，身長や体重のように時間の経過とともに増加する過程をいい，発達とは，運動機能や精神発達など機能を獲得する過程である。成長と発達を合わせて発育といい，成長と発達は密接に連携しながら成熟に至る。

　ヒトが成熟するまでの成長と発達は，受精の瞬間の発生に始まり，受精卵に受け継がれた遺伝子プログラムに従い時系列に進行していく出生前と出生後に分けられる。時間的順序で進行する発生過程での変化は顕著である。出生後は，遺伝子，ホルモン，栄養のほかに環境因子が加わり個体差として現われる。特に心身の発育過程では愛情や学習（食習慣の形成等）の役割が重要である。成長と発達は，胎生期から小児期の特徴である。

3.1.2 加齢・老化とライフサイクル

　加齢(aging)とは，発生，出生，成長・発達，成熟，衰退，死に至る一連の経過時間をいう。またこの一連の過程をライフサイクルという。老化(aging)または老衰(senescence，あるいは senility)とは，成熟期以後にみられる生体機能が衰えていく現象をいう。

3.1.3 成長・発達・加齢とライフステージ

　ライフステージとは，ヒトの成長，成熟，衰退の変化に照合させた段階をいい，胎生，小児，成人，高齢の各期に大別される。一般的には週齢，月齢，年齢区分により胎児期，新生児期，乳児期，幼児期，学童期，思春期，青年期，成人期，老年期などで示されるが，成人期以降の区分と名称は状態や目的に応じて妊娠期・授乳期，更年期，壮年期，熟年期，実年期，前期高齢期，後期高齢期などさまざまである。

3.2 成長・発達に伴う身体的・精神的変化と栄養

3.2.1 出生前の成長・発達

(1) 胎生期の変化

　胎生期とは，受精卵が母胎(子宮)内で胎児に成長する時期をいう。胎生期は卵割期，胎芽期，胎児期の三期に区分される。

　卵割期は，受精後の翌日 2 細胞，3 回目 8 細胞，4 日目 16 細胞と 1 個の

受精卵が分裂を繰り返す。6〜7日目には子宮内膜に着床する。

胎芽期は，**胎齢**[*1]が8週未満までの期間をいう。尾が消失し頭部には目や耳，手や足の指など主要器官の初期の構造がすべて形成される。この時期の胚を胎芽（embryo）という。胎児期は，胎齢8週以降出生までの期間をいい，胚子を胎児（fetus）という。

(2) 胎生期の発育と栄養

胎盤が形成される前の時期は，着床した胞胚の栄養膜から分化した絨毛が子宮内膜の血管に侵入し，酸素や栄養分を獲得する。受精後14週目までに**胎盤**[*2]が形成されると，胎児に必要な酸素や栄養素は臍帯をとおして母体から送られる血液より供給される。胎児はこの生理的な経静脈栄養法で急速に成長する。また胎盤を通して免疫グロブリン（IgG）が獲得される。胎児の老廃物は母体を通して処理される。

最終月経の初日から280日の在胎期間を経て出生は起こる。約1mmの受精卵は各期を経て，身長約50cm，体重約3000gにも達する（図3.1）。

(3) 胎生期の発育とホルモン

胎児の体内における代謝は，母体，胎盤および胎児自身の産生する種々のホルモンによって調節されている。胎児の物質代謝と成長に必要なエネルギー源であるブドウ糖は，胎盤を通して母体から供給される。ブドウ糖代謝に必要なインスリンは，胎齢12週目から胎児の膵臓より分泌される。性器分化に関わるアンドロゲンは，胎齢10〜16週目に高濃度を示す。

甲状腺は，胎齢3週目に内胚葉から分化する。甲状腺ホルモンは，母体から供給されるヨードと胎盤，胎児の下垂体から分泌される甲状腺刺激ホルモンにより，胎齢15〜20週目頃より分泌が始まり，胎生期の中枢神経系の分化に関与する。

(4) 胎生期と臨界期

臨界期（critical period of development）とは，胎生期の成長・発達において外的因子の影響を最も受けやすい時期をいう。

胎生期内の胎芽期は，細胞分裂が最も急速に行われ，身体の外部および内部のすべての主要器官の発生が開始するため非常に重要な時期であり，器官形成の時期である。この胚子が薬剤，ウイルス，放射線にさらされると先天性奇形を誘発しやすい。組織，器官の臨界期は，細胞数が増加する時期や期間によってそれぞれ異なる。

*1 **胎齢（胎児齢）** 最終月経の初日から起算する場合は4週，28日を1ヵ月として出生までの期間は40週，280日。受精日から起算する場合は最終月経の初日から排卵までの14日を減じ，出生までの期間は38週，266日。近年，超音波診断法により胎児の頭臀長（CRL：crown-rump length）を計測し，妊娠週数の確認と予定日の確定ができる。

*2 **胎盤** 妊娠約20週において母胎側の粘膜組織とともに胎児由来の絨毛が発達して胎盤を形成する。胎盤の主な動きは母児間の物質交換とホルモン分泌である。

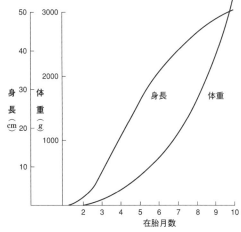

図3.1 胎生期の発育曲線（身長・体重）

出所）林幹男，牧正興：要説精神保健，45，建帛社（1997）改変

3.2.2　出生後の成長・発達

(1) 体格（身長・体重，頭囲・胸囲）の変化

　身長・体重，頭囲・胸囲は，特に成長が著しい出生後の乳児期，幼児期，学童期，思春期の栄養状態の評価に用いられる。

　出生時の身長は約 50 cm，1 歳で 1.5 倍，4 歳で 2 倍，12 歳で 3 倍になる。体重は約 3 kg，3 ヵ月で 2 倍，1 歳で 3 倍，4 歳で 5 倍になる。

　なお，立位がままならない 2 歳児までの身長の測定は，計測台に顔を上に向けた仰臥位で行う。

　乳児期の身長，体重の急速な**身体発育**[*]は，第一次発育急進期とよばれる。乳児期の 1 年間の増加量は，身長，体重ともに幼児期の 4 年間の増加量と等しい(図3.2)。学童期から思春期にかけて再び急速な発育が起こる。これを第二次発育急進期といい，女子のピークは男子より 2 年ほど先行する。青年期にかけて発育は減速しやがて停止する(図3.3)。

　栄養状態は，身長と体重のバランスで評価することが多く，指標としては体格指数がある。乳幼児期(0 ～ 6 歳)ではカウプ指数，身長 125 cm に達する概ね学童期ではローレル指数，思春期以降は BMI が用いられる。他には身長・体重パーセンタイル値・基準曲線がある。パーセンタイル値とは，集団の測定値を低値から高値の順に並べた％区分のなかで，対象者の測定値が位置するタイル枠を示す。

　頭囲は脳の発育を示す。出生時の頭囲は約 33 cm，1 歳で約 45 cm，3 歳で49 cm，6 歳で約 51 cm と変化し，その重量は成人の 90 ％以上になる。胸囲は栄養状態や胸郭内の心臓，肺の発達状態を示す。出生時は約 32 cm，1 歳

＊**身体発育**　乳児期から幼児期に血中に放出された成長ホルモンは，肝臓に作用して IGF-1(ソマトメジン)の分泌を促進する。この IGF-1 は，さまざまな組織の成長を促進する。

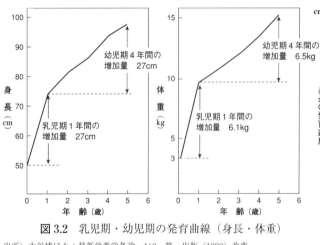

図 3.2　乳児期・幼児期の発育曲線（身長・体重）

出所）古谷博ほか：最新栄養学各論，160，第一出版（1989）改変

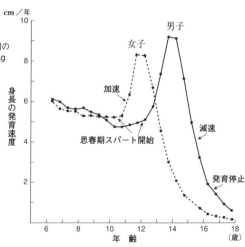

図 3.3　学童期・思春期・青年期の発育速度曲線（性別身長）

出所）P.S. Timiras：*Developmental physiology and aging*，349，Macmillan，1972 改変

で約 45 cm，3 歳で約 50 cm，6 歳で約 56 cm と変化する。出生時の頭囲は胸囲より大きく，1 年後にほぼ同囲になり，その後は胸囲の方が大きくなる。なお，頭囲と胸囲のバランスが崩れている場合や乳幼児頭囲発育曲線で 3 〜97 パーセンタイル値を外れている場合は，水頭症や小頭症などの疾患を呈している場合もある。

(2) 発育とホルモン，リンパ組織の発達と免疫力

　乳児期から幼児期における身長の発育を支えているホルモンは，下垂体前葉から分泌される成長ホルモン，甲状腺から分泌される甲状腺ホルモン，膵臓から分泌されるインスリンである。成長ホルモンは，骨端軟骨に直接作用して身長など骨の長軸へ成長を促進する。甲状腺ホルモンは，たんぱく質や核酸の合成を促進するので脳の発育，骨格の成長に不可欠である。

　思春期の女子では，視床下部—下垂体—卵巣系の一連のフィードバックシステムにより月経が開始する。視床下部から分泌されたゴナドトロピン放出ホルモン(GnRH)は，下垂体に作用し卵胞刺激ホルモン(FSH)と黄体形成ホルモン(LH)の分泌を促し，卵巣から卵胞ホルモン(エストロゲン)と黄体ホルモン(プロゲステロン)の分泌を増加させる。

　女子の**第二次性徴**[1,2]は，卵巣からの女性ホルモンの分泌増加により，乳房や骨盤の発達，皮下脂肪蓄積などがもたらされる。男子の第二次性徴は，視床下部—下垂体—精巣系の活動が始まり，精巣からテストステロン，副腎皮質から副腎アンドロゲンが分泌され，精子形成，性器発達，四肢の剛毛の発達，筋・骨格の発育が起こる。

　免疫系の発達は胎生期に始まり，新生児から乳幼児期の感染防御に重要な役割を果たしている。免疫グロブリンには，IgG，IgA，IgM，IgD，IgE の 5 種類があり，IgG は血液中に最も多く含まれており種々の細菌やウイルスなどの抗原に対する抗体を含んでいる。出生前に胎盤をとおして獲得した血中の IgG 濃度は，出生後 3 〜 6 か月頃に最低値になる。免疫力を高めるリンパ組織の発達は，12，13 歳頃にピークを迎える。

(3) 体組成（水分と体脂肪）の変化

　水分は細胞内と細胞外に分布し，その比率は乳幼児が成人より細胞外に多く分布する(図3.4)。摂取された水分の大部分は皮膚，肺，腎臓，腸から失われている。乳児期前半の体水分量は約70 〜 80％，1 歳で約 70 ％，成人で約 60 ％と低年齢ほど水分含有量は高い。体重 1 kg 当たりの水分必要量は，年齢が低いほど多い(表3.1)。したがって乳幼児期には，下痢や嘔吐により脱

*1　**第一次性徴**　性によって異なる特徴を性的特徴というが，これを短縮して性徴とよぶ。第一次性徴(Primary sex character)とは，性染色体の組み合わせ(XX，XY)によってもたらされる生殖器官の違いをいい，胎生期に形成される。

*2　**第二次性徴**　Secondary sex-character とは，思春期になって出現してくる生殖器官以外の性差をいい，そのすべては性ホルモンの支配下にある。

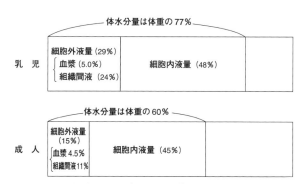

図3.4　体内水分の内容と量（乳児と成人の比較）

表 3.1　水の生理的必要量と排泄（ライフステージ比較）

(ml／kg／日)

	乳児	幼児	学童	成人
不感蒸泄量	50	40	30	20
尿　　量	90	50	40	30
水の生理的必要量	150	100	80	50

出所）三田禮造：栄養学各論，50，建帛社（1997）改変

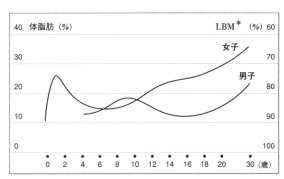

図 3.5　体脂肪率（加齢による変化）

出所）日比逸郎：小児栄養の生物学と社会学，27，形成社（1993）改変

＊LBM（leanbody mass，除脂肪体重）　体重から体脂肪を除いたもので，筋肉のほかに，内臓，骨，血液などを合わせた重量になるが，そのほとんどはたんぱく質を主成分とする組織である。筋肉量を示す指標として用いられている。

水症に陥りやすい。

　体重に占める体脂肪量の割合（体脂肪率）は，男女とも，生後 4 〜 5 ヵ月ころから 1 歳にかけて上昇し，ふっくらとした乳児らしい体型となる。その後の 5 〜 6 歳までには減少し，活動的な子どもらしい体型となる。8 〜 9 歳ころからゆっくり増加する。女子は思春期に入ると急増し，以後加齢とともに増加する。男子は 10 歳を過ぎると再び減少し，思春期が終わる頃からゆっくり増加していく（図 3.5）。

（4）消化・吸収機能の発達

　乳児期の消化・吸収機能は未熟かつ不完全である。口腔内に分泌される唾液量は少なく，歯は生えていない。胃の形状は成人とは異なり容量も不十分である。出生後 3 ヵ月頃までは，液体である母乳（または調整粉乳）のみにたよらざるをえない。新生児の哺乳行動は，口腔の探索反射，捕捉反射，吸啜反射，嚥下反射などの原始反射の組み合わせによって行われる。これらの反射は乳児期後半には消失する。

　唾液腺は出生後 3 ヵ月頃までに成熟する。4 ヵ月目になると唾液の分泌量も多くなり，1 歳児で 50 〜 150 ml，学童 500 ml，成人 1 〜 1.5 l と成長とともに変化する。

　歯は食物を摂取する際の咀嚼に必要な身体の一部である。生後 6 〜 7 ヵ月頃から最初の歯（下顎乳中切歯）が生え，3 歳頃までには上下 10 本ずつ合計 20 本が生え揃い，咀嚼機能が完成する。5 〜 6 歳頃には乳歯が抜けて永久歯に生え変わる。最初に生える永久歯は第一大臼歯，最後は 20 歳頃に生える第三大臼歯（智歯）である。永久歯は合計 32 本である。

　乳児の胃の形態は，とっくり型で噴門の括約筋が未発達なため溢乳しやすい。3 歳には正常水平位になり，成人にいたっては湾曲する。

　小腸の消化吸収機能は，母乳中の上皮細胞成長因子による細胞増殖促進や食物摂取による消化酵素活性の賦活によって発達していく。小腸の長さは，

新生児で 3 〜 3.5m，1 歳までに約 1.5 倍，思春期までに約 2 倍になる。

肝臓は，胎生期に鉄を蓄積し，出生後 5 ヵ月ころまではヘモグロビン合成に用いられ，この 5 ヵ月で使い果たしてしまう。一方，母乳には鉄が少ないため，離乳食からの摂取が必要になる。肝臓の重量は新生児 100 〜 150 g，1 歳で 350 〜 400 g，10 歳で 700 〜 800 g，成人で 1,500 〜 1,800 g である。

(5) 運動・知能・言語，精神，社会性

ヒトの機能はすべての動物種のなかで最も高度であるが，脳は最も未熟な状態で生まれてくる。脳は思考，行動，記憶，感情などを司る臓器である。ヒトの脳は，運動や知覚に指令を出している中枢機関としての役割のほかに感情や情動などの精神活動や，血液循環や呼吸の調節・維持といった生命活動を担っている。新生児の脳の発達は未熟で行動も原始反射のみで，2 本脚で直立するのに 1 年を要する。ヒトの多くの機能は，発達段階に必要な経験を繰り返し学習することにより獲得される。神経細胞のシナプス形成や神経回路網(神経ネットワーク)が形成されていく過程には，環境からのさまざまな刺激や発達段階に沿った機能が組み込まれていく。

言語の獲得，運動能力，社会的関係の形成など精神発達には，その行動を獲得する最も適した時期があり，特に発達早期における人間的環境は重要である。この時期を過ぎるとその行動を身につけることが困難であることは，**野生児**[*]の事例から見出されている。

出生後の数ヵ月間における特定の人(母親または養育者)との情緒的な絆は，最初の信頼関係の絆でもあり，心身の発達と関係が深い。イギリスの精神分析学者ボウルビー(Bowlby, J. M.)は，「愛着」(アタッチメント)という概念を唱え，愛着が築かれない状況は，その後における心身の発達に深刻な影響を与える場合があると述べている。心理学者エリクソン(Erikson, E. H.)は「心理社会的発達理論(psychosocial development)」を提唱した(表 3.2)。ライフサイクルを 8 つの発達段階に分類し，おのおのの段階で達成しておかなければならない社会的課題を乗り越えることで力を身につけていくという理論である。これによると最初の発達段階の課題は信頼感の形成と獲得であり，基本的信頼は養育者から学び，そのステージは誕生から 1 歳半までの乳幼児期であることが示されている。

(6) 発育と栄養・食事

適切な食事摂取と食習慣の確立に向けて，各発達段階に適した形状と量，食品，栄養素の量やバランス，食事回数，タイミングや環境などに十分な配慮が必要である。

乳・幼児期までの栄養法は，発達段階に応じて乳汁栄養から離乳食，幼児食へと移行する。間食や補食も重要である。学童期では学校給食摂取基準に

[*] **野生児** 人間社会から隔離された環境で育った少女の 8 〜 17 歳の養育記録である。言語，二本足歩行，食事行動は年齢相応の機能に達することはできなかった(『狼にそだてられた子』アーノルド・ゲゼル著，生月雅子訳，家政教育社 [1973])。

表 3.2 エリクソンの心理社会的発達理論（発達段階における課題）

心理社会的発達段階	およその年齢	特 徴
基本的信頼 対 基本的不信	誕生か1歳 ないし 1歳半まで	両親などの養育者から，乳幼児は基本的信頼を学ぶ。もし，乳幼児が適度に愛情や注目を受けるなら，信頼と安全という一般的な感情が形成される。もし，乳幼児を取り巻く環境が愛情に欠け，ストレスが多く，一貫性がなく，拒絶や恐怖が感じられる場合には，信頼感の形成が損なわれる。
自立 対 恥と疑惑	1歳ないし 1歳半から 3歳頃まで	幼児は自分自身で食事，服の着脱，トイレでの排泄などをコントロールするように求められる。自分のことを自分でできるように，徐々になることで，自分でできるという自分に対する信頼と統制の感覚を身につけることができるようになる。しかし，もし，自律がうまくいかず，しかられすぎたり，失敗が続きすぎたりすると，恥や罪悪感や疑惑の感情を身につけてしまう。
積極性 対 罪悪感	3歳頃から 6歳頃まで	この年齢になると，子どもは言葉を使ったり，物をいじったりすることが上手になり，積極的にまわりの世界や人々に関わり合いをもてるようになる。もし，子どものそうした積極的な関わり合いの結果，子どもたちが人々や物について建設的に学べるならば，強い積極性の感覚を得るようになる。逆に，もし彼らが外界への関わり合いの結果，罰せられたり厳しい状況に置かれたりすると，子どもたちは自らの活動の多くについて罪悪感をもつようになる。
生産性 対 劣等感	6歳頃から 思春期 （11歳頃） まで	この時期の子どもは，学校や地域環境の中で仲間たちとの活動を増し，多くの技術と能力を発達させる。この時期に，活動に意味や興味の見いだせるものがあり，それが達成されるなら，その子どもの自己評価は豊かなものになる。また，家庭生活や学校生活での不満足や過度の失敗などのために，もし他の子どもたちと比べて自分自身が劣っていると感じ続けるようなことが続くならば，劣等感がつくり出され，有害な効果を及ぼすようになる。
自我アイデンティティ 対 自我アイデンティティの拡散	思春期から 青年期まで	学校での役割，家庭での役割，友人としての役割など，発達の過程を通じて人はさまざまな役割を学ぶ。この時期には，そうした役割を一つの一貫したアイデンティティに統合することが大切になる。それはさまざまな価値を超えた基本的価値観や態度を見いだすことである。もし中心となるアイデンティティをまとめ上げるのに失敗したり，異なる価値観が生み出す葛藤を統合できなければ，アイデンティティの拡散が生じる。
親密さと結束 対 孤立	成人期	青年期後期から成人期にかけての葛藤の中心は親密さと孤立にある。親密さとは互いのアイデンティティを傷つけることなしに，相手と自己との対等で一方的でない関係を築くことである。これは，異性とのつきあいでは，性的関係以上に精神的関係に及ぶものである。また，自分にとって受け入れがたい考え方や人々を拒否し孤立できるようになる。この段階での成功には，先立つ五つの対立関係が適切に乗り越えられていることが大切であり，もしそうでなければ，仲間との密接な関係をもつことが難しくなる。
生殖性 対 没我	中年期	この時期には他者への援助に関心を向けるようになる。例えば，両親は子どもを援助することによって彼ら自身を見いだす。しかしながら，この段階に先立つ葛藤の解決が失敗している場合にはしばしば自分自身への没入という形が発生する。
統合性 対 絶望	老年期	人生の最後の段階であり，人生を振り返ってそれを評価する時期である。もし人生が意味のあるものであり，満足できるものであれば，統合された感覚をもち，人生を受容することができる。しかし，進んできた道が誤りであり，チャンスを失うことの多い人生であったと感じるならば絶望が残る。ここでの葛藤は，これまでの発達段階の葛藤と答えが積み重なったものと言える。

出所）山本利和：発達心理学，30〜31，培風館（1999）改変

基づく学校給食が始まる。その摂取量や嗜好の個人差は，乳幼児期の食事や食習慣の影響は大きい。学校給食を摂取する機会から離れる青年期では偏った食物摂取による栄養バランスの崩れるリスクもあるので十分に注意しなくてはならない。

3.3 加齢に伴う身体的・精神的変化と栄養
3.3.1 老化の機構

老化(senescence, aging)と加齢(aging)は混同されやすいが，一般に加齢とは，ヒトが生まれてから死ぬまでの物理的な時間経過(暦年齢)のことを指し，誰しも同じスピードで加齢が進行していく。一方，老化とは加齢に伴う生理機

能の低下のことであり，老化が始まるのは概ね20～30歳以降で加齢の間に老化が進行する。老化がいつ，どのように現れるのかは個人差が大きいが，老化の要因として，遺伝，食事，生活内容，ストレス，環境などがあり，それぞれが複雑に絡み影響を及ぼす。

老化の学説は多種あり[*1]，結論付けられているものではない。しかし，老化の要因を制御する（アンチエイジング）方法についても研究が盛んに行われており，食事や運動，過度な紫外線防止といった個人で調節可能なものについて有効性が認められれば，老化の進行を緩やかにすることも可能と思われる。

3.3.2 臓器の構造と機能の変化

臓器の萎縮　老化の基本的な形態的特徴は実質細胞の数の減少による臓器の萎縮であるが，この変化はすべての臓器で同じように進行するのではなく，臓器によりその程度も異なる。臓器のなかでは，骨格筋，脾臓，肝臓の萎縮が顕著である（図3.6）。

結合組織　構成している膠原線維の増加と弾性線維の変質が起こる。膠原線維は，年齢が進むにつれて線維どうしの結合（架橋結合）は，不可逆的（離れない）になり，柔軟であった組織・器官は，しだいに硬化してくる。弾性線維の変質は，組織の弾力性低下の原因となる。

脂肪組織　老化に伴い，筋肉や内臓組織の一部は萎縮し，脂肪が蓄積していく。

骨組織　骨密度は20～30歳代をピークに減少する。

老化に伴う生理機能や各種器官の機能は加齢とともに低下する（図3.7）。Shock, N.W.（1972）によると30歳の値を100％としたとき，生理機能の変化を年齢別にみると各機能によっても異なるが，いずれの測定値も直線的に低下している。神経伝導速度，基礎代謝率，細胞内水分量の低下は緩やかであるが，肺活量，心拍出量，腎血漿流量の低下は大きい。加齢に伴い適応能力，予備能力，免疫機能が低下し，環境の変化や病原菌に障害されやすい。

3.3.3 高齢者の健康と心身の特性

(1) 高齢者における疾患の特異性

高齢者の病態および疾患の特徴は，以下のとおりである（折茂，新老年学，326（1999））。

①多くの疾患に罹患しやすい。

②個人差が大である。

* 1　老化の学説の代表的なものとして，①プログラム説（遺伝子説），②エラー説，③cross-linkage によるたんぱくの変性説，④フリーラジカル説，⑤免疫異常説，⑥代謝調節異常説などがある。

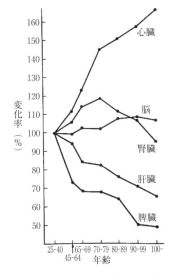

図3.6 臓器重量・体重比の経年的変化率（Inoue, T. and Ohtsu, S. 1987）

出所）折茂肇：新老年学，91，東京大学出版会（1999）

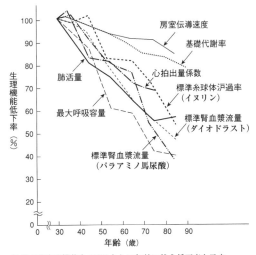

30歳の諸生理機能を100%として加齢に伴う低下率を示す。

図3.7　加齢に伴う諸生理機能の減少[*2]

出所）折茂肇：新老年学，412，東京大学出版会（1999）

* 2　図3.7において，腎血漿流量の測定に，diodrasto と PAH が用いられている。これは物質によって糸球体のろ過と尿細管の再吸収および分泌が異なるために用いる物質により個別の機能を測定することができる。Diodrasto ダイオドラストはX線造影剤ヨードピラセトの商品名で尿路造影などに用いられる。PAHpara-aminohippurate パラアミノ馬尿酸。

③成人と異なる症状を呈する。例えば，肺炎でも発熱・咳・痰がなく，食欲不振，また意識障害のみを呈する場合がある。

④水分・電解質代謝異常を起こしやすい。細胞内水分の減少など体内の水分が減少しても，渇きを訴えることが少ないので脱水を起こしやすい。体内総カリウム量が減少し，嘔吐，下痢により低カリウム血症を起こしやすい。

⑤老年病および老年症候群が多い。老年病は，高齢者に比較的特有で発症頻度の高い疾患(アルツハイマー型老年期認知症，骨粗鬆症，白内障等)の総称であり，老年症候群は，老化が進行し身体および精神機能が著しく低下した高齢者に特有なさまざまな症候や障害(認知症，せん妄，転倒，失禁，褥瘡，寝たきり，医原性疾患等)の総称で，75歳以上の高齢者にしばしば認められる。

⑥薬剤に対する反応が成人と異なる。腎機能，肝機能の低下により，薬物の吸収，代謝，解毒，排泄が若い人と異なり，薬剤による副作用を起こしやすい。

⑦生体防御力の低下により，疾患が治りにくい。加齢に伴う免疫機能低下により，感染症の頻度が増加する。特に肺炎による死亡が多くなるが，免疫機能の低下に加え，咳反射，嚥下反射の低下等による生体防御能の低下も関与していると考えられる。

⑧患者の予後は，医療のみならず社会的環境により大きく影響される。高齢者の疾患の予後に大きな影響を与える社会的環境のなかで，最も重要なのは家族である。最近の出生率の著しい低下，都市における核家族化の進行，高齢者単独世帯の増加は，高齢者をとりまく社会環境も悪化させつつある。

(2) 高齢者の心理的特徴

　加齢とともに家族構成や社会での人間関係にさまざまな変化が起きている。核家族化が進み，老人のみの世帯，ひとり暮らしの老人の単独世帯が増えている。一方，役割や責任の減少，経済的にも収入の減少による生活の不安，家族，社会での人間関係も狭小化し，社会的に孤立しやすい。さらに配偶者や近親者や親しい友人との死別，老化に伴う健康の低下など高齢者の精神に与える影響は大きい。死に対する不安も現われ，精神的には不安定な時期で精神障害が発生しやすい時期である。

　高齢期に起こりやすい精神症状としては，4D症状［dementia 認知症，depression うつ病，derilium せん妄，delusion 妄想］がある。わが国では2020年頃まで後期高齢者の自殺率が比較的高かった。自殺の直接の動機は「健康問題」を理由とした割合が最も高く，その内訳は「身体の病気」が第1位で

　人は生まれてからおよそ思春期の頃まで目覚ましく成長していくが，やがて成長は止まり，性成熟期を過ぎると衰えが始まる。つまり老化の始まりである。一般的には代謝や免疫力が下がり，体力，記憶力等も落ちてくる。肌は張りを失い，見た目にも老いを感じるようになる。どれだけ長生きしても人はいつか生命が終わる時がくるが，最期まで健やかに過ごしたいと誰もが願うだろう。そのような人類の願いを叶えるため，老化や老化制御の研究が進んでいるが，老化のメカニズムや老化の指標となる物質（バイオマーカー）の解析など，未解明のことが多い。老化と栄養の関係においては，ビタミンCが不足したマウスで寿命が短く，早期に死亡することが報告されている。今後も研究が進み，人での老化対策に定説となるような結果が得られることは，介護予防などの面からも人類にとって利益になるだろう。しかし，今はまだ，研究成果で明らかとなっている栄養，運動，休養を適切にコントロールする種々の方法やガイドライン等を参考に，行動科学の理論や技法を用いて健全な食生活を営むことが老化制御への一番の近道なのかも知れない。

6割近くを占め，次いで「うつ病」，「その他の精神疾患」と続く。しかし，高齢者の自殺では精神障害，特にうつ状態との関連が指摘されている。わが国は男女とも世界トップクラスの長寿国を保持し，老年後期の高齢者がさらに増加することになるため，今後は高齢者の精神保健対策の充実が必要となる。

（3）高齢者における食事摂取の特徴と栄養状態の変化

　高齢者の栄養には，つぎのような身体的問題が存在する。

　基礎代謝量や身体活動の低下：エネルギー消費量の減少と食欲不振をまねきやすい。

　味覚の低下：舌の味蕾の数の減少により，食塩や砂糖を取り過ぎる傾向がある。

　咀嚼力の低下：歯や義歯の喪失のため，噛む能力が低下し，栄養状態が悪化していることがある。肉類，海藻類，野菜類の摂取量が減少する。

　消化吸収力の低下：消化液の分泌および消化酵素活性の低下が起こる。また腸管のぜん動運動なども低下するので，胃腸に食物が長く停滞し，便秘を起こしやすい。

　胃酸分泌の減少：胃酸の減少によって鉄の吸収率が低下し，鉄欠乏性貧血が生じる可能性がある。

　口渇感の低下：体組織内の水分が減少しやすくなる。口渇を感じにくくなり，脱水状態になりやすい。

　これら身体的問題に加え，淡白な食品や調理法を好む傾向になる者も多く，良質たんぱく質やビタミン，無機質，**食物繊維***が不足して低栄養状態に陥りやすいため，それらの摂取に配慮が必要である。また適度な運動で食欲を高め，筋肉の減少を防ぐとともに，フレイルや骨粗鬆症の予防にも気をつけたい。

*食物繊維　摂取が過剰になると下痢や無機質の吸収を妨げることがあるので注意が必要である。

【演習問題】

問1 成長・発達に関する記述である。最も適当なのはどれか。1つ選べ。

（2021 年国家試験）

(1) 成長とは，各組織が機能的に成熟する過程をいう。
(2) 血中 IgG 濃度は，生後 3 〜 6 カ月頃に最低値になる。
(3) 咀嚼機能は，1 歳までに完成する。
(4) 運動機能の発達では，微細運動が粗大運動に先行する。
(5) 頭囲と胸囲が同じになるのは，3 歳頃である。

　解答（2）

問2 成長による身体的変化に関する記述である。最も適当なのはどれか。1つ選べ。

（2023 年国家試験）

(1) 身長は，幼児期に発育急進期がある。
(2) 脳重量は，6 歳頃に成人の 90 ％以上になる。
(3) 肺重量は，12 歳頃に成人レベルになる。
(4) 胸腺重量は，思春期以降に増大する。
(5) 子宮重量は，10 歳頃に成人レベルになる。

　解答（2）

問3 成長期に関する記述である。最も適当なのはどれか。1つ選べ。

（2022 年国家試験）

(1) 幼児身体発育曲線で，3 歳児の身長を評価する場合は，仰臥位で測定した値を用いる。
(2) カウプ指数による肥満判定の基準は，1 〜 3 歳で同じである。
(3) カルシウムの 1 日当たりの体内蓄積量は，男女ともに 12 〜 14 歳で最も多い。
(4) 永久歯が生えそろうのは，7 〜 9 歳である。
(5) 基礎代謝基準値(kcal/kg 体重/日)は，思春期が幼児期より高い。

　解答（3）

問4 加齢に伴う体水分量の変化とその調整に関する記述である。最も適当なのはどれか。1つ選べ。

（2022 年国家試験）

(1) 体重に対する細胞外液量の割合は，新生児が成人より高い。
(2) 体重に対する細胞内液量の割合は，高齢者が成人より高い。
(3) 体重 1 kg 当たりの不感蒸泄量は，乳児が成人より少ない。
(4) 体重 1 kg 当たりの水分必要量は，幼児が成人より少ない。
(5) 口渇感は，高齢者が成人より鋭敏である。

　解答（1）

📖 参考文献・参考資料

青木菊麿編：改訂小児栄養学，建帛社（2005）

浅野大喜：人間発達学，メジカルビュー社（2021）

アーノルド・ゲゼル著／生月雅子訳：狼にそだてられた子，家政教育社（1973）

井出利憲：医学のあゆみ，188（1），20-24（1999）

井出利憲：医学のあゆみ，194（3），148-151（2000）

井上英二，小林登，塚田裕三，渡辺格：人の成長には何が必要か，講談社（1982）

上田礼子：人はどのように発達するか，講談社（1986）

奥山和男監修：臨床新生児栄養学，金原出版（1996）

折茂肇：新老年学，東京大学出版会（1999）

笠原賀子：学校栄養教育論，医歯薬出版（2006）

桑守豊美，志塚ふじ子：ライフステージの栄養学理論と実習，みらい（2006）

小阪憲司，谷野亮爾：精神保健学，へるす出版（2002）

小林登編：新・育児学読本，日本評論社（1985）

中村治雄：老人の臨床栄養学，南山堂（1992）

日本小児栄養消化器肝臓学会編：小児臨床栄養学（2018）

丹伊田浩行，真貝洋一：医学のあゆみ，188（1），25-30（1999）

野村洋二，沢田昌夫，栃木秀麿，津端捷夫，吉田孝雄，高木繁夫：胎児期ならびに新生児期における下垂体—性線系の性差，ホルモンと臨床，24(6)，499〜505（1976）

日比逸郎：小児栄養の生物学と社会学，形成社（1993）

檜山桂子，檜山英三：医学のあゆみ，194（3），133-134，24（2000）

福井靖典：母児相関よりみた胎児発育に関する研究，日本産科婦人科学会雑誌，22(8)，809-816（1970）

藤田美明，大谷八峯，大中政治：栄養学各論，同文書院（1987）

平井俊策：老化のしくみと疾患，羊土社（2001）

保志宏：ヒトの成長と老化，てらぺいあ（1988）

三浦文夫：図説高齢者白書2002年度版，全国福祉協議会（2002）

ムーア，K.L.著／星野一正訳：受精卵からヒトになるまで，医歯薬出版（1987）

山口規容子，水野清子：小児栄養，診断と治療社（2001）

吉田勉監修，塩入輝恵，七尾由美子編：新応用栄養学，学文社（2020）

4 妊娠期・授乳期

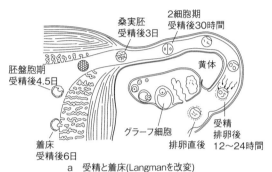

桑実胚
受精後3日

2細胞期
受精後30時間

胚盤胞期
受精後4.5日

黄体

胚盤胞期
受精後4.5日

グラーフ細胞

受精
排卵後
12～24時間

着床
受精後6日

排卵直後

a　受精と着床(Langmanを改変)

図4.1　受精から着床

出所）岩堀修明：管理栄養士を目指す学生のための解剖生理学テキスト（第4版），文光堂（2019）

4.1　妊娠期の生理的特徴

4.1.1　妊娠の成立・維持

排卵後，卵子は卵管に入り精子と遭遇し受精したのち，受精卵が子宮腔に運ばれて子宮粘膜に着床すると妊娠の成立となる。（図4.1）

妊娠期間は，着床の時期を正確に診断することが不可能であるため，最終月経初日を0日と数え，妊娠○か月または○週と表現する。妊娠期は主に3区分に分類され，妊娠初期，妊娠中期，妊娠後期と呼ぶ（図4.2）。

4.1.2　胎児の成長

受精後2週未満を初期胚，2～8週未満を胎芽，8週以降を胎児と呼ぶ。受精卵は受精後およそ4日程度で子宮内膜に着床する。

妊娠5～9週には胎児の主要器官の形成がほぼ終了する。この時期には薬物や放射線，感染症，栄養素欠乏や過剰などがあると胎児の催奇形性や障害などの発症に重大な影響を及ぼす。外的因子による感受性の高いこの時期を臨界期という。これ以外では，外的因子の影響は小さい。妊娠11週ごろには性別判定が可能となり，16週以降では胎児の四肢の運動が活発になるた

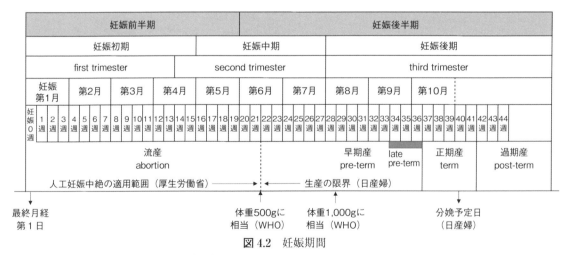

図4.2　妊娠期間

出所）仁志田博司編：新生児学入門，医学書院（2018）

め胎児の動き(胎動)を感じるようになる。
妊娠中期には，骨格の形成や心拍が成立す
る。肺もほぼ形成されるが，胎外生活に必
要な中枢制御機能や消化・吸収機能は妊娠
後期に成熟される。妊娠36週以降では成
熟児となる(図4.3)。

胎児付属物とは，受精卵から発育・形成
された胎児以外のもので，胎児が発育する
ために必要な卵膜，胎盤，臍帯，羊水をさ
す(図4.4)。

胎盤は妊娠経過に伴い増大し，母体から
胎児に必要な酸素や栄養素を送り，不要な
物質を母体へ排出を行ったり，妊娠維持に
必要なホルモン(hCG, hPL, エストロゲン，
プロゲステロン)の産生・分泌を行う。

臍帯は胎盤と胎児をつなぐ長さ約50 cm,
直径約1 ～ 1.5 cm のひも状の血管組織で，
らせん状にねじれている。臍動脈(2本)は
胎児から胎盤へ代謝産物やガスが含まれた
血液が，細静脈(1本)は胎盤から胎児へ酸素
や栄養素が多く含まれた血液が流れている。

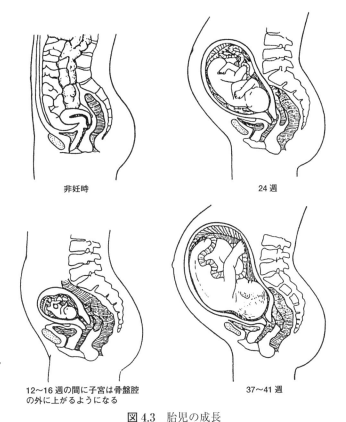

図4.3　胎児の成長

出所) 村本淳子ほか編：母性看護学1 妊娠・分娩（第2版），医歯薬出版（2000）
一部改変

羊水は弱アルカリ性の液体であり，胎児は羊水を吸入・嚥下し，尿として
排出している。

4.1.3　母体の生理的変化

(1) 子宮の変化

妊娠後期では，長さは約6倍の36 ～ 37 cm，重さは約20倍の
1,000 g，内腔は500倍の1,000 ～ 1,500 cm^3 に増加する。

(2) 乳房の変化

妊娠初期より卵巣および胎盤から分泌されるエストロゲンとプ
ロゲステロンの作用によって乳管および乳腺が発育する。妊娠後
期では，乳房の重量は非妊時の2 ～ 4倍となる。妊娠中は，プ
ロゲステロンがプロラクチン受容体の発現を抑制するため乳汁分
泌は生じない。

(3) 皮膚の変化

乳頭や乳輪部，腹部，外陰部に黒褐色の色素沈着がみられる。
また，子宮や乳房の肥大，脂肪沈着により，皮膚や皮下脂肪が伸

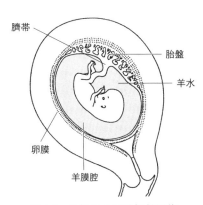

図4.4　胎児および胎児付属物

出所) 堀川隆：解剖生理学，メディカルレビュー
社（2005）

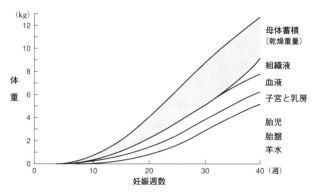

図4.5 正常妊婦の妊娠経過に伴う体重変化

出所）図4.3と同じ

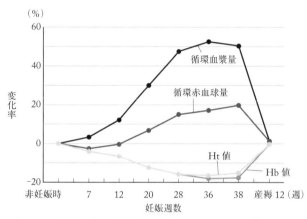

図4.6 妊娠中の循環血液量の変化：妊娠中のHt値, Hb値, 血漿量, 赤血球量の変化率

出所）医療情報科学研究所編：病気がみえる vol.10　産科（第3版）, 41, メディックメディア（2017）／ Whittaker, P. G. et al., Serial hematologic changes and pregnancy outcome. *Obstet Gynecol* 88, 33-9（1996）のデータをもとに作図

ばされるため, 下腹部, 乳房, 大腿部などに縞状に断裂した線（妊娠線）を生じる。

（4）体重の変化

妊娠経過に伴う体重増加（**図4.5**）は, 胎児および胎児付属物の増加, 脂肪の蓄積などで妊娠40週ごろには9〜12kgとなる。

分娩直後には胎児および胎児付属物の晩出や悪露の排泄, 発汗などにより約5〜6kgの体重減少が起こる。分娩後5〜7週間で妊娠前の体重に戻る。妊娠によって増加した体重は, 分娩後6ヵ月程度で妊娠前の体重に戻すことが望ましい。

（5）血液の変化

妊娠後期になると循環血液量, 特に血漿量は非妊娠時より40〜50％, 赤血球数は15〜20％の増加が認められる。血漿量の増加が大きいため, ヘモグロビン濃度やヘマトクリット値は低下する（**図4.6**）。同様に, 血漿量の増加により総たんぱく質, アルブミンなどは低下する。鉄は月経による損失はなくなるが, 胎児の発育および母体の赤血球数増加などにより必要量が増加することと体内貯蔵鉄が不足している場合が多いことから, 鉄欠乏性貧血になりやすい。血液凝固に関係する血小板数, フィブリノーゲン値は増加する。また, 妊娠中期以降では, 総コレステロール, 中性脂肪が増加し, 脂質異常症となる場合が多い。

心臓はやや肥大し, 心拍出量, 脈拍数はやや増える。血圧は妊娠後期に上昇を示すが, 仰臥位になると血圧が降下し, それに伴い悪心・嘔吐などの症状がおきやすくなる（仰臥位低血圧症候群）。子宮の増大により横隔膜が持ち上げられるため, 呼吸は胸式の肩呼吸となる。

（6）消化器系の変化

妊娠5〜6週では多くの妊婦には, 食欲不振や悪心・嘔吐などのいわゆるつわり症状が現れるが, 妊娠10〜12週には自然に消失し食欲も回復する。つわりは経産婦よりも初産婦に多い。中期以降は, 子宮が肥大するため消化管が圧迫されることで腸の蠕動運動は低下し, また, 運動不足などにより便秘が起こりやすくなる。妊娠全期間を通して胸やけが生じる。精神的ストレ

スは胸やけを促進する要因となる。

(7) 泌尿器系の変化

子宮肥大による圧迫で頻尿，尿失禁になりやすい。尿たんぱく，尿糖が一時的に陽性を示すことがある。

(8) 内分泌系の変化

エストロゲンとプロゲステロンは，妊娠の維持および排卵抑制に作用していて，妊娠初期には妊娠黄体から分泌されている。胎盤の完成後には黄体は退化し，胎盤からのホルモン分泌が盛んになる。

(9) 代謝の変化

妊娠 12 週ごろから基礎代謝が亢進する。たんぱく質蓄積は妊娠初期から認められ，後期まで母体への蓄積が進む。血中脂質はエストロゲンの分泌増加により上昇する。妊娠初期から中期にかけては脂質合成が亢進し，母体に大量の脂肪が蓄積される。妊娠中期から後期にかけては脂質の異化が亢進し母体のエネルギー源として利用する。胎児の発育はほとんどをグルコースに依存しているため，母体の糖代謝は妊娠の進行とともに母体に耐糖能低下を生じやすい。

妊娠中の高血糖，脂質異常症は分娩後，妊娠前の状態に戻る。血中脂質は授乳することで低下する。

(10) 精神・神経系の変化

妊娠すると内分泌の大きな変化などにより感情が不安定になり，憂うつ経口，全身倦怠感，不安など精神面で不安定になることがある。また，頭痛，歯痛，神経痛のような疼痛を訴えることがあるが，多くは一過性のものである。

4.1.4 乳汁分泌の機序

下垂体前葉から分泌されるプロラクチン(泌乳ホルモン)と下垂体後葉から分泌されるオキシトシン(射乳ホルモン)により乳汁の産生・分泌が起こる。分娩後，胎盤で産生されていたエストロゲン・プロゲステロンの分泌が低下することによって，乳汁の産生抑制が解除され，乳汁産生が始まる。新生児の吸啜刺激がプロラクチンやオキシトシンの分泌を促す。乳汁分泌は分娩後 10 日ごろまでにほぼ確立される。オキシトシンは子宮収縮を促進し，子宮の回復(子宮復古)にも働くため母体にとっても授乳は大きな役割を果たす(図4.7)。

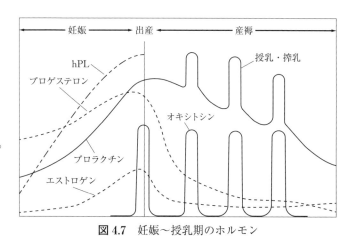

図 4.7　妊娠〜授乳期のホルモン

出所) Riordan, J., *Breasrfeeding and Human Lactation*, 3rd ed. Jones & Bartlett Learning, 76 (2004) を参考に作成

　妊娠中もしくは出産後に新たに精神疾患を発症する，産褥期の精神障害が大きな問題となっている。その精神疾患の中でもよく知られる産後うつ病は発症率が比較的高く，10 〜 15 ％と言われている。

　マタニティブルーズは出産後の女性の約半数が経験し，産後数日から 2 週間程度のうちに精神症状が出現し，涙がとまらない，いらいらするなど情緒不安定になったり，不眠になったりするが多くは一過性で産後 10 日程度には軽快する。マタニティブルーズが長引くと産後うつ病に移行することがある。産後うつ病は産後 3 カ月以内に発症し 2 週間以上持続する。周産期うつ病のリスク因子には妊娠中からのものもあげられる（表）。

　産後うつ病の早期発見と支援のため産後の健診（産婦健康診査事業）によるスクリーニングが行われており，適切な治療とサポートが必要である。

表　周産期うつ病のリスク因子

妊娠中	不安，ライフイベント，うつ病の既往，ソーシャルサポートの不足，望まない妊娠，医療保険，家庭内暴力，低収入，低い教育歴，喫煙，未婚，対人関係不良
産後	うつ病の既往，妊娠中のうつ症状や不安，配偶者からのサポート不足，妊娠中や産後早期のライフイベント

出所）日本産婦人科医会編：妊産婦メンタルヘルスケアマニュアル（2021）より

4.1.5　初乳，生乳

　分娩後 4 〜 5 日ごろまでの乳汁を初乳，分娩後 10 日ごろから分泌されるものを成乳といい，成分が変化していく。初乳と成乳の間は移行乳という。

　初乳はカロテノイド色素によりやや黄色みがかっており，粘性が高い。免疫グロブリン(IgA)やラクトフェリンなど感染防御にはたらくたんぱく質を豊富に含み，脂肪や糖質は少ない。成乳は初乳に比べ乳糖やオリゴ糖，脂肪が増し，エネルギーも増加する。色は乳白色となり，粘性も低下する。

　乳汁の分泌量は，分娩後 2 〜 3 日までは少ない(20 〜 50ml)が，3 〜 4 日目から急増(200 〜 500ml)する。40 〜 100 日ごろ最大分泌量に達する（平均 780ml/日）(表 4.1)。

表 4.1　人乳および牛乳の一般成分および無機質の組成

泌乳期		人乳 （100mL 当たり）			牛乳 （100g 当たり）
		3 〜 5 日	6 〜 10 日	21 日〜 6 か月	
エネルギー	kcal	62.5	65.7	67.4	59
全固形分	g	12.43	12.76	12.62	
たんぱく質	g	1.93	1.77	1.22	2.9
脂　肪	g	2.77	3.13	3.54	3.3
乳　糖	g	6.05	6.07	6.60	4.5
差引炭水化物	g	7.47	7.62	7.66	
灰　分	g	0.27	0.24	0.20	0.7
Ca	mg	31.0	29.0	28.4	100
Mg	mg	2.7	2.9	2.8	
K	mg	67.0	62.8	41.2	150
Na	mg	33.7	28.0	14.1	50
P	mg	17.2	19.2	15.3	90
Cl	mg	60.9	55.8	42.9	
Fe	μg	56.4	52.8	36.3	100
Cu	μg	64.0	62.1	36.3	
Zn	mg	0.64	0.51	0.20	
I	μg	124.5	104.5	66.8	

出所）奥山和男監修：臨床新生児栄養学，133，金原出版（1996）

4.2　妊娠期，授乳期の栄養ケア・マネジメント

4.2.1　やせと肥満

　日本産科婦人科学会では妊娠中の個々に応じた適切な体重増加量の目安として「妊娠中の体重増加指導の目安」を提示している(表 4.2)。

（1）や　　せ

　近年，若年女性におけるやせ（BMI 18.5 kg/m^2 未満）の者の割合は約20 % 程度で推移している。非妊娠時のやせや妊娠中の体重増加不足であった場合，胎児の発育が停滞する SGA や低出生体重児出産，早産を起こす

表 4.2　妊娠中の体重増加の目安*

妊娠前体格**	BMI kg/m^2	体重増加量の目安
低体重	< 18.5	12 ～ 15 kg
普通体重	18.5 ≦ ～ < 25	10 ～ 13 kg
肥満（1度）	25 ≦ ～ < 30	7 ～ 10 kg
肥満（2度以上）	30 ≦	個別対応（上限5 kgまでが目安）

*「増加量を厳格に指導する根拠は必ずしも十分ではないと認識し，個人差を考慮したゆるやかな指導を心がける」産婦人科診療ガイドライン産科編 2020 CQ010 より
**体格分類は日本肥満学会の肥満度分類に準じた。

頻度がふつう体重（BMI 18.5 ～ 24.9 kg/m^2）の妊婦に比べて高い。低出生体重児は，後に生活習慣病発症リスクが高いことが報告されている。

　産後の低体重は母乳分泌量の不足だけでなく，母体の回復も遅らせる。

（2）肥　　満

　非妊娠時の肥満（BMI 25 kg/m^2 以上）や妊娠中の過剰な体重増加は母体の妊娠糖尿病や妊娠高血圧症候群，巨大児出産などをまねき，帝王切開のリスクが高くなる。また，妊娠中に体重増加が多いと産後，生活習慣病へと移行していく可能性がある。非妊娠時の肥満の場合には，推奨体重増加量を目安に個人差に配慮しながら体重のコントロールをすることが重要である。

　産後，授乳により妊娠期に蓄積した体脂肪が消費されるため，妊娠前の体重に戻る。しかし，10か月以上を経過しても体重が戻らない，あるいは体重が増加した状態にあると肥満が助長され，生活習慣病のリスクも高まることから6カ月程度を目安に元の体重に戻すのがよいだろう。

4.2.2　貧　　血

　日本産科婦人科学会では妊娠女性にみられる貧血を妊娠性貧血としている。妊婦の血液は血漿量の増加により希釈されていることから，ヘモグロビン11 g/dL 未満，ヘマトクリット33 % 未満を貧血と成人女性より低く定義されている。妊娠中には基本的な鉄損失に加え，胎児の鉄必要量の増加により貧血を発症しやすい。妊婦の貧血は妊娠高血圧症候群，流産・早産，微弱陣痛などを誘発する。また，分娩後の貧血は乳汁分泌の低下や母体回復の遅れをまねく。

　貧血予防には鉄，たんぱく質，ビタミン C などの造血を促進する栄養素を摂取すること，偏食や欠食をせず規則正しい生活を送り，適度に運動することなどが有効である。鉄剤の使用は医師の指示に従うことが必要である。

4.2.3　妊娠悪阻

　妊娠悪阻とは，つわりが悪化し，頻回な嘔吐と著しい食欲不振が生じることで脱水や栄養障害を生じる状態をさす。明確な原因はわかっていないが，少量の水分と食事を頻回摂取する。脱水の所見が認められる場合や，5 % 以上の体重減少があり経口摂取による食事ができない場合，尿中ケトン体が養成の場合には輸液を行う。また，ウェルニッケ脳症の予防としてビタミン B$_1$

の補充を行う。つわりの予防としてマルチビタミン（ビタミン A, B_1, B_2, B_6, B_{12}, C, D, E, 葉酸, ミネラル等を含有）が有効であるとの報告があるが, 有効な成分は明確に示されていない。

4.2.4 妊娠糖尿病（GDM）[*]

妊娠中に初めて発見または発症した糖尿病に至っていない糖代謝異常を妊娠糖尿病と定義している。妊娠中の明らかな糖尿病, 糖尿病合併妊娠は含めない。

血糖のコントロールがうまくいかないと母体には非妊娠時の合併症と同様の網膜症や腎症, 神経障害などが起こり, そのほか妊娠高血圧症候群や早産, 羊水過多症などが起こる。また, 巨大児や新生児低血糖などの出生頻度が高くなる。産後には糖尿病や何らかの耐糖能異常が多くみられる。

食事は血糖コントロールを基本として, 母体と胎児の発育に必要なエネルギーの摂取, 食後高血糖を起こさない, 空腹時ケトン体産生を亢進させないことが大事である。妊娠中の糖尿病ケトアシドーシスは, 母体だけでなく胎児の生命にも大きくかかわる重篤な合併症であるため, 過剰なエネルギー制限には注意する。必要があればインスリン治療を併用する。

4.2.5 妊娠高血圧症候群

妊娠時に高血圧を発症した場合, 妊娠高血圧症候群といい, 妊娠前から妊娠 20 週までに高血圧を認める場合には高血圧合併妊娠と呼ぶ。妊娠 20 週以降に高血圧のみ発症する場合は妊娠高血圧症, 高血圧と尿たんぱくを認める場合には妊娠高血圧腎症と分類される。尿たんぱくを認めなくても肝機能障害, 腎機能障害, 血液凝固障害や胎児の発育不全があれば妊娠高血圧腎症に分類する。

症状は高血圧, 尿たんぱくの順に出現することが多い。重症化するとけいれん発作（子癇）, 脳出血, 肝・腎機能障害などを引き起こす。また, 胎児発育不全や常位胎盤早期剥離, 胎児機能不全, 胎児死亡など重篤な合併症がある。

肥満や糖尿病, 腎疾患を有している者, 高齢出産, 多胎妊娠, 初産婦などは妊娠高血圧症候群のリスクとなる。

食事管理の基本は, 減塩, 摂取エネルギー量および脂質の質と量の適正化, 腎機能障害がなければ高たんぱく食とする。水分制限や過度な塩分制限は行わない。発症の予防には, 十分な睡眠と適切な体重コントロールが重要となる。

4.2.6 神経管閉鎖障害

胎児の神経管閉鎖障害は受胎後およそ 28 日で閉鎖する神経管の形成異常であり, 臨床的には無脳症や二分脊椎, 髄膜瘤などの異常を呈する。妊娠前からの葉酸摂取により神経管閉鎖障害のリスクが低減することが明らかになっているため, 「日本人の食事摂取基準（2020 年版）」においては, 妊娠を計画

＊妊娠糖尿病（GDM） 診断基準は国立国際医療研究センター（糖尿病情報センター）の「妊娠と糖尿病（ncgm.go.jp）」に掲載されている。

している女性，妊娠の可能性がある女性，妊娠初期の妊婦において神経管閉鎖障害の予防のために摂取が望まれる葉酸の量を，狭義の葉酸(サプリメントや食品中に強化される葉酸)として 400 μg/日としている。

しかし，神経管閉鎖障害は葉酸の不足によってのみ起こるものではないため，葉酸のサプリメント摂取だけで発症を予防できるものではなく，また，他の栄養素摂取不足改善につながるため食事性の食品からの摂取も重要である。

4.2.7 妊娠前からはじめる妊産婦のための食生活指針

わが国の若い女性は朝食欠食率が高く，エネルギー摂取量も少なく，低体重(やせ)の割合が高いという現状がある。このような妊娠前から妊娠期にかけてのエネルギーおよび栄養素摂取量の不足が，胎児の発育に影響を与えることが危惧されている。胎児期の発育が十分でなかった場合，成人後に肥満，循環器疾患，2 型糖尿病などの生活習慣病発症リスクが高くなる可能性が数多く報告されている。UNICEF (United Nation Children's Found) や WHO (World Health Organization) は，人生最初の 1,000 日(受胎から満 2 歳の誕生日まで)の適切な栄養が将来の健康維持に重要であると提言している。わが国では 2006 年に「妊産婦のための食生活指針」が策定され，その後改定を経て 2021 年に「妊娠前からはじめる妊産婦のための食生活指針」として改定を行った。

この指針では，若い世代の「やせ」が多いことなどの課題を受け，10 項目の指針が示された。

【演習問題】
問1　妊娠期の身体的変化に関する記述である。正しいのはどれか。1つ選べ。
(2019 年国家試験)
(1) 体重は，一定の割合で増加する。
(2) 基礎代謝量は，増加する。
(3) 循環血液量は，減少する。
(4) ヘモグロビン濃度は，上昇する。
(5) インスリン感受性は，高まる。
解答 (2)

問2　単位重量当たりで，成乳(成熟乳)に比べ初乳に多く含まれる母乳成分である。誤っているのはどれか。1つ選べ。　(2023 年国家試験)
(1) ラクトフェリン
(2) IgA
(3) リゾチーム
(4) ラクトース
(5) ビタミン A
解答 (4)

問3 授乳期の母体の生理的特徴に関する記述である。最も適当なのはどれか。1つ選べ。 (2022 年国家試験)

(1) エネルギー必要量は，非妊娠時に比べ低下する。
(2) 血中プロゲステロン濃度は，妊娠期に比べ上昇する。
(3) プロラクチンは，分娩後の子宮収縮を促す。
(4) 吸啜刺激は，オキシトシン分泌を促進する。
(5) 尿中カルシウム排泄量は，非妊娠時に比べ増加する。

解答（4）

📖 **参考文献・参考資料**

医療情報科学研究所：病期がみえる　vol.10 産科（第 4 版），メディックメディア（2018）

栢下淳，上西一弘編：栄養科学イラストレイテッド　応用栄養学（改訂第 2 版），羊土社（2020）

厚生労働省：日本人の食事摂取基準（2020 年版），第一出版（2020）

厚生労働省：妊娠前からはじめる妊産婦のための食生活指針―妊娠前から，健康なからだづくりを―（2021）

小切間美保，葉原晶子編：visual 栄養学テキスト　応用栄養学，中山書店（2020）

国立研究開発法人医薬基盤・健康・栄養研究所監修：健康・栄養科学シリーズ　応用栄養学　改訂第 7 版，南江堂（2020）

佐藤達夫監修：新版　からだの地図帳，講談社（2013）

鈴木和春編著：ライフステージ栄養学　第 2 版，光生館（2021）

日本産科婦人科医会編：妊産婦メンタルヘルスケアマニュアル（改訂版），中外医学社（2021）

日本糖尿病・妊娠学会：妊娠中の糖代謝異常と診断基準（平成 27 年 8 月 1 日改訂）
https://dm-net.co.jp/jsdp/information/024273.php　（2023.9.30）

日本妊娠高血圧学会編：妊娠高血圧症候群の診療指針　2021，メジカルビュー社（2021）

5 新生児期・乳児期

5.1 新生児期の生理的特徴と発育

5.1.1 成熟兆候

衛生統計上，新生児期は，出生時より27生日（生後4週目まで）をさし，この期間にある乳児を新生児と呼ぶ。そのうちでも生後1週間は体の諸臓器の機能に著しい変化が起こる時期で，早期新生児期と呼ばれる。この時期は，生命に対する危険が特に高いので，注意深い養護が必要である。

5.1.2 新生児期の生理的特徴

(1) 呼吸器系

胎児は，子宮内では胎盤を介して酸素を取り込み，二酸化炭素を排泄しており，胎児期の肺はガス交換を行っていない。出生に伴い，肺でのガス交換が開始されるが，肺胞のガス交換面積は成人の20分の1と比較的小さく肺容量も小さいため，代謝が亢進すると呼吸不全に陥りやすい。また，新生児の気道は細く，小さく，軟らかいため分泌物や気道粘膜の炎症などにより閉塞しやすい。呼吸は主に鼻を介しているため，鼻が詰まると呼吸ができなくなる。また，横隔膜による腹式呼吸が主であるため，腹部にガスがたまったり，オムツによる腹部圧迫で横隔膜が挙上すると呼吸困難を招く。

(2) 循環器系

胎児は母体から酸素供給されるため肺呼吸はしない（**胎児循環**[*1]）。臍帯静脈からの血液は右心房から卵円孔や動脈管を通り，肺を経由しないで全身に流れる。出生後，最初の呼吸後に肺血流量が増大し，卵円孔や動脈管の機能が閉鎖することにより，成人型循環へと移行する。

(3) 体水分量と生理的体重減少

身体の構成成分のうち，水分の占める割合は成人が60%であるのに対し，新生児は80%（細胞内液35%，細胞外液45%）と極めて高い。**正期産児**[*2]の出生後3〜5日ごろに見られる**生理的体重減少**は出生体重の約5〜10%の範囲で，その大部分が細胞外液の減少による（**図5.1**）。

*1 **胎児循環** 卵円孔（右心房と左心房を連結）と動脈管（肺動脈が大動脈に連結）を介することにより，血液が右左短絡（肺を迂回）する循環。

*2 **正期産児（term infant）** 37週0日〜41週6日の間の妊娠期間で生まれる乳児をいう。

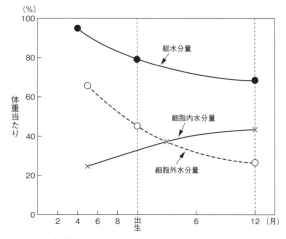

図5.1 体液成分の出生前および出生後の月齢による変化

出所）仁志田博司：新生児学入門 第4版，187，医学書院（2013）

*1 球体濾過値（glomerular filtration rate：GFR） 腎は尿生成の過程で，体内に蓄積する有害代謝産物を排泄し，体液量・濃度を正常化して内部環境の恒常性を維持する機能がある。糸球体濾過は糸球体において血漿より原尿が生成される最初の過程であり，糸球体濾過の程度を判定に用いるものが糸球体濾過値である。

*2 Osm 浸透圧の単位

*3 ビリルビン 血中のビリルビンは老化し破壊された赤血球中に含まれるヘモグロビンが代謝されてつくられる。新生児生理的黄疸の成因としては，母乳中に含まれるプレグナンジオール，遊離脂肪酸，プロスタグランジンなどが肝臓のグルクロン酸転移酵素の活性を阻害することにより，肝臓のビリルビン代謝が低下すること，腸からのビリルビン再吸収が増加することなどがあげられる。

*4 IgG（免疫グロブリン）→ p.104 参照

*5 成長ホルモン 下垂体から血液中に分泌されると肝臓に働きかけて，IGF-1（Insulin-like growth factor-1）と呼ばれる成長因子を作らせ，血液中に分泌させる。これが骨に到達すると軟骨細胞の増殖が起こって骨が伸びる。このように成長ホルモンは最終的に IGF-1 を介して骨の成長を促している。

(4) 腎機能

新生児は**糸球体濾過値**[*1]（GFR）や尿細管機能も未熟であり，最大濃縮力は700 m**Osm**[*2]/L で成人の 50 % である。排泄は覚醒時に行われ，睡眠時には行われない。1 日の排尿回数は 10 〜 20 回で，1 日の尿量は 300 〜 500 mL である。濃すぎるミルクを与えたり，水分が不足する時には，代謝の老廃物を排泄しきれず体内に蓄積して，発熱（脱水症）の原因になることが少なくないため，水分は充分に与えなければならない。一方，水分の排泄機能が未熟なため，過度な水分補給は，浮腫を招く。すなわち，新生児は水分，電解質，酸塩基平衡を維持する能力が低い。

(5) 体温調節

新生児は体温調節が可能な温度域が狭いため，外部環境温度に影響されやすく，低体温や高体温になりやすい。新生児の熱産生は，代謝活動，筋肉の収縮，脂肪の分解によって行われている。乳幼児以降，低温環境下では震えによって熱産生が行われるが，新生児では震えによる熱産生はなく，**褐色脂肪組織**の分解による熱産生が行われるのが特徴である。一方，熱の喪失は，輻射，対流，伝導，蒸発の 4 つの経路からなる。新生児では，①体重に比べて体表面積が大きいこと，②皮膚が薄いため水分透過性が高いこと，③皮下脂肪も少ないため不感蒸泄量が多いこと，④呼吸数が多く体重あたりの分時換気量が大きいことなどから体温を一定に保つことが難しい。

(6) 血液・免疫系

赤血球数は出生時に 550 〜 600 万/μL 近くあり，多血症の状態であるが，肺呼吸開始後，過剰な赤血球は崩壊する。崩壊した赤血球から流出した**ヘモグロビン**が多いことに加え，肝機能も未熟であるため，生後 2 〜 4 日頃に高**ビリルビン**[*3]血症が一過性に生じる。これを生理的黄疸（physiologicaljaundice）とよぶ。

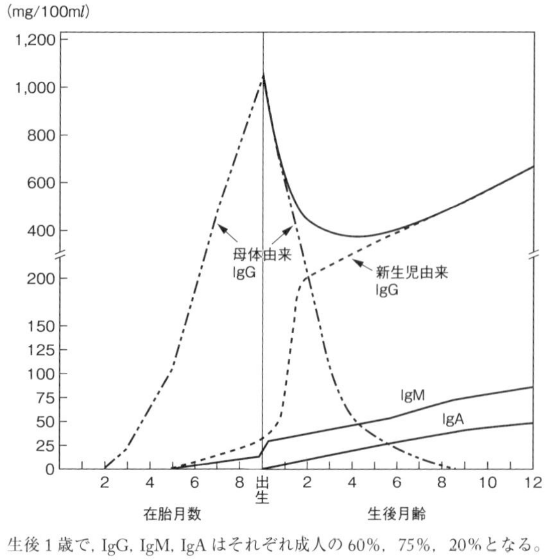

免疫グロブリンは，出生後に本格的に産生され始める。また，胎盤を通過して胎児に移行した母親の **IgG**[*4]（主たる**免疫グロブリン**）の生下時血中値は母体値に等しい。生後より母体由来の IgG 値は減少し，児が自ら IgG を生産するが，総 IgG 量は生後 3 〜 4 ヵ月で最低値となる。乳児はこれ以後の感染には，十分な注意が必要である（図5.2）。

(7) ホルモン

身長を伸ばすうえでは，脳下垂体から分泌されるホルモンのうち，**成長ホルモン**[*5]と**甲状腺刺激ホル**

(mg/100ml)

生後 1 歳で，IgG，IgM，IgA はそれぞれ成人の 60%，75%，20%となる。

図 5.2 免疫グロブリン血中濃度の出生前後の変化

出所）仁志田博司：新生児学入門 第 4 版，334，医学書院（2013）

モンが重要である。成長に関与するホルモンにはこれらのほかに，甲状腺ホルモンと性ホルモンもあり，これらが共同して働くことにより成長が完成する。

(8) 摂食・消化管機能

1) 消化管

胎児では胎盤を通して栄養素が供給されているのに対して，新生児では消化管から栄養摂取ができるように適応していかなくてはならない。胎児は子宮内で**羊水**を嚥下することにより，適応のための準備を進めている。羊水中には成長因子や種々のホルモン，酵素などが含まれており，羊水を嚥下することによっても消化管の発達が促される。生後の消化管からの栄養摂取開始もまた，消化管の発達を促すための重要な刺激となっている。

2) 胃

成人と比べて立位で縦型であり，噴門部の括約筋が未熟なため排気（ゲップ）しやすい構造であるが，**溢乳**しやすい。容積は，新生児で 50mL，3ヵ月児で 170 mL，1歳児で 400 mL 程度である（図 5.3）。

3) 咀嚼・嚥下機能の変化

乳児の摂食行動は哺乳運動から始まる。哺乳は**原始反射**[*1]により行われている。成熟時であっても生後数日間は吸啜力は弱いが，吸啜を繰り返しているうちに 10 〜 30 回の連続する吸啜・嚥下運動が可能となっていく[*2]。3 〜 4ヵ月ごろから自分の意志で吸引する成人の吸引運動に変化し，自律的に哺乳量を調節する自律哺乳になる。嚥下の際にかなりの空気も入るので，哺乳後ゲップをさせないと溢乳することがある。4ヵ月未満には舌挺出反射（口唇の間に固形物が入るとこれを舌先が突き出す反射）がみられるが，4ヵ月ごろから固形食の摂取が可能となり，次第に咀嚼運動ができるようになる。

5.2 乳児期の生理的特徴と発育

5.2.1 成長・発育

乳児期とは出生してから 1 歳未満の期間（0 〜 11ヵ月・**新生児期を含む**）をいう。胎児期から出生して少年期に至る期間におけるさまざまな変遷を特に「発育」と表現する。乳児期は一生のうちで最も成長・発育が著しい。

(1) 骨格系

骨は胎生 2ヵ月からまず軟骨ができて，次いでカルシウムが沈着して，次第に**硬骨**[*3]に変化していく。生後 6ヵ月以前の化骨の状態を見るときには足根骨を用いる。女児は男児に比べ，骨の形成は早く始まり，早く終わる。

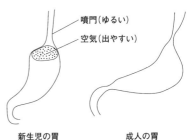

図 5.3 新生児の胃の形
出所）仁志田博司：新生児学入門，医学書院（1988）

新生児の胃　　　成人の胃

噴門（ゆるい）
空気（出やすい）

＊1 原始反射 乳児の哺乳動作は乳児が自分の意志として舌などを動かしているわけではなく学習することなしに行われる。これを哺乳における原始反射という。新生児の反射運動には，哺乳反射，モロー反射，把握反射，ビバンスキー反射，緊張性頸反射，歩行反射，パラシュート反射がある。月齢とともに，探索反射（探す）や捕捉反射（くわえる）などのその他の反射能力も次第に獲得するようになる。

＊2 副歯槽堤と吸啜こう 上顎に成人にはみられない歯茎の内側の膨らみ（副歯槽堤）と，さらにその内側にくぼみ（吸啜こう）がある。このくぼみで乳首をとらえて舌を押しあて，蠕動運動を繰り返して乳汁を絞り出す。これには吸引圧（口の中に陰圧を作って乳汁を吸引する）と咬合圧（舌や顎で乳首を圧して乳汁を絞り出す）がある。

＊3 硬骨 硬骨に変化する場合，軟骨の一部にカルシウムが沈着して，骨化の中心点となる。これを骨核という。手根骨と足根骨の骨核は年齢とともに増加し，成熟していく。骨核の数や形は年齢によりほぼ定まっているので，通常は X 線で手根骨の化骨数の出現数を調べる。このことを骨年齢（Bone Age）ともいう。この数は年齢と等しいか，または 1 個多く，12 歳で完成する。

(2) 生　歯

　乳歯は生後7ヵ月前後から生え始め，2歳半から3歳で20本に生えそろう［乳歯数(本)＝月齢－6］。乳歯萌出の遅速は，知能発達とは関係ない。乳歯はほぼ一定の順序で生える。乳歯の石灰化は生後も進むが，歯の完成後は血管がないためカルシウムは補給されない。

(3) 身体各部のつり合い

　頭部と身長との発育関係により，新生児では四頭身で，2歳では五頭身となる。その後，年齢とともに，身長の割合が大きくなっていく。

5.2.2　心身の発達

　乳児の特徴は発育することにある。体位や生理代謝面での急速な成長・発達に加え，運動機能や精神的・知的面でも種々の学習を開始する時期でもある（表5.1）。

(1) 感覚・知覚

　視覚，聴覚，嗅覚などの感覚機能は未熟で皮膚や粘膜の触覚と痛覚も鈍い。言葉はヒトが情報伝達や交流を図るための大切な手段である。乳児はかなり早い時期から，積極的に意思を伝達しようとして声を発しており，家族がこれにこたえることで，乳児は言葉を理解し，判断する能力を培う。

(2) 運　動

　運動機能は，粗大運動から微細運動へと発達する。粗大運動は，寝返りをする，座る，はう，立つ，歩くといった行為である。微細運動は物をつかむ，物を移動する，鉛筆などで字を書く，クレヨンなどで絵を描くなどの腕や手を使う行為である。微細運動は視覚や触覚と複合して発達する運動機能とも考えられている。その発現・発達の時期や速さは個人差が大きい。

(3) 精神・知性

　精神機能の発達は，知能や思考と，社会性(適応)や情緒面の変化から観察できる。乳児期の精神面の特徴は，神経，感覚，運動機能などの成熟とともに，出生

表5.1　人の心と身体のライフサイクル

ライフステージ	生理機能	精神作用	食生活	異常
胎児	代謝系の未熟性による特殊な栄養要求性	深層心理形成人格・精神・身体機能形成の萌芽期	食に対する嗜好習慣等の萌芽期	精神・身体発育障害
乳児	精神身体機能の発達，免疫能の獲得	家族・社会とのつながりの認識	母乳哺育の栄養・免疫・心理面の重要性	抵抗性の低下情緒不安栄養障害
幼児	生活習慣病準備・予防期	人格・精神・身体機能の形成期	食生活，嗜好の形成	孤食・偏食不安愁訴情緒不安栄養障害家ばなれ
少年	発育のスパート	個人の形成人格の形成	家庭の料理に対する愛着と関心の形成母親から食習慣の伝承	家出，非行，暴力，自殺，無気力，無責任，無自覚
青年	生活習慣病の危険因子蓄積期（生活習慣病沈黙期）		食習慣の広がりと個性の形成	
成人	身体生理機能の充実期	精神機能の充実期	家庭の食生活の完成期	生活習慣病の発症
母性	生活習慣病の発症期妊娠・分娩・育児胎児への影響			
中高年	身体機能低下	精神機能完熟期，老化	食生活，食習慣の子どもへの伝承	老化の促進認知症老年性精神病

出所）乳幼児の栄養と食生活研究会編：乳幼児の栄養と食生活，3～95，全国保険センター連合会（1996）一部改変

直後は未発達だったものが，表情も豊かになり，言語，情緒，社会性なども
目覚ましく発達することである。乳児期は大脳皮質が未発達なため，情緒や
興奮のコントロールができない。情緒は環境に左右されやすい傾向にあり，
性格形成にも大きく影響するともいわれる。

(4) 発達の評価

　健康な乳児は体重の増加など順調な発育を示し，運動は活発で，機嫌よく，
体温・食欲・便通も正しく，十分に眠り，皮膚には弾力や潤いがある。これ
は身体と精神のあらゆる機能が順調に営まれているということである。

5.2.3　食行動の変化

　乳児期の1歳から1歳半ごろにな
ると目的のある行動をするようにな
る。食事では食物とそれ以外のもの
の区別がつくようになり，離乳期の
後半になると「手づかみ食べ」が始
まる。「手づかみ食べ」は食べ物を
目で確かめて，物をつかんで，口ま
で運び，口に入れるという行動の発
達である。それを繰り返すうちにス
プーンや食器にも関心を持ち，いろ
いろな食べ物を見る，触れる，味わ
う体験を通して，自分で進んで食べ
ようとする力を育んでゆく(図5.4)。

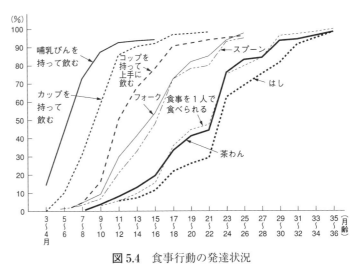

図 5.4　食事行動の発達状況

出所) 日本児童福祉給食会：1986 年保健所給食研究報告書

5.3　栄養素の消化・吸収

5.3.1　新生児期の栄養素の消化・吸収

　新生児は急速に成長し，その代謝率も成人より高く，より多くのエネルギー，
たんぱく質，その他の栄養素を必要とする。しかし，新生児は唾液の分泌量
が少なく，これに含まれる酵素活性も低く，肝臓や皮下への栄養の貯蔵が少
ないため，飢餓に対して弱く，低栄養や種々の栄養障害を容易に起こす。

(1) 糖　　質

　新生児のエネルギー源は主に糖質で1日に必要なエネルギー量の約 45%
を占める。最も重要なのは二糖類，特に乳糖である。二糖類に対しては消化
酵素(イソマルターゼ，マルターゼ，スクラーゼ)の活性が発達しているため，小腸
から吸収されるが，多糖類は，生後3ヵ月頃までは吸収率が悪い。

(2) 脂　　質

　新生児では胆汁酸プールも少ないため，中性脂肪の消化・吸収には不利な

条件が重なっている。しかし，エネルギー源としては重要であり，1日に必要なエネルギー量の約45％を占めている。多価不飽和脂肪酸ほど吸収がよく，必須脂肪酸のリノール酸が含まれると脂質全体の吸収がよくなり，不足すると発育遅延や皮膚炎などの症状を呈する。母乳やミルク中の脂質含有量は少ないが，母乳の脂質には知能の発育にも必要なアラキドン酸やドコサヘキサエン酸などの多価不飽和脂肪酸が含まれており，牛乳の脂質よりも消化されやすい。膵リパーゼの活性は胎生4ヵ月頃より認められるが，**成熟新生児**[*]でも成人に比べ，活性は低い。

＊**成熟新生児**　正期産児で2,500 g以上の児をいう。

（3）たんぱく質

1日に必要なエネルギー量の約10％をたんぱく質で補っている。母乳やミルク中のたんぱく質は分解・吸収されるが，牛乳に含まれる高分子ペプチドは分解されないため，免疫学的にアレルギーの引き金になると危惧されている。

5.3.2　乳児期の栄養素の消化・吸収・代謝

生後5，6ヵ月までの乳児にとって唯一の栄養源は母乳であり，発達に応じて乳汁だけの栄養から半固形食，固形食に進んでいく。乳児の栄養は，十分な授乳栄養，離乳栄養が重要であるが，乳児期は新生児期を含め消化・吸収機能は未熟であり，成人に比べてかなり劣っている。

（1）炭水化物

炭水化物の分解に関わる酵素活性の発達は種類によって異なる。でんぷんを含まない乳汁を摂取している間はアミラーゼ分泌が少なく，膵液アミラーゼ濃度は成人の10分の1程度である。乳児が人工栄養や離乳食などからでんぷんを摂るようになると，急速に唾液や膵液アミラーゼ分泌は増加する。アミラーゼの活性は徐々に上昇し，1歳ごろには成人と同じレベルに達する。

（2）脂　　質

脂肪の消化・吸収が不十分であり，2〜3歳で成人レベルとなる。母乳脂肪はよく吸収されるが，牛乳脂肪では生後数ヵ月間は不良である。

（3）たんぱく質

たんぱく質分解酵素の活性は，生後1〜2ヵ月から急激に上昇して1歳でほぼ成人と同じになる。また，腸壁の選択吸収能力が十分発達していないために，異種たんぱく質である牛乳を過剰に与えた場合には，高分子のまま吸収されて**食物アレルギー**につながりやすいといわれている。

たんぱく質分解酵素のトリプシンの働きも一般に未発達である。しかし，乳児の胃液にはレンニン（**凝乳酵素**）が含まれていて，母乳やミルクのカゼインを凝固（カード（Curd）という）し，ペプシンにより分解しやすくする働きをもつ。母乳のカードは細かく柔らか（Soft Curd）であるが，牛乳のカードは大きく固

く（Hard Curd），消化性が悪い。

(4) 代　　謝

　乳児期の代謝は不安定であり，少しの刺激から代謝バランスが乱れ，生体に異常をきたすこともある（たとえば，脱水状態など）。酵素系は一般に未発達で働きは低い。

5.4　栄養アセスメント

　乳児期の栄養障害は，成長・発達に大きく影響するため，栄養アセスメントは，**臨床診査**，**臨床検査**，身体計測などを行う。

5.4.1　臨床診査

　問診により，栄養状態に関する訴え，栄養，食事歴，現在の状況，家族歴，生活歴を聴取する。また，栄養状態の評価のひとつとして**身体観察**を行う。

5.4.2　臨床検査

　栄養アセスメントに使用される検査としては，血清総たんぱく質，血清脂質，血糖，赤血球数，ヘモグロビン，ヘマトクリット，血小板，尿たんぱく，尿糖などがある。

5.4.3　身体計測

(1) 頭　　囲

　出生時，頭囲は約 33 cm である。脳の重量および頭囲の増加は乳児期に最も大きい。満 1 歳で 46 cm に達し，これは成人値の 80 ％以上に相当する。頭囲が異常に小さい場合は小頭症，反対に大きすぎる場合には水頭症やくる病などの病気が疑われる。新生児や乳児では前頭部にひし形の柔らかい**大泉門**[*1]にふれる（図 5.5）。出生時には頭囲より胸囲が若干少ないのが普通であるが，2 〜 3 ヵ月でほぼ同等となり，その後は頭囲より胸囲の方が大きくなる。

(2) 胸　　囲

　出生時の胸囲は，約 32 cm である。1 年で約 46 cm となる。胸囲の発達は，栄養状態との関係がきわめて大きい。

(3) 身　　長

　出生時は約 50 cm で，男児は女児よりもわずかに大きい。乳児期の発育は旺盛で，生後 3 ヵ月までの間に約 10 cm 伸び，4 年で約 2 倍になる[*2]（約 1 m）。長期間の発育を判断するには，身長の計測が適している。乳幼児の身長測定は寝かせた状態で測定するマルチン式身長計を用いる。

(4) 体　　重

　出生体重は約 3.0 kg である。乳児期は体重増加割合が最も大きい時期である。生後 3 〜 4 ヵ月で出生時の約 2 倍，1 年で 3 倍，2.5 年で 4 倍，4 歳で

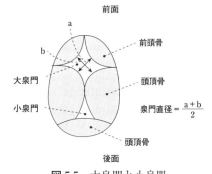

図 5.5　大泉門と小泉門

出所）黒田泰弘編：最新育児小児病学，南江堂（1998）

$$泉門直径 = \frac{a+b}{2}$$

＊1　**大泉門**　生後 1 年〜 1 年半ごろに閉鎖し，小泉門は生後まもなく閉じる。

＊2　**身長の個人差**　身長は個人差が大きく，父母の遺伝的影響を多く受ける。季節的影響もあり，春から夏にかけて伸びが大きい。

は 5 倍となる。乳児期では計測の容易さから，体重は発育の指標とされ，栄養状態の評価，特に哺乳量が十分であるかの判定に用いられる。1 日の体重増加量は 0 〜 3 ヵ月で 30 g，3 〜 6 ヵ月で 5 〜 20 g，6 〜 9 ヵ月で 9 g，9 〜 12 ヵ月で 8 g 程度である。しかし，体重は一様に増加するものではなく，1 週間ないし 1 ヵ月間隔の体重の増減を目安として 1 日体重増加量を算出すればよい。測定は哺乳・食事前がよい。

(5) 発育曲線

2010 年に行われた厚生労働省による乳幼児身体発育調査の結果に伴い，母子手帳における「**乳幼児身体発育曲線**」（2014 年）が改訂された（図 5.6）。母子健康手帳では，保護者に必要以上の不安を与えることを防ぎ，適切な身体評価がなされるようにするため，2002 年の母子手帳改正時より 10 および 90 **パーセンタイル**＊曲線が削除され，各月齢の 3 〜 97 パーセンタイル値が帯で示されている。

(6) カウプ指数

生後 3 ヵ月齢以降（3 ヵ月未満には適応しない）の乳幼児の肥満度の判定に広く用いられる。身長・体重などの計数値から体格指数（発育指数）が求められる（p.99，図 6.7）。カウプ指数は，[体重(g)÷身長(cm)^2]× 10 の計算式により求められる。乳児では，14.5 未満はやせすぎ，14.5 〜 16 未満はやせぎみ，16 〜 18 未満は普通，18 〜 20 未満は太り気味，20 以上は太りすぎと判定される。

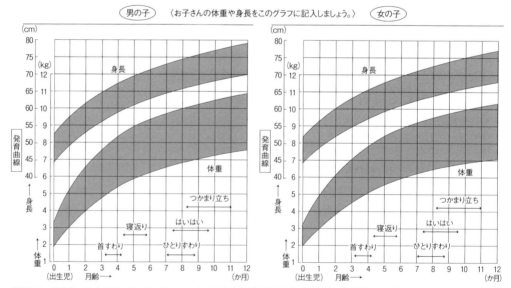

首すわり，寝返り，ひとりすわり，はいはい，つかまり立ち及びひとり歩きの矢印は，約半数の子どもができるようになる月・年齢から，約 9 割の子どもができるようになる月・年齢までの目安を表したものです。
お子さんができるようになったときを矢印で記入しましょう。

図 5.6　乳児身体発育曲線（平成 22 年調査）

出所）こども家庭庁：「母子健康手帳の様式について」症例様式（令和 5 年 4 月 1 日施行）　http://www.cfa.go.jp/assets/contents/node/basic_page/field_ref_resources/909390f5-d0c0-47b9-9b9e-c343b88bde66/55e9054d/20230401_policies_boshihoken_techou_01.pdf（2024.3.7）を参照

5.5 栄養と病態・疾患

ここでは低体重と過体重，食物アレルギー，便秘，脱水，下痢症などを取り上げる。

5.5.1 出生体重

出生体重[*1]は男児は女児よりも若干重く，また，個人差のほか，遺伝的要因（特に母親の体格）や年齢，出生順位，妊娠持続，妊娠中の母親の健康，疾病，栄養状態，栄養状況や喫煙，社会的・経済的影響により左右される。

(1) 低出生体重児

出生体重が 2,500 g 未満の乳児を低出生体重児とし，このうち，1,500 g 未満で出生した乳児を極低出生体重児，1,000 g 未満の乳児を超低出生体重児と呼んでいる。母体の栄養状態が悪いと，低出生体重児として生まれてくる傾向がみられる。低出生体重児増加の原因として，医療技術の進歩による新生児の救命率の改善，妊婦の高齢化，不妊治療の増加があると考えられる。低出生体重児の管理は，①保温，②呼吸管理，③**栄養補給**[*2]，④感染予防が四原則である。低出生体重児は体重が軽いほど全身状態が悪く，チアノーゼ，無呼吸発作などがみられる。哺乳反射が未熟なため，誤嚥を起こしやすく，また噴門括約筋の未発達により，吐乳や乳汁の気道内への流入などが起こりやすい。

これらの乳児は乳首からの授乳が困難なため，カテーテルによる経管栄養管理が行われる。極小未熟児はグルコースの点滴静注（輸液）を併用し，状態が良ければ，早期に授乳を行うようになった。

(2) 過 体 重

高出生体重児は，一般に出生体重 4,000g 以上の児を意味する（アメリカでは 4,500 g 以上）。分娩外傷や仮死の頻度が高くハイリスク児である。

5.5.2 貧 血

貧血は乳幼児の栄養障害のひとつでありヘモグロビンが減少している状態である。乳児期の生理的貧血の時期を過ぎれば，WHO の基準では生後 6 ヵ月から 6 歳まではヘモグロビン量 11 g/dL 未満の場合を貧血とみなすとしている。

乳児期に見られる鉄欠乏貧血は離乳期貧血として知られている。鉄欠乏性貧血は低出生体重児や，急激な発育がみられる乳児期から幼児期前半の児に発症することが多い。成熟児に対する予防法は，離乳期に入ってから鉄含有量の多い食品を与えることである。これによってある程度予防することが可能であるが，明らかに鉄欠乏状態がある場合には医師，管理栄養士などに相談しながら経口的に鉄剤を投与する。低出生体重児に対しては維持量から治療量範囲での鉄剤の経口投与を考慮する。

*1 **出生体重** 初産より経産の方が大。また，喫煙量が多いと低出生体重の傾向がみられる。10 歳代の低年齢や，40 歳以上の高年齢では発育が悪い。

*2 **栄養補給** 低出生体重児や新生児ではシステインの体内合成が十分でないため，システインは必須アミノ酸として扱われる。

5.5.3 二次性乳糖不耐症

「二次性乳糖不耐症」とは，多くは後天的なもので，ウイルスや細菌による急性胃腸炎に罹患した時に起きる。腸の粘膜がただれて機能が低下し，一時的に乳糖分解酵素の分泌が悪くなって下痢，酸性便をきたす状態をいう。重症な場合には，体重増加不良を起こす。

5.5.4 食物アレルギー（food allergy）

(1) 食物アレルギーの定義

「原因食物を摂取した後に免疫学的機序を介して生体にとって不利益な症状（皮膚，粘膜，消化器，呼吸器，**アナフィラキシー**[*]など）が惹起される現象」をいう。食物アレルギーの原因は食物のたんぱく質であり，それ以外の成分（脂質，糖質など）では基本的に食物アレルギーは起こらない。

(2) 乳幼児などの食物アレルギー

食物アレルギーは小児から成人期まで様々なタイプがあり（表5.2）新生児期にも人工栄養で消化器症状として血便・下痢などを呈する食物アレルギーが存在する。人工栄養を加水分解乳やアミノ酸乳に変更することにより速やかに改善し，再投与することで症状が誘発されることにより確定される。乳幼児などの低年齢では，消化力が弱いこと，腸管内の分泌型IgAの量が少ないことなどがアレルギー成立の理由と考えられる。乳児の有病率は7.6～10％程度で，その多くはアトピー性皮膚炎を合併している。

*アナフィラキシー　食物，薬物，ハチ毒などが原因で起こる即時型アレルギー反応のひとつで，皮膚，粘膜，消化器，呼吸器症状が同時に2つ以上現れる状態をいう。このうち血圧低下や意識消失など生命をおびやかす重篤な症状を伴うものをアナフィラキシーショックと呼ぶ。

表5.2　IgE依存性食物アレルギーの臨床型分類

臨床型	発症年齢	頻度の高い食物	耐性獲得（寛解）	アナフィラキシーショックの可能性	食物アレルギーの機序
食物アレルギーの関与する乳児アトピー性皮膚炎	乳児期	鶏卵，牛乳，小麦など	多くは寛解	（＋）	主にIgE依存性
即時型症状（蕁麻疹，アナフィラキシーなど）	乳児期～成人期	乳児～幼児：鶏卵，牛乳，小麦，ピーナッツ，木の実類，魚卵など 学童～成人：甲殻類，魚類，小麦，果物類，木の実類など	鶏卵，牛乳，小麦は寛解しやすい その他は寛解しにくい	（＋＋）	IgE依存性
食物依存性運動誘発アナフィラキシー（FDEIA）	学童期～成人期	小麦，エビ，果物など	寛解しにくい	（＋＋＋）	IgE依存性
口腔アレルギー症候群（OAS）	幼児期～成人期	果物・野菜・大豆など	寛解しにくい	（±）	IgE依存性

・食物アレルギーは「IgE依存性食物アレルギー」と「非IgE依存性食物アレルギー」に分類される。
・IgE依存性食物アレルギーは，症状などの特徴から表5.2に示す4つのタイプ（臨床型）に分類される。
・非IgE依存性食物アレルギーには，新生児・乳児食物蛋白誘発胃腸症（Non-IgE-GIFAs）が含まれる。これは新生児・乳児消化管アレルギーとも同義。新生児・乳児期早期に嘔吐や血便，下痢などの消化器症状を認める。牛乳，最近増えている卵黄，他に大豆，コメ，小麦などを原因とする食物蛋白誘発胃腸炎症候群（FPIES）も含まれる。
出所）海老沢元宏：厚生労働科学研究班による食物アレルギーの栄養指導の手引き 2022（2022）
　　　https://www.foodallergy.jp/wp-content/themes/foodallergy/pdf/nutritionalmanual2022.pdf（2023.9.15）

(3) アレルギーと原因食品

　乳幼児の即時型食物アレルギーの主な原因は鶏卵，乳製品，小麦が多く(表5.2)，最初は顔面・頭皮のかゆみを伴う湿疹として発症する皮膚症状例が90％を超える。その後，加齢とともに80〜90％は耐性を獲得していく。即時型症状は原因食品を摂取してから，通常2時間以内に出現することが多い。

　食物アレルギーの場合の離乳食は必ず専門医と栄養士の協力のもとで，指導を行う。進め方が分からない場合や何を食べさせてよいか不安な場合は，除去を指示されたもの以外は，厚生労働省策定「授乳・離乳の支援ガイド」に基づいた離乳食を開始し，進めてよいことを説明し，必要に応じて離乳食の作り方を示す。初めて食べる食物は，患児の体調のよいときに新鮮な食材を十分に加熱し，少量ずつから，症状が出てもすぐに医師の診察を受けられる平日昼間などの時間帯を選んで試すことを助言する。

(4) 除去食と栄養指導

　「食物アレルギーの栄養食事指導の手引き2022」によると，食物アレルギーの治療・管理の原則は，正しい診断に基づき必要最小限の原因食物を除去することにある。すなわち，原因食物であっても過度な除去をせず，安全に摂取できる範囲まで食べられる除去食が推奨されている。医師の診断のもとに，除去食物が確定した際は，栄養指導が重要となる。原因食物のたんぱく質の特徴(加熱や発酵などによる変化)を考慮しながら，具体的に食べられる食品例を示し，選択できる食品の幅を広げられるようにする。最小限の食物除去であっても，エネルギーおよびたんぱく質・カルシウム・鉄分・微量栄養素が摂取不足にならないよう，主食，主菜，副菜を組み合わせた献立により，バランスよく栄養素が摂取できるように説明する。特に，除去食物ごとに不足しやすい栄養素がある場合には，それを補う方法を指導する。複数品目に制限が必要な場合や，日常的に使用する調味料や加工食品に除去食物が含まれる場合には，食生活の制限が大きくなるので，使用できる代替食材や加工食品のアレルギー表示についての説明などを行い，患児と保護者の不安を解消し，QOLの維持・向上をはかる。乳幼児期に除去食を実施する場合，食生活の評価は特に重要である。まず，成長発達のチェックと食物除去の見直しを定期的に行う。必要に応じて医師との連携を図り，一般血液検査などの全身状態の評価を行う。食物アレルギーに関与する乳児アトピー性皮膚炎の経過中に末梢血好酸球数の増加・鉄欠乏性貧血・肝機能障害・低たんぱく血症・電解質異常がみられることがあるので必要に応じて一般検査を行う。

　患者数が多い，または症状の重篤度が高い8品目(えび，かに，くるみ，小麦，そば，卵，乳，落花生(ピーナッツ))が含まれる加工食品については，食品表示法により表示が義務付けられている。また，これ以外の20品目の表示を推奨

表 5.3　アレルギー表示について

	特定原材料等の名称
表示義務	えび，かに，くるみ，小麦，そば，卵，乳，落花生（ピーナッツ）
表示を奨励 （任意表示）	アーモンド，あわび，いか，いくら，オレンジ，カシューナッツ，キウイフルーツ，牛肉，ごま，さけ，さば，大豆，鶏肉，バナナ，豚肉，まつたけ，もも，やまいも，りんご，ゼラチン

出所）消費者庁：加工食品の食物アレルギー表示ハンドブック（2023）
　　　https://www.caa.go.jp/policies/policy/food_labeling/food_sanitation/allergy/assets/food_labeling_cms204_210514_01.pdf
　　　厚生労働省：厚生労働科学研究班による食物アレルギーの栄養食事指導の手引き 2022
　　　https://www.foodallergy.jp/wp-content/themes/foodallergy/pdf/nutritionalmanual2022.pdf
　　　（2023.9.15）

しているが，推奨品目やそれ以外の食物に表示の義務はない（表 5.3）。

5.5.5　乳児下痢症

乳児期にみられる下痢を主症状とした疾患を乳児下痢症という。原因は主なものには腸管感染が多く，そのうちでもウイルス感染が大多数を占め，特に白色調の水様便はロタウイルスで有名である。冬季の乳幼児下痢症の 80 〜 90 ％はロタウイルスによる。食事療法の基本は脱水の防止であり，水分を摂取させることが大切である。

脱水は，体液の欠乏した状態またはこれによって起こる症候群を意味する。乳幼児では体重あたりの水分量が大きい。また，腎臓が未熟なために尿濃縮力が十分でなく，最終代謝産物の排泄に多くの水分を必要としたり，不感蒸泄量が多いので，容易に脱水に陥りやすい。体重あたりの摂取水分は大人の 2 倍必要である。

5.5.6　便　　秘

便秘は，排泄回数の減少，硬便，排泄困難になる状態をいう。また，別の定義では 3 日間以上排便がない場合とするという報告もある。**新生児期**では先天性消化管閉塞あるいは狭窄症，直腸肛門奇形(鎖肛)，胎便栓症候群(ゴム状になった胎便が停留している状態)，乳児では腸管壁内神経節細胞の欠如によるヒルシュスプルング病や先天性甲状腺機能低下症(クレチン症)，二分脊椎症などが便秘の原因として挙げられる。日常的にみられる便秘の多くは，このような原因を持たず特別な治療を必要としないが，前述の疾患などの疑いがみられるような場合は医療機関を受診させる。

離乳期の便秘では，野菜や果物などで食物繊維を多めに摂取することもすすめられる。

5.5.7　発達遅延

発育，発達に及ぼす因子には，大別して先天的因子と後天的因子がある。両者は相互に関連しあうので厳密に分けることは不可能である。先天的因子は遺伝，性差，人種差などが関係する。

後天的因子(環境因子)では栄養，社会・経済的環境，季節，地域差，精神的影響，年代的推移などがあるが，栄養(特に動物性たんぱく質)が発育に強い影響を与えることは明らかである。栄養不足ではまず体重増加が不良となり，長引けば，身長の伸びも不良となってくる。実測体重が実測身長に対する標

準体重の 90 ％以下を一般にやせとし，80 ％以下を高度のやせとしている。

　近年では栄養法の改善により，栄養失調児はほとんど見られなくなり，逆に**肥満児**の問題がクローズアップされている。肥満の判定には乳幼児ではカウプ指数を用いる(p.99，**図6.7**)。一般に乳児肥満にはエネルギー制限を行わない。栄養と運動の両面から肥満予防対策を推進する必要がある。

5.5.8　先天性代謝異常

生まれつき生体内の代謝に関与する酵素などに障害があると，正常に代謝

•••••••• コラム 5　乳幼児におけるアレルギー発症と予後の特徴 ••••••••

　2017 年に行われた即時型食物アレルギー全国モニタリング調査では，アレルギー発症の 4851 例を解析対象とし，年齢，性別，原因抗原が特定されているものを抽出し，分析した結果が報告されている。その一部について図と表に示した。この結果では，食物アレルギーの最頻値は 0 歳（31.5 ％）であり，2 歳までに 59.7 ％を占めた。表からも即時型の原因食物は卵類，牛乳，小麦が多いことがわかる。特に成人に比べて，乳幼児では魚卵や落花生も重篤な症状を引き起こす場合があり，新規発症に注意を要する。特にいくらは，ショック症状の原因食物として上位に挙げられている。また，落花生は他の抗原と異なり，ロースト（高温加熱）することにより，アレルゲンが強まるため，市販品では加工方法の確認が必要である。管理栄養士はアレルギー児の保護者に対して，食物除去・摂取状況の把握と整理をしたうえで，アレルギー食品表示の説明を行い，アレルギー用ミルクや除去食を必要とする離乳食とともに，栄養素バランスを整えるための献立作成法や調理（除去食）の基本手技などを指導する。

　しかし，成長とともにアレルギーの有病率は低下し，3 歳児で約 5 ％，学童期以降になると 1.3 〜 4.5 ％程度となる。乳幼児期に発症する主な原因植物は成長とともに大部分が摂取可能となる。そのため，医師や園・学校と連携して，除去食から解除を進める指導も管理栄養士の重要な役割となる。

　また，アレルギー児においても従来の厳格除去食療法から変わり，「食物アレルギーの栄養食事指導の手引き 2022」では，食べると症状が誘発される食物だけを除去し，原因物質でも食べられる範囲までは食べることを勧めている。管理栄養士は，患者が医師の指示した範囲の中で，食品や調理方法などを具体的に示して食生活の選択の幅を広げられるように，"必要最小限の除去食の指導"を目標として対応していくことが使命となる。

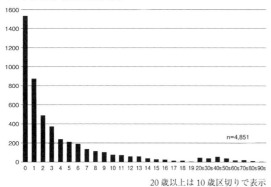

n=4,851

20 歳以上は 10 歳区切りで表示

図　年齢ごとの調査症例数

表　年齢別新規発症抗原

n=2,764

	0 歳 (1356)	1,2 歳 (676)	3-6 歳 (369)	7-17 歳 (246)	≧ 18 歳 (117)
1	鶏卵 55.6%	鶏卵 34.5%	木の実類 32.5%	果物類 21.5%	甲殻類 17.1%
2	牛乳 27.3%	魚卵類 14.5%	魚卵類 14.9%	甲殻類 15.9%	小麦 16.2%
3	小麦 12.2%	木の実類 13.8%	落花生 12.7%	木の実類 14.6%	魚類 14.5%
4		牛乳 8.7%	果物類 9.8%	小麦 8.9%	果物類 12.8%
5		果物類 6.7%	鶏卵 6.0%	鶏卵 5.3%	大豆 9.4%

各年齢群毎に 5 ％以上を占めるものを上位 5 位表記

出所）今井孝成，杉崎千鶴子，海老澤元宏，消費者庁「食物アレルギーに関連する食品表示に関する調査研究事業」平成 29（2017）年 即時型食物アレルギー全国モニタリング調査結果報告，アレルギー，69(8)，701-705（2020）
海老沢元宏：厚生労働科学研究班による食物アレルギーの栄養食事指導の手引き 2022（2022）
https://www.foodallergy.jp/wp-content/themes/foodallergy/pdf/nutritionalmanual2022.pdf（2023.9.15）

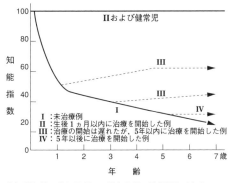

注）折れ線の中にIIIが2ヵ所あるが，原典通りである。

図5.7　フェニルケトン尿症の治療効果

出所）厚生省児童家庭局母子保健課監修：食事療法ガイド
　　　ブック　アミノ酸代謝異常症のために，母子愛育会
　　　（1998）

**表5.4　血中フェニルアラニン値
の維持範囲**

乳　児　期～幼児期前半：		2 〜 4 mg/dl
乳児期後半～小学生前半：		3 〜 6 mg/dl
小学生後半	:	3 〜 8 mg/dl
中　学　生	:	3 〜 10 mg/dl
それ以後	:	3 〜 15 mg/dl

出所）厚生省先天性代謝異常症治療研究班（1995）

＊一部の薬剤や多くの低エネルギー食品および食物には甘味料としてフェニルアラニン化合物であるアスパルテーム®が甘味料として使用されているので摂取を避ける。

されない物質が体内に蓄積したり，必要な物質が欠乏したりすることによって，発達の遅れや，精神機能の障害などを生ずる。先天性代謝異常症は，その種類によって治療方法は異なる。

　日本では，先天性代謝異常を早期発見，早期治療を行うために，1977年から生後5日の新生児を対象として血液検査を行い，新生児マス・スクリーニングが実施されている。2003年からは，**フェニルケトン尿症**(PKU)，メープルシロップ尿症(楓糖尿症)，ホモシスチン尿症，ガラクトース血症，クレチン症(先天性甲状腺機能低下症)，先天性副腎過形成症の6種類の病気が検査の対象となった。特に，PKUは，早期に診断してフェニルアラニンを除去した食事療法を開始することにより，全く正常な児として成長し発育することが可能となる(図5.7)。しかし，生後6ヵ月から1年を経過後に治療を開始したような場合には，栄養障害や知能障害など著しい機能障害をもたらすため，厳しい治療基準が設定されている(表5.4)。

　先天性代謝異常の者には医師の処方のもとに特殊ミルクを使用する(表5.5)。ただし，ガラクトース血症(無乳糖・無ガラクトース)以外の4疾患は必須アミノ酸としての摂取制限食を指導し，実施しなければならない。

5.6　新生児期・乳児期の栄養補給

　新生児・乳児期は，ヒトの生涯で最も成長発達が著しい時期である。この時期における栄養補給には特別な配慮が必要である。

　栄養補給に関わる内容や方法として，食事摂取基準，授乳・離乳の支援ガイド，乳汁栄養および離乳栄養について述べる。

5.6.1　乳児期の食事摂取基準（「日本人の食事摂取基準（2020年版）策定検討報告書」）

（1）食事摂取基準における乳児期の月齢区分

　食事摂取基準の年齢区分において，0から1歳までの乳児期は，月齢で区分されている。これは乳児の身体における生後1年間のめざましい成長のなかで，5〜6ヵ月頃には消化吸収機能の発達に伴う離乳が始まることによる。

　エネルギーおよびたんぱく質は0〜5ヵ月，6〜8ヵ月，9〜11ヵ月の3区分，各栄養素は0〜5ヵ月，6〜11ヵ月の2区分で示されている。

（2）エネルギー（推定エネルギー必要量）

　身体活動に必要なエネルギーに加え，組織合成に要するエネルギーおよび

表 5.5　先天性代謝異常症と栄養管理

病　名	概　念	症　状	栄養管理	登録陽性者数[1] 頻度
1.　フェニルケトン尿症	フェニルアラニンをチロシンに転換する酵素（フェニルアラニン水酸化酵素）が先天的に欠如しているため，アラニンが血液中，体液中に異常蓄積する（特に知的障害児で多量に蓄積）	神経中枢障害（異常脳波，けいれん，精神発達遅延，てんかん様発作）	発育に必要なエネルギー，たんぱく質は十分に摂取 乳児期は治療乳ロフェミルク（低フェニルアラニン特殊ミルク）を用い，血中フェニルアラニン濃度を 10mg/dL 以下に保つ 離乳食開始後も 15mg/dL 以下に要注意	登録陽性者数　235 頻度[2]　約 1/7 万
2.　糖原病	グリコーゲン分解の触媒酵素欠損のためグリコーゲンの異常蓄積と低血糖	肝臓や腎肥大のため腹部膨満を呈し，また，人形様顔貌と低身長，脂質異常症，高尿酸血症性アシドーシス	低血糖防止と脂質異常症防止のために高炭水化物，低脂肪食総エネルギーのうち 　炭水化物　　70% 　たんぱく質　20% 　脂質　　　　10% エネルギー配分 　覚醒時に総エネルギーの 2/3 　夜間に 1/3	登録陽性者数　195 頻度[2] IX 型が最多。Ⅰ型，Ⅲ型がこれに次ぐ（Ⅰ型：1/10 万）
3.　ガラクトース血症	ガラクトースを分解する酵素の欠損（活性低下）により中間代謝産物の異常蓄積。酵素欠損の部位により 3 型ある	症状発現は乳汁摂取と深く関与。授乳開始後より嘔吐，下痢の出現から黄疸，白内障，知能障害，低血糖，けいれんなどを起こしてくる	乳糖摂取量を 0 にすることが大切であるため，乳糖除去ミルクまたは大豆乳を用いる	登録陽性者数　38 頻度[2] Ⅰ型約 1/90 万 Ⅱ型約 1/100 万 Ⅲ型 1/7 万〜1/16 万
4.　ホモシスチン尿症	メチオニンからシスチンを生成する途中に生じるホモシスチンの代謝異常のため，ホモシスチンの体内異常蓄積	脳障害，眼症状，血栓症	シスチン添加低メチオニンミルク	登録陽性者数　18 頻度[2]　約 1/80 万
5.　メープルシロップ尿症（楓糖尿症）	脂肪族側鎖アミノ酸（イソロイシン，ロイシン，バリン）から生じる α-ケト酸の分解に障害	尿が楓糖のような甘い臭気を放つ。知能障害	イソロイシン，ロイシン，バリン除去ミルク	登録陽性者数　25 頻度[2]　約 1/50 万

注 1)　国立成育医療研究センター・小児慢性特定疾病情報室：平成 25 年度の小児慢性特定疾患治療研究事業の疾病登録状況〔確定値〕
　　　https://www.shouman.jp/research/pdf/20_28/28_01.pdf（2019.11.25）
　　2)　日本先天代謝異常学会：新生児マススクリーニング対象疾患等　診療ガイドライン 2019（2019）
　　　https://jsimd.net/pdf/newborn-mass-screening-disease-practice-guideline2019.pdf（2023.9.15）
資料）中野慶子：応用栄養学，188，第一出版（2006）一部改変
出所）江田節子他：応用栄養学，85，第一出版（2010）

エネルギー蓄積量相当分を摂取する必要があり，推定エネルギー必要量（kcal/日）＝総エネルギー消費量（kcal/日）＋エネルギー蓄積量（kcal/日）で求められる。男児では 0〜5 ヵ月で 550 kcal/日，6〜8 ヵ月で 650 kcal/日，9〜11 ヵ月で 700 kcal/日，女児では 0〜5 ヵ月で 500 kcal/日，6〜8 ヵ月で 600 kcal/日，9〜11 ヵ月で 650 kcal/日である。身体活動レベルはⅡのみ示されている。0〜5 ヵ月はライフステージ上で最も，体重増加が著しい時期であるため，体重 1 kg 当たりの必要量も最も高いことが特徴である。

（3）各栄養素の指標と算定

　乳児期の食事摂取基準における各栄養素の指標は目安量で示されている。

これは，推定平均必要量や推奨量を決定するための実験が乳児では不可能であることが理由である。ゆえに健康な乳児が摂取する母乳の質と量が乳児の栄養状態に望ましいと考えられ，母乳栄養の場合を想定した数値が目安量として示されている。数値は母乳の**哺乳量**(生後0～5ヵ月0.78 L/日，6～8ヵ月0.60 L/日，9～11ヵ月0.45 L/日，6～11ヵ月区分の場合は0.53 L/日)と母乳に含まれる各栄養素濃度から算定される。ただし，ビタミンA，ビタミンD，ヨウ素については目安量および耐容上限量，鉄については6ヵ月以降，推定平均必要量，推奨量が示されている。離乳開始後(6～8ヵ月，9～11ヵ月)については，母乳および離乳食からの摂取量が算出され，目安量算定のための参照値とされた食事摂取基準の栄養素(34種類)のうち，たんぱく質，脂質，カルシウム，鉄について以下に示す。

1）　たんぱく質（目安量）

乳児0～5ヵ月の場合，母乳栄養でたんぱく質欠乏を来たすことがないという根拠に基づき，哺乳量と母乳のたんぱく質濃度(12.6 g/L)から算出された9.83 g/日を丸めて10 g/日，同様に6～8ヵ月は15 g/日，9～11ヵ月は25 g/日とされた。

2）　脂質（目安量）

脂質は，生後0～5ヵ月児で50％エネルギーである。生後6～11ヵ月は乳汁と離乳食の両方から栄養を得ている。この時期は幼児期への移行期と考えられ，0～5ヵ月児の目安量と1～2歳児の目安量(中央値)の平均が用いられ40％エネルギーである。n-3系脂肪酸は0～5ヵ月では0.9 g/日，生後6～11ヵ月0.8 g/日，n-6系脂肪酸は乳児期0～11ヵ月を通して4 g/日である。

3）　カルシウム（目安量）

カルシウムは，生後0～5ヵ月児で200 mg/日である。これは母乳のカルシウム濃度250 mg/L×哺乳量＝195 mg/日を丸めた数値である。6ヵ月以降の乳児については母乳と離乳食双方に由来するカルシウムが考慮されているもので250 mg/日である。

4）　鉄（生後0～5ヵ月は目安量，生後6～11ヵ月は推定平均必要量，推奨量）

満期出産で正常な子宮内発育を遂げた出生体重3 kg以上の新生児は，生後4ヵ月頃までは体内に貯蔵されている鉄を利用して正常な鉄代謝を営むことから，生後0～5ヵ月では母乳からの鉄摂取が十分と考えられ，母乳中の鉄濃度0.426 mg/L×哺乳量の算出値を丸めて0.5 mg/日。なお，日本の生後6ヵ月の母乳栄養児には低ヘモグロビン濃度が認められていることから，生後6～11ヵ月は小児と同様に推定平均必要量が算定されて3.5 mg/日。推奨量は個人間の変動係数が見積もられ，推定平均必要量に推奨量算定係数1.4が乗じられ男児5.0 mg/日，女児4.5 mg/日になっている。

5.6.2 乳児期の授乳・離乳支援 (「授乳・離乳の支援ガイド (2019年改訂版)」)

授乳・離乳の支援ガイド(2019年改定版)は，Ⅰ授乳・離乳に関する動向，Ⅱ授乳・離乳の支援(授乳及び離乳支援にあたっての考え方)：Ⅱ-1 授乳編，Ⅱ-2 離乳編から構成されており，参考資料には災害時の妊産婦及び乳幼児などに対する支援なども掲載されている。2007年3月以降これまで活用されてきた旧ガイドに替わり，本ガイドは授乳及び離乳を取り巻く社会環境などの変化を背景にした授乳及び離乳を通じた育児支援の視点重視，母親等の気持ちや感情の受け止め，寄り添いを重視した支援促進，多機関，多職種の保健医療従事者における授乳及び離乳に関する基本的事項の共有と一貫した支援の推進をしていくという基本的な考え方に基づいて，2019年3月に厚生労働省より公表された。

具体的には，①授乳・離乳を取り巻く最新の科学的知見などを踏まえた適切な支援の充実，母乳率の増加及び育児ブルー(うつ)の増加から，②授乳開始から授乳リズムの確立時期の支援内容の充実，考え方が大きく変化した，③食物アレルギー予防に関する支援の充実，これまでに掲載されていない，④妊娠期からの授乳・離乳の支援等に関する情報提供の有り方などが改定のポイントとしてあげられている。

5.6.3 乳児期の栄養補給法

乳児期の栄養補給は，乳汁期と離乳期に区別される。ここでは乳汁期の栄養補給に関わる内容や方法について述べる。

乳汁栄養とは，生後5ヵ月頃までは乳汁主体による栄養補給のことである。これに用いられる乳汁が母乳である場合を**母乳栄養**，母乳以外の育児用調製粉乳などを用いる場合を**人工栄養**，母乳と育児用調製粉乳の両方を混合で用いる場合を**混合栄養**という。乳児においては母乳栄養が最良である。しかしながら，母乳栄養での育児割合は一定に高いというわけではない。この理由として背景にある社会・経済状況による影響が考えられる。

5.6.4 栄養補給法の種類

(1) 母乳栄養

1) 母乳 (初乳・移行乳・成熟乳) について

母乳とは出産後母親の乳腺から分泌される乳汁であるが，日数経過とともに色や質が変化する。出産後7日間ほどは帯黄白色でやや粘り気があり，これを初乳という。その後は米のとぎ汁のような白色に徐々に変化していく。色，質ともに安定するのは出産後おおよそ2週間以降であり，これを**成熟乳**という。初乳から成熟乳が分泌される間の乳汁を移行乳という(p.56)。

初乳は成熟乳に比べてたんぱく質やミネラル成分が豊富である。また**免疫グロブリンA**(IgA)を多く含んでおり，**新生児の感染予防**＊に重要な役割を果た

＊**新生児の感染予防**　免疫物質や抗菌性物質が含まれるため母乳栄養児は感染性の疾病にかかりにくい(低罹患性である)。

表 5.6　人乳と牛乳との成分組成
比較（100g 中）

		人乳	牛乳
水分	g	88.0	87.4
たんぱく質	g	1.1	3.3
脂質	g	3.5	3.8
炭水化物	g	7.2	4.8
灰分	g	0.2	0.7
ナトリウム	mg	15	41
カリウム	mg	48	150
カルシウム	mg	27	110
リン	mg	14	93
鉄	mg	0.04	0.02
ビタミン A	μg	46	38
ビタミン B$_1$	mg	0.01	0.04
ビタミン B$_2$	mg	0.03	0.15
ナイアシン	mg	0.2	0.1
ビタミン C	mg	5	1

＊ビタミン A はレチノール活性当量
出所）日本食品標準成分表 2020 年版（八
訂）による

＊1　利用効率　母乳の組成は生
理機能の未熟な乳児に至適で，
たんぱく質・脂肪などの代謝負
担が最も少なく，かつ利用効率
が高い。

＊2　母子の情緒　乳児の吸啜刺
激により射乳ホルモンであるオ
キシトシンが分泌され，これは
母親の子宮の収縮を促進するな
ど母体の回復を早める働きがあ
る。授乳による肌の触れ合いが
ボディコンタクト，スキンシッ
プなどを通して，乳児の人格形
成や母親の心身の健康にもよい
影響を与える。また，乳児突然
死症候群の発症の危険性低下に
ついて，近年母乳が推奨されて
いる。

している。移行乳は免疫グロブリンやたんぱく質含有量が減少する
一方で脂肪分や糖分が増加してくる。その後は成分濃度も一定にな
り分泌量も増してくる。むろん成熟乳にも**免疫グロブリン，リゾチ
ーム**や**ラクトフェリン**等の抗菌性物質は含まれている。母乳は牛乳
に比較して糖質（乳糖）が多くたんぱく質が少なくカゼインも少ない（表
5.6）。このような種々の栄養素成分組成の母乳は乳児の発育に理想
的であるとともに乳児の未熟な体内諸器官・機能における消化，吸
収，代謝に負担が少なく最適である。

2）　母乳栄養の進め方

　出産後なるべく早期に開始することが望ましい。**授乳法**について
は現在，乳児が乳汁を欲する時に欲するだけ与えるという**自律授乳
方式**が一般的に行われている。ここで留意すべきことは，授乳不足
にならないよう乳児の要求を正しく判断することである。乳児の様
子において授乳時間が 30 分以上かかる，授乳の間隔が短い，機嫌
が悪い，また体重の増え方が思わしくないなどの場合は，授乳不足
が疑われる。原因としては母乳の分泌または乳児の機能に問題があ
る場合が考えられる。母乳の分泌は母体の栄養・健康状況，乳腺などの状態
や行動に影響されることが少なくない。

　授乳量については乳児の吸啜の状態により増減することがあるので，十分
な母乳分泌量，授乳の確保と維持のために母親の栄養・健康状況や行動，乳
児の様子については特に留意する必要がある。

　授乳間隔・回数は，生後 1 ヵ月ほどすると一定になる。生後 1 〜 3 ヵ月
頃までは 3 時間おきに 1 日 6 〜 7 回，その後は約 4 時間おきに 5 回程度で，
授乳回数は夜間の授乳が減り 1 日 5 〜 6 回の生活リズムに合わせ調整され
ていく。1 回の授乳時間はおおよそ 15 分程度である。授乳量は 1 回が ［(120
〜 130)＋月齢× 10］mL と概算される。

3）　母乳栄養の利点

①**利用効率**[＊1]，②死亡率・罹患率の低下傾向（特に初乳），③消化吸収が良い，
④アレルギー性疾患の発症抑制，⑤腸内病原菌繁殖抑制，⑥産後の母体回復
と**母子の情緒**[＊2]の安定，⑦経済効率などがあげられる。

4）　母乳栄養の問題点と留意事項

最良な母乳でも以下のような問題点が存在するので留意が必要となる。

①　母乳性黄疸

　母乳栄養の場合，母乳に含まれるビリルビンの代謝を阻害する因子により
1 ヵ月以上にわたり黄疸がみられることがある。これは**生理的黄疸**とは異な
るものである。

② 乳児ビタミン K 欠乏性出血症

母乳栄養児の腸内菌叢はビフィズス菌が最優性であることから腸内疾患や感冒に罹りにくいが，ビタミン K が生産されない。このため**乳児ビタミン K 欠乏性出血症**という頭蓋内出血を惹起し重症な脳障害や死に至ることもある。この発症を防ぐために現在では，生後 24 〜 48 時間内および生後 1 ヵ月の時点で**ビタミン K_2 シロップ**を経口投与している医療機関が多い。なおビタミン K を含む母乳分泌には，母親が**ビタミン K_1 を含む食品摂取**に努めることが有用である。

＊ビタミン K_1 を含む食品　参考：糸引き納豆(50 g) 870 μg，モロヘイヤ(60 g) 435 μg，カットわかめ(1 g) 1600 μg など。

③ 母乳とウイルス性感染

母親がある種のウイルスに感染すると，母乳を介して乳児に感染することが明らかにされている。成人 T 細胞白血病(ATL)の場合には授乳期間を短くすることとされている。**エイズウイルス**(HIV)や**サイトメガロウイルス**の場合は感染確率が高いため授乳は禁忌である。

④ 母乳と薬剤

母親が薬剤を服用している場合，薬剤の母乳への移行量は 1 ％未満とされている。しかしながら，抗痙攣剤，強心剤，利尿剤，降圧剤，ホルモン剤やある種の抗生物質など重い副作用が知られている薬剤の場合は，医師の指示を受けることが望ましい。

⑤ 母乳と嗜好品（アルコールとたばこ）

母親が飲酒した場合，短時間で母乳中にアルコールが出現し乳児に移行することが知られている。さらに長期的な飲酒や飲酒量が増えた場合には，乳児の**吸啜**刺激による母乳中の**プロラクチン**分泌量が低下し，母乳の分泌量が減少するという。一方，母親が出産後に喫煙した場合は母乳の分泌量や成分組成に影響を及ぼすことが明らかになっている。

⑥ 母乳と環境汚染物質

毒性の強いダイオキシン，PCB，DDT，水銀(表 3.5)などの環境汚染物質は母親の体内に入ると脂肪組織に蓄積され，母乳から高濃度で検出されることが報告されている一方，過去 20 年程度の間に半分以下に低下しているという報告もあり，現在母親や乳児への悪影響は観察されていない。

(2) 人工栄養

母乳分泌の不足，母乳禁忌，授乳障害，その他の事情などの理由で母乳栄養を行えない場合，母乳以外の乳汁(代用品)で乳児を育てることが必要になるが，この栄養補給法を人工栄養といい育児用粉乳が用いられる。わが国での人工栄養は調製粉乳が主である。

1) 人工栄養に用いる育児用粉乳について

育児用粉乳は，主に牛乳を加工することで，カゼインと乳清の割合，必須

脂肪酸組成，亜鉛をはじめとしてタウリン，ラクトフェリン，ビフィズス菌，オリゴ糖，DHAなどの脂肪酸，ビタミンK，ビタミンEなどの配合や増強により調整されて，母乳成分組成に近づけられている。このほか大豆加工乳等がある。育児用粉乳の種類は，①調製粉乳(乳児用調製粉乳，フォローアップミルク，低出生体重児用粉乳)，②特殊ミルク(ミルクアレルゲン除去食品，低ナトリウム粉乳，無乳糖粉乳，大豆たんぱく調製粉乳，MCT乳，先天性代謝異常用粉乳他)があり，乳等省令(食品衛生法)による名称，特別用途食品(健康増進法)としての名称，一部，医薬品として許可された製品がある。

① 調製粉乳

・乳児用調製粉乳

調製粉乳とは「生乳，牛乳もしくは特別牛乳又はこれらを原料として製造した食品を加工し，又は主原料とし，これに乳幼児に必要な栄養素を加えた粉末状にしたものをいう」と「乳及び乳製品の成分規格等に関する法令」(乳等省令)で「乳固形分50%以上，水分5.0%以下，細菌数5万以下，大腸菌群陰性」と規定されている。乳児用調製粉乳は，一般に市販されている健康児を対象とした人工栄養に用いられる粉乳であり，0ヵ月から離乳期あたりまで用いられる。

・フォローアップミルク（離乳期幼児期用粉乳）

離乳期以降に牛乳の代用品として用いられ，母乳代替食品ではない。離乳が順調に進んでいる場合は摂取する必要はないが，離乳が順調に進まず鉄欠乏症のリスクが高い場合や適当な体重増加がみられない場合には，医師に相談したうえで必要に応じて活用することなど検討する。

育児用粉乳に比べて，たんぱく質と無機質が多い成分組成となっている。フォローアップミルクの鉄含有量は育児用ミルクの約1.4倍である。亜鉛や銅の添加は認められていない。この製品は使用開始月齢の6ヵ月と9ヵ月のものがあるが，前述のとおり離乳期に使用する必要はない。

・低出生体重児用粉乳

出生体重が2,500g未満の低体重児は，哺乳能力が低く1回哺乳量も少なく栄養素摂取量が不足しやすい。また母乳栄養が不可能であるため，医師の処方に基づいて用いられる低出生体重児用粉乳が与えられる。乳児用粉乳に比べ，エネルギー，たんぱく質，糖質，無機質，ビタミン類が多く，脂肪は少なく，現在では低タンパク質血症，貧血，低リン血症性クル病に対応するような組成調整がされている。

② 特殊ミルク（特殊治療乳）

特殊ミルクとはある特定の疾患に重点を置いて使用するために開発・供給されているもので，医師の処方箋が必要な医療用医薬品や医師が特殊ミルク

事務局に供給要請する先天性代謝異常症の治療乳としての登録特殊ミルク(22品目)，心・腎疾患や脂質代謝異常症の治療乳などの登録外特殊ミルク(13品目)，のほかに市販品があり入手方法上で分類される。**表 5.7**は市販品の一部である牛乳アレルゲン除去ミルクなどとその組成を示すものである。

成分調整上の分類としては，以下のようなミルクがある。

・ミルクアレルゲン除去粉乳（ミルクアレルギー疾患用）

たんぱく質分解乳とアミノ酸混合乳がある。前者は，たんぱく質を加水分解することで抗原量を 1 ppm 未満に低減したミルクである。ガゼインを分解したもの，ホエイたんぱく質を分解したもの，その組み合わせのものが市販されている。後者は，20 種類のアミノ酸をバランスよく配合した粉末にビタミン，ミネラルを添加したもので，牛乳たんぱくを全く含んでいない。

・低ナトリウム粉乳

心臓，腎臓，肝臓疾患児用のミルクで，ナトリウムを 5 分の 1 以下に減量したもの。

・無乳糖粉乳

乳糖分解酵素欠損や乳糖の消化吸収力が低下した際に使用し，乳糖のみを除去しブドウ糖に置き換えたもので下痢や腹痛を防ぐ。

・大豆たんぱく調製粉乳

牛乳たんぱく質に対するアレルギー児用ミルク。大豆を主原料とし，大豆に不足するメチオニン，ヨウ素を添加し，ビタミンとミネラルが強化されたもの。

・MCT 乳

脂肪吸収障害児用ミルクで，炭素数 6 〜 10 の中鎖脂肪酸(MCT)のみを脂肪分として用いているため，容易に吸収される。

・乳児用液体ミルク（乳児用調整液状乳）

液状の人工乳を容器に密封したものであり，常温での保存が可能なもの。利点としては，調乳の手間が無く消毒した哺乳瓶に移し替えてすぐに飲むことができ，地震等の災害時のライフライン断絶の場合でも水，燃料等を使わずに授乳することができる。使用上の留意点として，製品により，容器や設定されている賞味期限，使用方法が異なるため，使用する場合は，製品に記載されている使用方法等の表示を必ず確認することである。

2) 調乳について

育児用粉乳は一定の処方に従って配合調整し，衛生面に細心の注意を払い乳児に与えられる。この操作を調乳という。調乳には**無菌操作法**[*1]と**終末殺菌法**[*2]がある。調乳濃度は月齢に関係なく同一で単一処方である。標準濃度での組成は製品により若干の差はあるが，約 70 kcal/d*l*，たんぱく質 1.7 %，脂

*1　**無菌操作法**　授乳のたびに 1 回分を調乳する。調乳前には必ず手を洗い，哺乳びんと乳首を消毒し，清潔に保つ。50 〜 60 ℃の湯ざましを哺乳びんに入れ，そのなかに粉量の 1 回分を正確に計量して入れる。家庭向き。

*2　**終末殺菌法**　一度に調合して分注し，加熱殺菌して冷蔵保存する。施設・病院向き。

表5.7 市販特殊ミルクの一部とその組成

分類			その他		
適用例	ミルクアレルギー 乳糖不耐症		牛乳アレルギー 乳糖不耐症 ガラクトース血症	ミルクアレルギー 大豆・卵等たんぱく質不耐症	
品名	明治ミルフィーHP	明治エレメンタルフォーミュラ	ビーンスタークペプディエット	ニューMA-1	MA-mi
会社名	明治	明治	ビーンスターク・スノー	森永乳業	森永乳業
標準組成	製品100g中	製品100g中	製品100g中	製品100g中	製品100g中
蛋白質 g（アミノ酸）	11.7[*]	11.5[*]（13.6）	12.9[*]	13.0[*]	12.6[*]
脂質 g	17.2[**]	2.5[**]	20.6[**]	18.0[**]	20.0[**]
炭水化物 g	66.2[***]	78.8[***]	61.0[***]	63.5[***]	62.2[***]
灰分 g	2.4	2.5	2.7	2.5	2.5
水分 g	2.5	3.0	2.8	3.0	2.7
エネルギー kcal	462[****]	391	481	466	477
フェニルアラニン mg	372[※]	510[※]	480[（アミノ酸値）]	609	402
イソロイシン mg	766	720	600	691	730
ロイシン mg	1,034	1,380	1,030	1,200	1,166
バリン mg	234	800	750	843	745
メチオニン mg	214	360	290	343	253
スレオニン mg	1,055	690	620	550	756
トリプトファン mg	200	280	150	217	185
リジン mg	1,290	1,140	970	1,024	1,110
ヒスチジン mg	262	400	330	368	275
アルギニン mg	248	690	400	435	363
アスパラギン酸 mg	1,552	900	900	916	1,206
シスチン mg	283	360	200	208	185
グルタミン酸 mg	3,124	1,710	2,910	2,905	2,537
グリシン mg	193	650	210	248	230
プロリン mg	1,159	970	1,130	1,381	975
セリン mg	648	650	750	708	619
チロシン mg	352	730	500	316	302
アラニン mg	552	650	380	384	551
ビタミンA μg	360	310	420	600	540
ビタミンB$_1$ mg	0.6	0.6	0.4	0.4	0.4
ビタミンB$_2$ mg	0.9	0.9	0.8	0.7	0.7
ビタミンB$_6$ mg	0.3	0.3	0.4	0.3	0.3
ビタミンB$_{12}$ μg	4	4	2	2	2
ビタミンC mg	50	50	50	50	50
ビタミンD μg	6.3	5.3	8.6	9.3	9.3
ビタミンE mg α-トコフェロールとして	6	6	4.0	6.3	6.7
パントテン酸 mg	3.9	4.2	5.5	3	3
ナイアシン mg	6	6	6.0	7.5	5
葉酸 μg	200	200	100	100	100
ビタミンK μg	24	25	17	25	25
カルシウム mg	370	380	400	400	400
マグネシウム mg	41	42	37	45	45
ナトリウム mg	170	185	270	160	160
カリウム mg	550	450	530	540	540
リン mg	205	220	230	240	220
塩素 mg	320	320	310	360	330
鉄 mg	6.4	6.5	6	6	6
銅 μg	310	320	312	320	320
亜鉛 mg	3.0	2.8	2.6	3.2	3.2
標準調乳濃度（W/V%）	14.5%	17%	14%	15%	14%
調乳液の浸透圧（mOsm/kg・H$_2$O）	280	400	280	320	280
備考	[*]乳清たんぱく質分解物 [**]必須脂肪酸調整脂肪 [***]｛可溶性多糖類 64.0 ｛フラクトオリゴ糖 2.2 フラクトオリゴ糖1gを2kcalとして計算 [****]実測値	[*]アミノ酸混合物 [**]必須脂肪酸調整脂肪 [***]可溶性多糖類 [****]実測値	[*]乳蛋白質分解物 [**]精製植物脂肪 （サフラワー油・パーム油・パーム核分別油，えごま油） [***]｛デキストリン 53.1 ｛しょ糖 8.0 [****]実測値	[*]乳蛋白質消化物 [**]精製植物性脂肪 [***]｛可溶性多糖類 57.65 ｛しょ糖 5.0 ｛難消化性オリゴ糖 0.85	[*]乳蛋白質消化物 [**]精製植物性脂肪 [***]｛可溶性多糖類 55.8 ｛しょ糖 5.0 ｛乳糖 0.5 ｛難消化性オリゴ糖 0.9

※実測値（ビーンスタークペプディエットのアミノ酸値）

出所）特殊ミルク共同安全開発委員会広報部会編（2014）

質 3.55 %，糖質 7 〜 8 %，灰分 0.3 %程度である。

3) 調乳量，授乳回数および授乳について

授乳量，授乳回数（授乳間隔）は 0 ヵ月で 80 〜 120 m × 7 〜 8 回/日（2 〜 2 時間半），生後 1 〜 3 ヵ月で 120 〜 200 mL × 6 回（3 時間），4 〜 5 ヵ月では 200 mL × 5 回/日（4 時間），また 1 回の授乳量が多い場合は回数を減らすこともある。

授乳は，**人工乳首**[*1]と**哺乳瓶**[*2]を用いて行うが，各々の種類はさまざまである。授乳中には乳児が乳汁と一緒に空気をのみ込まないよう**哺乳瓶**を傾け乳首内に空気が入らないように配慮する。授乳が終わったら，乳児を垂直に抱きかかえ背中を軽くさするなど胃にたまった空気を吐かせる（排気・ゲップ）。

(3) 混合栄養

母乳の不足や授乳時間に継続的に母乳を与えられない状況下にある場合，1 日または 1 回の授乳に母乳と育児用粉乳を用いる，つまりは母乳栄養と人工栄養の両栄養補給法を用いる方法である。

5.6.5 離乳期の栄養補給

生後おおよそ 5 〜 6 ヵ月以降の乳児期後半頃になると，これまでは極めて重要であった乳汁栄養の栄養素組成や一定の形状をもたない液体による補給では，健全な成長発達のために不十分なものとなる。

この時期は胎児期に体内に蓄えられていた鉄やカルシウムの減少がみられ，また必要な種々のミネラルやビタミンが不足してくる。このような状態が長期間続いた場合，健全な発育に悪影響を及ぼすことなる。

不足してくるエネルギーや栄養素を補完するために乳汁から幼児食に移行する過程を離乳という。この時期の栄養補給法として，成長に伴う必要な栄養素と量および機能発達に適切な形状を段階的に固形食へと移行していく必要がある。この期間に与える食事を**離乳食**という。

離乳の目的は①乳児の成長に伴う栄養素の補充，②咀嚼機能をはじめとする摂食機能の推進，③精神発達の助長，④適正な食習慣の確立である。

(1) 離乳の開始・進行・完了・離乳食の進め方の目安［授乳・離乳支援ガイド（2019 年改訂版）］

厚生労働省が策定した「授乳・離乳の支援ガイド」に示されている離乳の開始から完了まで，離乳食の進め方の目安など「離乳の支援ポイント」を以下に示す。

1) 離乳の開始（離乳の開始前の果汁の扱い・スプーン使用開始時期）

離乳開始とは，なめらかにすりつぶした状態の食物を初めて与えた時をいう。開始時期の子どもの発達状況の目安としては，首のすわりがしっかりして寝返りができ 5 秒以上座ることができる，スプーンなどを口に入れても舌で押し出すことが少なくなる（哺乳反射の減弱），食べ物に興味を示すなどがあ

[*1] **人工乳首の種類**　材質：天然ゴム製に比べイソプレンゴム，シリコンゴム製は硬い。穴の形状とサイズ：丸穴状のものは S，M，L がある。他にスリーカット，クロスカットがある。

[*2] **哺乳瓶の種類**　材質：ガラス製，プラスチック製があり，後者が軽量である。サイズ（容量）：大（200 〜 240 mL），中（120 〜 150 mL），小（50 mL）

げられる。その時期は生後5～6ヵ月頃が適当である。なお離乳開始前の乳児にとって，最適な栄養源は乳汁（母乳または育児用ミルク）であり，離乳開始前に果汁やイオン飲料を与えることの栄養学的な意義はみとめられていない。また，蜂蜜は乳児ボツリヌス症を引き起こすリスクがあるため1歳を過ぎるまでは与えない。

2）　離乳の進行（図5.8，図5.9）

離乳の進行は，子どもの発育及び発達の状況に応じて食品の量や種類及び形態を調整しながら，食べる経験を通じて摂食機能を獲得し成長していく過程である。食事を規則的に摂ることで生活リズムを整え，食べる意欲を育み，食べる楽しさを体験していくことを目標とする。初期，中期，後期，完了期の食べ方および食事の目安は，図5.8のとおりである。ここでは各期における離乳食の目的や意義について述べる。

① **離乳初期**（生後5ヵ月～6ヵ月頃）：離乳食を飲み込むこと，その舌触りや味に慣れることが主目的である。

② **離乳中期**（生後7ヵ月～8ヵ月頃）：離乳食を1日1回から2回に増やすことで，生活リズムを確立していく。母乳または育児用ミルクは離乳食の後に与え，離乳食とは別に母乳は子どもの欲するままに，育児用ミルクは1日3回程度与える。舌，顎の上下運動への移行，唇の左右対称の引きがみられ，平らな離乳食用のスプーンを下唇にのせ上唇が閉じるのを待つなど，摂食機能の発達を促す。

③ **離乳後期**（生後9ヵ月～11ヵ月頃）：生後9ヵ月頃から始まる手づかみ食べは，子どもの発育及び発達において積極的にさせたい行動である。食べ物を触ったり握ったりすることで，その固さや触感を体験し食べ物への関心につながり自らの意志で食べようとする行動につながる。

3）　離乳の完了

離乳の完了とは，形あるものをかみつぶすことができるようになり，エネルギーや栄養素の大部分を母乳または育児用ミルク以外の食物からとれるようになった状態をいう。その時期は生後12ヵ月から18ヵ月頃である。母乳又は育児用ミルクは，子どもの離乳の進行及び完了の状況に応じて与える。なお，離乳の完了は，母乳又は育児用ミルクを飲んでいない状態を意味するものではない。

(2) 食品の種類と調理

1）　食品の種類と組合せ

与える食品は，離乳の進行に応じて，食品の種類を増やしていく。

a．離乳の開始では，おかゆ（米）から始める。新しい食品を始めるときには1さじずつ与え，乳児の様子を見ながら量を増やしていく。慣れてき

	離乳の開始 → 離乳の完了			
	以下に示す事項は，あくまでも目安であり，子どもの食欲や成長・発達の状況に応じて調整する。			
	離乳初期 生後5～6か月頃	離乳中期 生後7～8か月頃	離乳後期 生後9～11か月頃	離乳完了期 生後12～18か月頃
食べ方の目安	○子どもの様子をみながら1日1回1さじずつ始める。 ○母乳や育児用ミルクは飲みたいだけ与える。	○1日2回食で食事のリズムをつけていく。 ○いろいろな味や舌ざわりを楽しめるように食品の種類を増やしていく。	○食事リズムを大切に，1日3回食に進めていく。 ○共食を通じて食の楽しい体験を積み重ねる。	○1日3回の食事リズムを大切に，生活リズムを整える。 ○手づかみ食べにより，自分で食べる楽しみを増やす。
調理形態	なめらかにすりつぶした状態	舌でつぶせる固さ	歯ぐきでつぶせる固さ	歯ぐきで噛める固さ
1回当たりの目安量				
I 穀類（g）	つぶしがゆから始める。 すりつぶした野菜等も試してみる。 慣れてきたら，つぶした豆腐・白身魚・卵黄等を試してみる。	全がゆ 50～80	全がゆ 90～軟飯80	軟飯90～ ご飯80
II 野菜・果物（g）		20～30	30～40	40～50
III 魚（g）		10～15	15	15～20
又は肉（g）		10～15	15	15～20
又は豆腐（g）		30～40	45	50～55
又は卵（個）		卵黄1～ 全卵1／3	全卵1／2	全卵1／2～ 2／3
又は乳製品（g）		50～70	80	100
歯の萌出の目安		乳歯が生え始める。		1歳前後で前歯が8本生えそろう。 離乳完了期の後半頃に奥歯（第一乳臼歯）が生え始める。
摂食機能の目安	口を閉じて取り込みや飲み込みが出来るようになる。 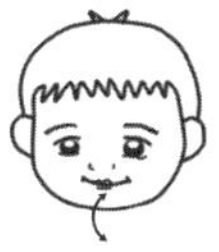	舌と上あごで潰していくことが出来るようになる。 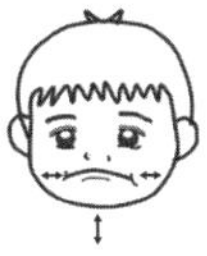	歯ぐきで潰すことが出来るようになる。 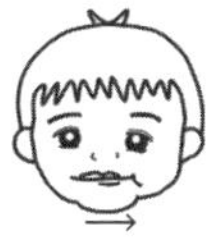	歯をつかうようになる。

※衛生面に十分に配慮して食べやすく調理したものを与える

図 5.8　離乳食の進め方の目安

出所）授乳・離乳の支援ガイド（2019 年改定版）　https://www.mhlw.go.jp/content/11908000/000496257.pdf

時刻＼月齢	5，6ヵ月頃		7，8ヵ月頃		9～11ヵ月頃
午前 6時	○	○	○	○	○
10時	◕	◕	◕	◕	◕
午後 2時	○	○	○	○	◕
6時	○	◕	◕	◕	◕
10時	○	○	○	○	○

	9～11ヵ月頃	12～18ヵ月頃
朝食	●	●
10時	◠	◠
昼食	●	●
3時	◓	◓
夕食	●	●
10時	○	◌

○：乳　●：食事

図 5.9　離乳の進行形式

出所）山口規容子，水野清子：新 育児にかかわる人のための小児栄養学，113，診断と治療社（2010）

たらじゃがいもや人参などの野菜，果物，さらに慣れてきたら豆腐や白身魚など，種類を増やしていく。

b．離乳が進むにつれ，魚は白身魚から赤身魚，青皮魚へ，卵は卵黄から全卵へと進めていく。食べやすく調理した脂肪の少ない肉類，豆類，各種野菜，海藻と種類を増やしていく。脂肪の多い肉類は少し遅らせる。野菜類には緑黄色野菜も用いる。ヨーグルト，塩分や脂肪の少ないチーズも用いてよい。

c．牛乳を飲用として与える場合は，鉄欠乏性貧血予防の観点から1歳を過ぎてからが望ましい。

d．離乳食に慣れ1日2回食に進む頃には，穀類(主食)，野菜(副菜)・果物，たんぱく質性食品(主菜)を組み合わせた食事とする。また，家族の食事から調味する前のものを取り分けたり，薄味のものを適宜取り入れたりして，食品の種類や調理方法が多様となるような食事内容とする。

e．母乳育児の場合，生後6ヵ月の時点でヘモグロビン濃度が低く，鉄欠乏を生じやすいとの報告がある。またビタミン欠乏の指摘もあることから，母乳育児を行っている場合は，適切な時期に離乳を開始し，鉄やビタミンDの供給源となる食品を積極的に摂取するなど，進行を踏まえてそれらの食品を意識的に摂りいれることが重要である。

2）調理形態・調理方法

離乳の進行に応じて食べやすく調理したものを与える。子どもは細菌への抵抗力が弱いので，調理を行う際には衛生面に十分に配慮する。

a．食品は，子どもが口の中で押しつぶせるように十分な固さになるように加熱調理をする。

b．初めは「つぶしがゆ」とし，慣れてきたら粗つぶし，つぶさないままへと進め，軟飯へと移行する。

c．野菜類やたんぱく質性食品などは，初めはなめらかに調理し，次第に粗くしていく。

d．調味について，離乳の開始頃では調味料は必要ない。離乳の進行に応じて，食塩，砂糖など調味料を使用する場合は，それぞれの食品のもつ味を生かしながら，薄味でおいしく調理する。油脂類も少量の使用とする。

e．離乳食の作り方の提案に当たっては，その家庭の状況や調理する者の調理技術等に応じて，手軽に美味しく安価でできる具体的な提案が必要である。

(3）食物アレルギーの予防について

1）食物アレルギーとは

食物アレルギーとは，特定の食物を摂取した後にアレルギー反応を介して

皮膚・呼吸器・消化器あるいは全身性に生じる症状のことをいう。有病者は乳児期が最も多く，加齢とともに漸減する。食物アレルギーの発症リスクに影響する因子として，遺伝的素因，皮膚バリア機能の低下，秋冬生まれ，特定の食物の摂取開始時期の遅れが指摘されている。乳児から幼児早期の主要原因食物は，鶏卵，牛乳，小麦の割合が高く，そのほとんどが小学校入学前までに治ることが多い。

2) 食物アレルギーへの対応

食物アレルギーの発症を心配して，離乳の開始や特定の食物の摂取開始を遅らせても，食物アレルギーの予防効果があるという科学的根拠はないことから，生後5〜6ヵ月頃から離乳を始めるように情報提供を行う。

離乳を進めるに当たり，食物アレルギーが疑われる症状がみられた場合，自己判断で対応せずに，必ず医師の診断に基づいて進めることが必要である。なお，食物アレルギーの診断がされている子どもについては，必要な栄養素等を過不足なく摂取できるよう，具体的な離乳食の提案が必要である。

(4) 市販の離乳食：ベビーフード

母親の就業率増加などの社会状況から，種類が豊富で利便性の高い離乳食が開発・市販され，生後4〜5ヵ月以降の乳児に利用されている。この市販の離乳食は「ベビーフード」と呼ばれ，現在約500種類以上の製品がある。

その形状は，ウエットタイプとドライタイプに分類される。ウエットタイプは，レトルト製品，瓶やその他容器に密封・殺菌された液状または半固形状の製品がある。ドライタイプは，必要に応じ水またはその他のものによって還元調整して摂食できる粉末状，顆粒状，フレーク状，固形状等の製品がある。両者とも果汁類，果実，野菜類，米飯・穀物類および混合品類などがあり，その原料は穀類，たんぱく質製品，野菜類，果実類などである。ベビーフードは，あくまでも離乳用の製品で，FAO/WHO の勧告の国際規格と日本ベビーフード協会の自主規格に基づいて製造されている。自主規格では味付けとして塩分の目安となるナトリウム，（乳児に供する食品にあたっては100 g 当り 200 mg 以下：塩分約 0.5 ％以下），摂食時の物性，食品添加物，衛生管理，残留農薬，遺伝子組み換え食品，商品表示などが示されている。

利点が多くあげられる反面，① 多種類の食材を使用した製品はそれぞれの味や固さが体験しにくい。② ベビーフードだけで1食を揃えた場合は栄養素などのバランスが取りにくい場合がある。③ 製品によっては子どもの咀しゃく機能に対して硬さが適当でないことがあるなどの課題もあげられている。水分補給用として乳児用イオン飲料が市販されているが，発熱時など発汗や下痢など水分が通常以上に消耗した際など症状の回復や治療を目的として製品化されたものであるため，無機質成分を多く含有し腎機能への負担

が大きくなることもあり，健康な乳児には白湯，麦茶，うすめの番茶などを用いるとよい。

5.7 栄養ケアのあり方

5.7.1 新生児・乳児期の栄養ケア

　新生児・乳児期の栄養はその後の成長発達に影響を及ぼす。ヒトとして人間として確立していくための大切な時期であることの認識を踏まえ，栄養補給の内容や方法についてのケアが重要となる。短期間に著しい成長発達するこの時期のケアは，個人差にも配慮して発達段階を見極め，アセスメントに応じた乳汁，離乳食補給，栄養教育，他職種との連携が必要となる。新生児期には医療関係機関などでのケアがあり，その後は養育・保護者のもとにおかれ，乳児健診ごとに行われるアセスメント・ケアとなる。母親は特にその子育てに不安を抱き訴え，疑問も多く持つ。乳汁期では「母乳栄養と人工栄養の差異」「母乳の分泌」「授乳のタイミングや間隔」「授乳時の乳児の様子」「母親自身の食事内容」「粉ミルク(育児用調製粉乳)の調整濃度」「粉ミルクの種類」など，離乳期では「離乳食を進めていくペース」「離乳食と乳汁量の調整」「果汁や麦茶などの水分補給」などがある。抱いている不安に対しては，これを助長することのないように留意し，疑問については適確に対応しなければならない。母親の不安や訴えに耳を傾けるとともに，乳児の栄養状態をよく観察しながら，望ましい栄養補給法，栄養教育を施していくことである。

5.7.2 適切な食習慣の形成と食環境の整備など社会的支援

　子育てにおいて不安感が最も高い時期は出産直後であるが，2～3ヵ月に向かって減少し，離乳開始の時期にあたる4～6ヵ月で再び上昇する。このことから離乳に関する支援の必要性が推察される。**母子保健**に関わる**乳児健診**の場において，離乳食教室の開催周知と参加しやすくなるような支援が重要となる。また，乳児健診以外に離乳の支援に向けた継続的なサポート体制の確立，整備や充実が望まれる。

　子どもの"食べる力"を育んでいくためには，その発達を支援する環境づくりが必要である。授乳期には，母乳(または育児用粉乳)を，優しい声かけと温もりを通してゆったりと飲むことで，心の安定がもたらされ，生理的な食欲が育まれていく。離乳期には，離乳食を通して，少しずつ食べ物に慣れながら，おいしく食べた満足感を共感することで，意識的に食べる意欲が育まれていく。一人ひとりの子どもが，広がりのある食の世界とかかわり，そして人とのかかわりを通して，食べる力を育み，健やかな心と身体を育んでいくことができるように社会全体で取り組んでいくことが求められる。

【演習問題】

問 1 新生児期・乳児期の生理的特徴に関する記述である。最も適当なのはどれか。1つ選べ。 （2021 年国家試験）

(1) 新生児の唾液アミラーゼ活性は，成人より高い。

(2) 生理 3 か月頃の乳児では，細胞外液が細胞内液より多い。

(3) 溢液は，下部食道括約筋の未熟が原因の 1 つである。

(4) 乳歯は，生後 3 か月頃に生え始める。

(5) 母乳栄養児は，人工栄養児よりビタミン K の欠乏になりにくい。

解答（3）

問 2 出生による胎児循環から新生児循環への変化に関する記述である。最も適当なのはどれか。1つ選べ。 （2023 年国家試験）

(1) 細胞は，縮小する。

(2) 肺静脈は，萎縮する。

(3) 動脈管は，拡張する。

(4) 左心房内圧は，低下する。

(5) 卵円孔は，閉鎖する。

解答（5）

問 3 離乳の進め方に関する記述である。正しいのはどれか。1つ選べ。 （2019 年国家試験）

(1) 離乳の開始前に，果汁を与えることが必要である。

(2) 離乳の開始とは，なめらかにすりつぶした食物を初めて与えた時という。

(3) 離乳の開始後ほぼ 1 か月間は，離乳食を 1 日 2 回与える。

(4) 調味料は，離乳の開始後与えないようにする。

(5) 母乳は，離乳の開始後与えないようにする。

解答（2）

問 4 離乳の進め方に関する記述である。最も適当なのはどれか。1つ選べ。 （2020 年国家試験）

(1) 探索反射が活発になってきたら，離乳食を開始する。

(2) 離乳食を開始したら，母乳をフォローアップミルクに置き換える。

(3) 離乳食開始後 1 か月頃には，1 日 3 回食にする。

(4) 生後 7 ～ 8 か月頃(離乳中期)には，舌でつぶせる固さの食事を与える。

(5) 離乳期には，手づかみ食べをさせない。

解答（4）

📖 **参考文献・参考資料**

今津ひとみ，加藤尚美編：母性看護学，116-120，医歯薬出版（2006）

栄養学レビュー編集委員会編：母体の栄養と児の生涯にわたる健康，50-55，健帛社（2007）

厚生労働省：「日本人の食事摂取基準（2020 年版）」策定検討会報告書，

　　https://mhlw.go.jp/content/10904750/000586553.pdf（2023.9.15）
厚生労働省：授乳・離乳の支援ガイド（2019年改訂版）
　　https://www.mhlw.go.jp/content/11908000/000496257.pdf（2023.9.15）
主婦の友社編：母乳育児ミルク育児の不安がなくなる本，112-127，主婦の友
　　社（2012）
戸谷誠之編：応用栄養学，148，南江堂（2012）
前原澄子編：母性Ⅱ，193-201，中央法規出版（2011）
山口規容子，水野清子：新 育児にかかわる人のための小児栄養学，113，診断
　　と治療社（2010）

【引用文献】
特殊ミルク共同安全開発委員会広報部会編：特殊ミルク，第50号（2014年11
　　月：99-127）
仁志田博司：新生児学入門第4版，医学書院（2013）

6 幼児期

　幼児期とは，1歳から5歳（就学前）までをいう。1～2歳を幼児期前半，3
～5歳を幼児期後半と分ける場合もある。乳児期に比べると成長*は緩慢にな
るが，運動機能，精神機能の発達がめざましい時期である。

*成長（growth）とは，身長や体重
といった計測が可能な形態的変
化をいう。発達（development）
とは，全身運動，微細運動，言
語機能など，機能の巧みさや能
力の増加に関して用いられる。

6.1　幼児の発達と生理的特徴

　子どもの成長・発達は互いに関連を持ちながら進行していくが，その中に
も法則と機能や器官の成長発達に影響を及ぼす決定的な時期がある。これら
は，臨界期（critical period）や発達課題（developmental task）といわれるものである。
臨界期になんらかの理由で成長・発達が妨げられたとしても，子どもに影響
を及ぼす状況が改善されることによって，正常な発育に追いつくキャッチア
ップ現象がみられる場合もある。

　幼児期の成長・発達は連続的に進んでいくが個人差が大きいこと，遺伝的
要因と環境要因の両方が影響し，単独ではなく相互に影響し合うことが特徴
となる。

　身体の発育は臓器によっても異なり，20歳の発育を100として各年齢に
おける百分比で表し，4型（一般型，神経系型，生殖器系型，リンパ系型）に分類で
きる。

一般型：身長，体重，血液量，
神経系型：脳・神経系，頭囲，
生殖器系型：睾丸，前立腺，卵巣，子宮
リンパ系型：胸腺，リンパ腺，扁桃腺

6.1.1　身体の成長

　幼児期は，乳児期に比べ成長の伸びは緩やかに
なるものの，出生時から6歳になるまで，身長は
約2倍，体重は約6.5倍となるため，成長の著し
い時期である。

　身長は，1歳からの1年間で約10 cm，2～5
歳で約7 cm伸びるが，年齢の上昇に従って増加

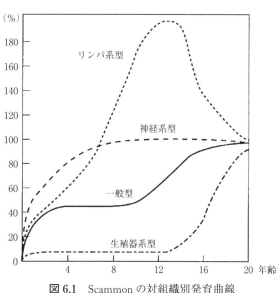

図 6.1　Scammon の対組織別発育曲線

91

表 6.1 　幼児の身長・体重・胸囲・頭囲の平均値

| 年・月齢 | 男子 | | | | 女子 | | | |
	体重 (kg)	身長 (cm)	胸囲 (cm)	頭囲 (cm)	体重 (kg)	身長 (cm)	胸囲 (cm)	頭囲 (cm)
1 年 0 ～ 1 月未満	9.28	74.9	46.1	46.2	8.71	73.3	44.8	45.1
1 ～ 2	9.46	75.8	46.4	46.5	8.89	74.3	45.1	45.4
2 ～ 3	9.65	76.8	46.6	46.8	9.06	75.3	45.3	45.6
3 ～ 4	9.84	77.8	46.9	47.0	9.24	76.3	45.5	45.9
4 ～ 5	10.3	78.8	47.1	47.3	9.42	77.2	45.8	46.1
5 ～ 6	10.22	79.7	47.3	47.4	9.61	78.2	46.0	46.3
6 ～ 7	10.41	80.6	47.6	47.6	9.79	79.2	46.2	46.5
7 ～ 8	10.61	81.6	47.8	47.8	9.98	80.1	46.5	46.6
8 ～ 9	10.80	82.5	48.0	47.9	10.16	81.1	46.7	46.8
9 ～ 10	10.99	83.4	48.3	48.0	10.35	82.0	46.9	46.9
10 ～ 11	11.18	84.3	48.5	48.2	10.54	82.9	47.1	47.0
11 ～ 12	11.37	85.1	48.7	48.3	10.73	83.8	47.3	47.2
2 年 0 ～ 6 月未満	12.03	86.7	49.4	48.6	11.39	85.4	48.0	47.5
6 ～ 12	13.10	91.2	50.4	49.2	12.50	89.9	49.0	48.2
3 年 0 ～ 6 月未満	14.10	95.1	51.3	49.7	13.59	93.9	49.9	48.7
6 ～ 12	15.06	98.7	52.2	50.1	14.64	97.5	50.8	49.2
4 年 0 ～ 6 月未満	15.99	102.0	53.1	50.5	15.65	100.9	51.8	49.6
6 ～ 12	16.92	105.1	54.1	50.8	16.65	104.1	52.9	50.0
5 年 0 ～ 6 月未満	17.88	108.2	55.1	51.1	17.64	107.3	53.9	50.4
6 ～ 12	18.92	111.4	56.0	51.3	18.64	110.5	54.8	50.7
6 年 0 ～ 6 月未満	20.05	114.9	56.9	51.6	19.66	113.7	55.5	50.9

出所）厚生労働省：平成 22 年乳幼児身体発育調査より
https://www.mhlw.go.jp/toukei/list/72-22.html （2023.9.15）

量は減少する。体重は，毎年約 2 ～ 3 kg ずつ増加していく。頭囲は，4 歳頃に成人の約 90 ％に達する。1 歳以降，胸囲の方が頭囲よりも大きくなる。

6.1.2 　生理機能

体温調節

体温調節中枢は脳の視床下部にあり，熱と放散のバランスで均衡を保っているが，36.7 ～ 37.0℃前後の体温であり，小児では，成人よりやや高く，37.5℃以上を発熱とする。

呼吸機能

未発達な肺を持つため，新陳代謝が活発であり，成人に比べると体重あたりの酸素要求量が多く，成人の 2 倍の換気量を必要とする。

腎機能

幼児期の子どもの腎臓はネフロンが少なく，未熟で機能していない糸球体も存在する。そのため，再吸収能が成人の 10 ～ 40 ％とされており，最大尿濃縮力も低い。また，膀胱の進展性が低いため，膀胱に尿をためることが十分にできないため，膀胱許容量が増えず尿回数が多くなる。2 歳ごろには，

膀胱許容量が一定となるため，トイレトレーニングが可能となる。

　排泄は生理的な行動であるが，幼児期の子どもにとっては社会性を獲得する意味も持ち，排泄の自立により得られる有能感や排泄の快感がもたらす開放感は，子どもの自尊感情や生きる意欲を高めるために重要である。

消化機能

　胃は，乳児期の筒状に近い状態から，3歳くらいで成人と同じ正常水平位へと変化し，胃容量も徐々に増える。しかし，消化機能も成人レベルに達するのは3歳ごろのため，幼児期前期は消化しやすい食品の選択や一回に摂取させるエネルギー量が多くなりすぎないよう**間食**[*]を用いて与え方を工夫する。

*間食（おやつ）の意義　おやつは，1日に必要なエネルギー量の10〜20％として，1〜2歳児は1日1〜2回，3〜5歳児は1日1回を与えるのが目安となる。栄養的役割と精神的役割の両方面から間食の内容を組み合わせるようにする。

表6.2　胃内容の変化

年齢	胃容量（mL）	
	収縮時	拡張時
3ヵ月	140	170
6ヵ月	215	260
1歳	370	460
2歳	490	585
3歳	575	680
4歳	640	760
5歳	700	830
6歳	750	890

出所）中野綾美編：ナーシング・グラフィカ 小児看護学① 小児の発達と看護，102，メディカ出版（2019）より引用，筆者改変

口腔機能

　乳歯のもとになる歯胚は妊娠7〜10週目につくられ，乳歯は生後6〜8ヵ月ごろに生え始め，8〜12ヵ月ごろに乳前歯が上下4本ずつ8本の歯が生えそろう。1歳前後に前歯が8本生えそろうようになる。1歳〜1歳6ヵ月ごろ，第一乳臼歯（一番初めに生える乳歯の奥歯）が生え始める。3歳ごろまでには乳歯（20本）が生えそろう。6歳頃には最初の永久歯の萌出がみられ，乳歯が順次永久歯に変わっていく。

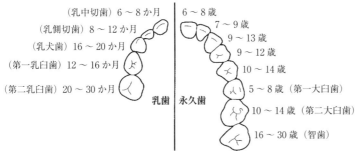

図6.2　歯の萌出期

出所）日本栄養改善学会：応用栄養学ライフステージ別・環境別，44，医歯薬出（2012）

A	2指握り	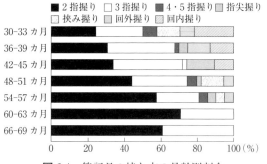	E	挟み握り	
B	3指握り		F	手拳1回外握り	
C	4・5指握り		G	手指1回内握り	
D	指尖握り				

図 6.3　筆記具持ち方の分類

出所）野中壽子，子どもの生活動作の発達，子どもと発育発達，7(4)，224-228（2010）

■ 2指握り　□ 3指握り　■ 4・5指握り　▨ 指尖握り
□ 挟み握り　▨ 回外握り　▨ 回内握り

30-33 カ月	
36-39 カ月	
42-45 カ月	
48-51 カ月	
54-57 カ月	
60-63 カ月	
66-69 カ月	

0　20　40　60　80　100（%）

図 6.4　筆記具の持ち方の月齢別割合

出所）図6.3と同じ

6.1.3　摂食機能

　手づかみ食べは，食物を目で確認し，自分の手でつかみ，口まで持ってくる一連の行動を遊びを通して獲得する時期である。手づかみ食べが上達したら，食具を使っての食事へと移行する。

　食具の持ち方に関連する微細運動の発達について，図 6.3，6.4，6.5 に示す。幼児の生活の中で絵描きをする際に使う筆記具の持ち方と，食事をする際の食具の使用は密接に関連する。生活全体の発育・発達を捉え，生活を切り分けて，食事の時間と考えるのではなく，相互に推進させることが，最終的に幼児にとってさまざまな機能を発達させることとなる。筆記具でもスプーンでも，鉛筆握りができるようになると，箸に移行できる。3本の指を使った遊びを増やすなど，保育と食事の時間を連携させ，微細運動の発達を促すことが，上手な箸の持ち方につながる。それぞれの時期の食べ方が促されるような，献立での工夫も重要である。

誤嚥・窒息

　人口動態統計によると，年齢別の事故では，幼児期前半は交通事故の次に食べ物に関する窒息が多い。食事を提供する際は，歯の発育，摂食機能の発達の程度，あわてて食べるなどの行動が関連するため，摂食の状況を確認するようにする。乳幼児では，臼歯（奥歯）がなく食べ物を噛んですりつぶすことができないため窒息が起こりやすいが，食べる時に遊んだり泣いたりすることも窒息の要

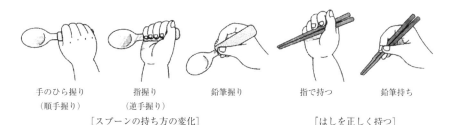

手のひら握り　　指握り　　鉛筆握り　　　指で持つ　　鉛筆持ち
（順手握り）　　（逆手握り）
　　　［スプーンの持ち方の変化］　　　　　［はしを正しく持つ］

図 6.5　食器具の持ち方の変化

出所）稲山貴代，小林三智子編，ライフステージ栄養学，86，建帛社（2020）

表 6.3　誤嚥・窒息につながりやすい食べ物の形状や性質

0, 1 歳児は提供を避ける食材		
食品の形態，特性	食材	備考
固く嚙み切れない食材	えび，貝類	別の食材に変える。
		年齢で分ける。
嚙みちぎりにくい食材	おにぎりの焼き海苔	きざみ海苔を使用。
調理や切り方を工夫する食材		
弾力性や繊維が固い食材	糸こんにゃく，白滝	1 cm に切る。
	まいたけ，しめじ	1 cm に切る。
	水菜	1 cm から 1.5 cm に切る。
	わかめ	細かく切る。
唾液を吸収して飲み込み づらい食材	ゆで卵	細かくして，何かと混ぜる。
	煮魚	味をしみ込ませ，しっかり煮込む。
食べさせる時に配慮が必要な食材		
粘着性が高く，唾液を 吸収して飲み込みづらい	ごはん，パン類	のどを潤してから食べる。
	ふかし芋，焼き芋	つめ込みすぎない。
	カステラ	よく噛む。

出所）こども家庭庁：教育・保育施設等における事故防止及び事故発生時の対応のためのガイドライン【事故防止のための取組み】～施設・事業者向け～ 2016 年 3 月より引用，筆者作成

因と指摘されている。誤嚥・窒息事故の防止のために気をつけるべき食材と提供方法を表6.3 に示す。幼児期においても，年齢，月齢，個人の歯の生える状況が異なるため，誤嚥・窒息につながるリスクは避けるようにする。

6.1.4　運動機能

粗大運動 (gross motor) は，体幹や手足など比較的大きな筋肉群を用い，体全体の動きを伴う運動である。微細運動 (fine motor) は，顔の表情や手指の動きを中心とした運動である。表 6.4 に粗大運動と微細運動の発達の目安を示す。粗大運動の運動機能には，幼児期のうちに身につけておきたいものがあるとされ，安定性，移動動作，操作動作の 3 つのカテゴリーに分けられる。安定性には，立つ，かがむ，ねる，ころがるなど，移動動作にはのぼる，とびつく，はいのぼる，およぐ，スキップ，操作動作には，かつぐ，はこぶ，おろす，つかむ，たたく，ひくなどの動作が含まれる。遊びや日常動作を経て，これらの機能を獲得していく。

6.1.5　精神機能

幼児期は生涯の中で最も脳の発達がめざましく，知的発達と言語を理解して行動ができるようになる。乳幼児や人のライフサイクルにおける発育・発達を理解する上で，エリクソンの自我発達理論やピアジェの認知発達理論が基本となる。

表 6.4　粗大運動と微細運動の発達の目安

	粗大運動	微細運動
1 歳～	支え歩き，四つ足ではう。	じょうずに小球をつまむ。
2 歳～	よく走る。 ボールをける。	頁を 1 枚ずつめくる。 6 個の塔を作る。
3 歳～	片足で立つ。 その場とびする。	大人のようにクレヨンを持つ。 10 個の塔を作る。
4 歳～	片足で跳ぶ。 幅とびする。	線の間をたどって描く。
5 歳～	両足で交互に跳ぶ。	

出所）高石昌弘，樋口満，小島武次：からだの発達，大修館書店（1993）より引用，筆者作成

表6.5　言語行動と個人・社会的行動の目安

	言語行動	個人・社会的行動
1歳〜	2語またはそれ以上をいう。	ボール遊びをする。
2歳〜	言葉を組み合わせる。	人形で遊ぶ。
3歳〜	簡単な質問に答える。 文章がいえる。	くつがはける。 順番を待てる。
4歳〜	接続詞を使う。 前置詞がわかる。	共同遊びをする。
5歳〜	「なぜ」と尋ねる。	言葉の意味を尋ねる。

出所）表6.4と同じ

幼児期前期（1〜2歳）

　運動機能の発達とともに，意図的に身体的コントロールができるという体験を積み重ねていくことにより，自律感を獲得していく。

幼児期後期（3〜5歳）

　自分を取り巻く家族以外の社会に関心が広がっていく。全身運動や言語の発達，遊びの発達によって，より多くの世界に働きかけていく積極性を獲得していく。

6.1.6　睡　　眠

　幼児にとって，正しい睡眠の習慣を身につけることは重要である。適切な睡眠により，身体の疲労，脳活動低下に伴う精神機能の回復，成長ホルモン分泌に伴う身体発育を促進する。特に，脳の発達が著しい時期であるため，脳機能の回復により，情緒や知能の発達にも影響を及ぼす。乳幼児期にレム睡眠が多いこと，その後，レム睡眠の減少や睡眠時間そのものが減少するのは，脳の発達との関連が考えられている。1歳頃の幼児期に入ると夜間の睡眠が持続的になり，1〜2回程度の昼寝がおとずれる程度となり，1日あたりの睡眠時間は13時間程度になる（**図6.6**）。国立睡眠財団による幼児期の推奨睡眠時間は，前期11〜14時間，後期10〜13時間である。

　成長ホルモンは睡眠の初期に分泌されるが，成長ホルモン不足の子どもは睡眠時間が短く，睡眠の質も悪いことが明らかとなっている。

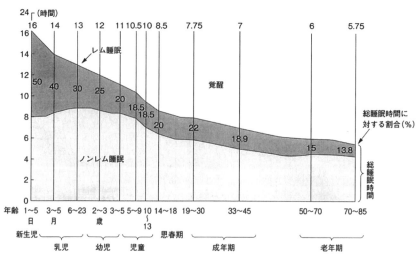

図6.6　年齢別の睡眠時間と睡眠構造の変化（文献 Roffwarg ら（1966）より一部改変）

出所）岡田清夏．*Japanese Psychological Review*, 60（3），216-229（2017）

6.2 幼児の栄養ケア・マネジメント

6.2.1 やせと肥満

や　せ

　わが国ではほとんどみられないが，発展途上国の幼児においては，十分な栄養が摂れない幼児も少なくない。

　マラスムス（Marasums）とは，長期的にエネルギーとたんぱく質の摂取不足によりおこる飢餓状態のことをいう。体重，筋肉，脂肪の減少が認められる。クワシオルコル（Kwashiorkor）とは，短期的にたんぱく質の摂取不足（必須アミノ酸の不足）により起こる栄養障害である。体重減少や筋肉，脂肪減少は軽度から中等度であり，浮腫，腹水などがみられることが特徴となる。

肥　満

　小児期における肥満は，成人肥満同様に高血圧，糖尿病などの健康障害をもたらすため，肥満の対策は重要となるが，幼児期は体内に脂肪を貯める時期でもある。具体的には，体脂肪率は新生児期から1歳頃まで20％前後に上がり，皮下脂肪組織に脂肪が蓄積され，2～3歳には減少し，6歳頃に低値となる。これらの背景から，幼児期の体重やカウプ指数による判定基準に敏感になりすぎず，経時的な変化を確認することが重要である。幼児期の肥満の大部分は原発性肥満である。

原発性肥満（単純性肥満）

　二次性肥満でないものを指すため，基本病態の明確な定義はない。食生活をはじめとする生活習慣の大きな変化が主因となる。小児期に肥満を呈する原発性肥満の成長曲線を解析すると，幼児期後半になって肥満が顕在化することが多い。

二次性肥満[*]（症候性肥満）

　二次性肥満は，遺伝性肥満，視床下部性肥満，内分泌性肥満の3つの要因に分けられ，それぞれ特徴的な徴候を示すため，食行動の異常，皮膚所見，異所性脂肪沈着などのスクリーニング項目を確認する。

判定基準

　身長，体重，頭囲，胸囲，体脂肪などの測定を行う。

　体格指数を用いた評価には，カウプ指数を用いる。

　　　カウプ指数：体重(g)÷身長$(cm)^2$×10

　　　肥満度$(\%)$：（実測体重－身長別標準体重）÷身長別標準体重×100

平成12年乳幼児身体発育調査に基づく身長別標準体重の算出式

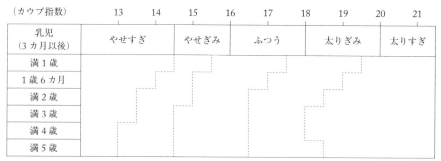

資料：今村，2000：「子どもの保険 第7版 追補」（巷野悟郎／編），診断と治療社（2018）

図 6.7　カウプ指数の判定

出所）太田百合子，堤ちはる編：子どもの食と栄養，羊土社，171（2019）

$$男児：標準体重(kg) = 0.00206 \times 身長(cm)^2 - 0.1166 \times 身長(cm) + 6.5273$$

$$女児：標準体重(kg) = 0.00249 \times 身長(cm)^2 - 0.1858 \times 身長(cm) + 9.0360$$

注）使用の際に注意する年齢と身長
　　年齢：1歳以上6歳未満
　　身長：70 cm 以上 120 cm 未満

表 6.6　肥満度判定のための区分

＋30 ％	ふとりすぎ
＋20 ％以上　＋30 ％未満	ややふとりすぎ
＋15 ％以上　＋20 ％未満	ふとりぎみ
－15 ％超　＋15 ％未満	ふつう
－20 ％超　－15 ％以下	やせ
－20 ％以下	やせすぎ

幼児肥満度判定曲線を**図 6.8** に示す。

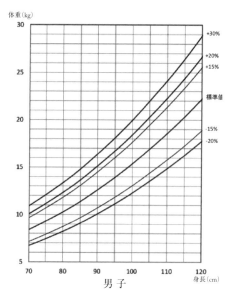

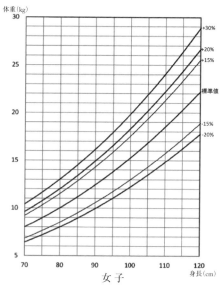

注）男子，女子とも身長別の体重の値を2次曲線で近似した成績による

図 6.8　肥満度判定（やせおよび肥満の評価）のための身長体重曲線

出所）平成22年乳幼児身体調査
　　　https://www.mhlw.go.jp/toukei/list/73-22b.html#gaiyou（2023.9.13）

········· コラム 6　乳幼児に BMI（カウプ指数）を使用するメリットとデメリット ·············

　食事摂取基準 2020 年版において，成人のエネルギー摂取と消費については，BMI で評価されています。しかし，幼児では，長所と短所があるため，使用は慎重に行う必要があります。長所は，簡単な計算により数字で表されることです。また，一応の基準があるため，その数値と比べることができます。しかし，小児では標準となる BMI（カウプ指数）の値が年齢により異なります。また，月齢・年齢とともに大きく変動するため，判断を誤らないように注意しなくてはいけません。グラフに該当する身長・体重をプロットして経時的な変化を確認するようにします。

6.2.2　脱　　水 [*1]

　脱水とは，体液が失われ，身体にとって不可欠な水分と電解質が不足している状態である。脱水は，血清ナトリウム濃度によって，高張性脱水，低張性脱水，等張性脱水の 3 種類に分けられる。

　高張性脱水（水分欠乏型）は，水または食塩を低張に含んだ水の喪失により，体液が濃くなっている状態。低張性脱水（ナトリウム欠乏型）は，ナトリウムが水よりも多く欠乏したため脱水と同時に低ナトリウム血症を起こす。等張性脱水（ナトリウム＋水分欠乏型）は，ナトリウムと水が細胞外液の組成と同じ割合で喪失した場合に起こり，子どもの脱水で一番多い。

　細胞外液 [*2] の占める割合が成人よりも高いため，脱水に傾きやすくなる。また，不感蒸泄が多く，腎機能が未熟であることも脱水しやすい理由として挙げられる。

　脱水がみられる原因には，発熱や下痢，嘔吐，高温環境に居るなど体液の喪失がみられるものと，水分摂取が困難，食欲低下等の摂取量の減少が原因となるものがある。脱水時には，血圧や脈拍，体重の減少率，意識状態を確認するようにする。

6.2.3　う　　歯

　むし歯は，歯の表面に付着したミュータンス菌が糖質をエサとしてネバネバしたグルカンをつくり，歯について歯垢（プラーク）となる。歯垢の中の細菌が糖分をエサとして酸をつくり，エナメル質の表面からカルシウムやリンが溶け出し，むし歯が進行する（脱灰）。むし歯予防のためには，時間を決めて与えることが望ましい [*3]（図 6.9）。だらだら食べずに食事や間食の時間をあけることで唾液による再石灰化の時間を確保する。すなわち，口腔内が酸性のむし歯になりやすい状態から，唾液が口腔内の酸を中和することにより，歯の表面のエナメル質を修復する。

　3 歳児のむし歯有病者率は 2002 年度では 32.3 ％であったが 2020 年度では 11.8 ％，一人平均むし歯本数は 2002 年度では 1.39 本であったが 2020 年度では 0.39 本と減少傾向にある。

[*1]　スポーツ飲料の与え方　市販のスポーツ飲料は含まれる糖質濃度が高く肥満ゃう歯の原因となりやすいため，水の代わりにスポーツ飲料を与えないようにする。

[*2]　細胞内液，細胞外液　細胞内液は，全水分量の約 2/3，細胞外液は，全水分量の約 1/3 を占める。
　細胞内液は，陽イオンはほとんどが K^+ で，陰イオンはたんぱく質とリン酸塩，細胞外液は，Na^+，Cl^-，HCO_3^- などである。

[*3]　平成 27 年度乳幼児栄養調査結果の概要
https://www.mhlw.go.jp/stf/seisakunitsuite/bunya/0000134208.html

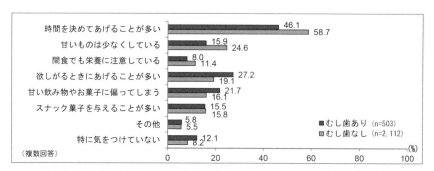

図6.9　むし歯の有無別　間食の与え方（回答者：2〜6歳児の保護者）

出所）平成27年乳幼児栄養調査　第2部　p.24
　　　http://www.mhlw.go.jp/stf/seisakunitsuite/bunya/0000134208.html

6.2.4　偏食（好き嫌い）

　栄養バランスの担保，必要エネルギー量の摂食の観点から望ましい食習慣を身につけることは重要である。しかし，この頃，摂食機能や味覚，精神機能の発達に伴い，食事に関する問題として，食事時間からも対応が必要となる。

　幼児期の偏食の一因に食物新奇性恐怖症（Food Neophobia）がある。初めて見る食品に対し，恐怖心を持ち警戒することをいう。これらは，幼児期にピークを示す（図6.10）。この時期から自分の足で歩けるようになり，同時に食べ物を探索できるようになるが，新しい食べ物を口に入れる前に恐怖心を得るのは自らの生命を守る生存戦略の一端とも考えられている。幼児の好き嫌いは，食環境，生理的要因，心理的要因に影響されるため，さまざまな食体験を通して，豊かな食事経験を積む中で，新奇性恐怖症や好き嫌いの改善へとつなげることが重要である。

6.2.5　食物アレルギー

　食物アレルギーの臨床型分類は，5つに分けられるが，そのうち即時型症状は，もっとも典型的なタイプであり，原因食物を摂取した後，通常2時間以内にアレルギー症状が誘発される。幼児期に多いのは，このタイプとされている。乳児から幼児では鶏卵，牛乳，小麦が多いが，多くは年齢とともに耐性を獲得し，原因食物が症状なく摂取できるようになる。

　認定こども園や保育所で給食としてアレルギー食品の除去解除をする際は，給食で提供されるアレルゲン量を理解しておく必要がある。また，摂取後に運動しても症状が誘発されないことを確認する。また，アナフィラキシーショックが発症した場合に

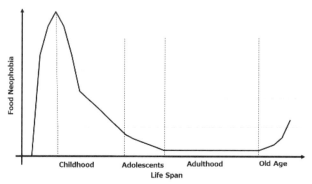

図6.10　ライフステージにおける食物新奇性恐怖症（Food neophobia）の変化

出所）Dovey et al., 2008 を筆者改変

対応するため，エピペン使用の講習を受けるなど，不測の事態と園内・校内の管理体制を整えておく必要がある。

6.2.6　日本人の食事摂取基準（2020年版）

幼児期は身体組成の形成や成長が著しいため，適切な栄養摂取が重要となる。基礎代謝基準値は，1～2歳が最も高く，次いで3～5歳である。幼児期では，組織合成や増加に必要なエネルギー蓄積量をプラスしている。身体活動レベルは，Ⅱ（ふつう）1区分のみで，1～2歳では，1.35，3～5歳では1.45である。推定エネルギー必要量は1～2歳では，男児950 kcal/日，女児900 kcal/日，3～5歳では，男児1,350 kcal/日，女児1,300 kcal/日と設定されている。

推定エネルギー必要量(kcal/日) =
　　　　　　　　総エネルギー消費量 + エネルギー蓄積量(kcal/日)
総エネルギー消費量 = 基礎代謝量(kcal/日) × 身体活動レベル

【演習問題】

問1　成長による身体的変化に関する記述である。最も適当なのはどれか。
　　1つ選べ。　　　　　　　　　　　　　　　　　　　（2023年国家試験）
（1）身長は，幼児期に発育急進期がある。
（2）脳重量は，6歳頃に成人の90％以上になる。
（3）肺重量は，12歳頃に成人のレベルになる。
（4）胸腺重量は，思春期以後に増大する。
（5）子宮重量は，10歳頃に成人のレベルになる。
　　解答（2）

問2　成長期に関する記述である。最も適当なのはどれか。1つ選べ。
　　　　　　　　　　　　　　　　　　　　　　　　　（2022年国家試験）
（1）幼児身体発育曲線で，3歳児の身長を評価する場合は，仰臥位で測定
　　した値を用いる。
（2）カウプ指数による肥満判定の基準は，1～3歳で同じである。
（3）カルシウムの1日当たりの体内蓄積量は，男女ともに12～14歳で
　　最も多い。
（4）永久歯が生えそろうのは，7～9歳である。
（5）基礎代謝基準値(kcal/kg体重/日)は，思春期が幼児期より高い。
　　解答（3）

問3 成長・発達に関する記述である。最も適当なのはどれか。1つ選べ。

（2021 年国家試験）

(1) 成長とは，各組織が機能的に成熟する過程をいう。

(2) 血中 IgG 濃度は，生後 3 ～ 6 か月頃に最低値になる。

(3) 咀嚼機能は，1 歳までに完成する。

(4) 運動機能の発達では，微細運動が粗大運動に先行する。

(5) 頭囲と胸囲が同じになるのは，3 歳頃である。

解答（2）

📖 **参考文献・参考資料**

こども家庭庁：教育・保育施設等における事故防止及び事故発生時の対応のためのガイドライン【事故防止のための取組み】～施設・事業者向け～ 2016 年 3 月

厚生労働省：保育所におけるアレルギー対応ガイドライン（2019）

http://www.mhlw.go.jp/content/11907000/000476878.pdf（2023.9.13）

国立保健医療科学院：乳幼児身体発育評価マニュアル 平成 24 年 3 月

日本小児医療保険協議会：幼児肥満ガイド（2019）

https://www.jpeds.or.jp/modules/guidelines/index.php?content_id=110 （2023.9.13）

文部科学省：学校給食における食物アレルギー対応指針（2015）

http://www.mext.go.jp/component/a_menu/education/detail/icsFiles/afieldfile/2015/03/26/1355518_1.pdf（2023.9.13）

村田光範編著：基礎から学ぶ成長曲線と肥満度曲線を用いた栄養食事指導，第一出版（2018）

7 学童期

7.1　学童期の特性

　6歳から11歳までの小学校で学ぶ時期を学童期という。この時期は乳児期，幼児期より緩やかな成長を示すが，骨格や筋肉の増大に伴って体格が大きくなる時期であり体力や運動能力においても発達してくるのが特徴である。

　また，この時期は第二次発育急進期に備えて栄養摂取の不足のないようにすることが大切である。知能の発達も著しく，社会性も広がる学童期では，よりよい心身の発達が望まれる。活発な体の働きによる消費エネルギーだけでなく，成長・発育のために無機質・ビタミンなども十分に摂取させる必要がある。食習慣，食嗜好の完成する時期でもあり多種多様な食品の摂取が望まれる。

7.2　学童期の成長・発達
7.2.1　身体の発育[*]

　学童期の身長・体盤の増加は幼児期よりもさらに安定し，発育速度は1年間ほぼ一定である。身長は脚・骨盤，脊椎，および頭蓋を合わせた全長でありこの時期の栄養状態が最も大腿骨量に反映され，身体発育の指標としてよく用いられる。

　学童期の身長がよく伸びる時期は，骨の成長が盛んな時期でもある。学童期以前は主として胴の成長がみられ，幼児体型から小児体型への変化がみられるが，学童期以降は足の伸長がみられ，やがて成人型への体型となる。

＊**身体の発育**　成長期における身体発育は4期に大別でき，1期は胎生期から乳児期の急激な発有を示す第一次発育急進期といわれるものであり，n期は幼児期から学童期前半で，比較的緩やかな発育を示す。m期は学童期後半から思春期で第二次発育急進期といわれる。1Y期は発育速度が減少し，やがて停止して成熟に至るまでの期間をさす。

　身長の発育速度は，出生から成人までに2回の急進期があり，第一の発育急進期は出生から乳幼児まで，第2は小学校高学年よりみられる第二次成長期である（図7.1）。女子では9，10歳で伸びが著しくなっており最大発

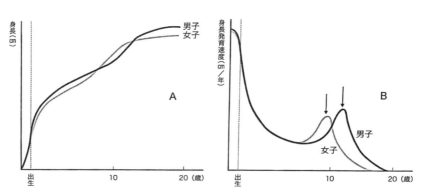

図7.1　身長発育曲線（A）身長発育速度曲線（B）およびPHV年齢

出所）高石昌弘他，からだの発達―身体発達学へのアプローチ，大修館書店（1981）を一部改変

103

速度を示す年齢は女子の方が男子に比べ2歳早くなっている。女子では9〜11歳ごろが成長のピークとなり，1年間で身長が約6.5〜7cm，体重5kg程度の増加を示し，身体発育の全国平均値では，一時的に男子の体位を上回る。男子のピークは12〜13歳で1年間に7〜7.5cmの身長の伸びがみられる。

第二次成長期では女子は男子より2年早く思春期スパートが現われるので，11歳直後より身長が男子より高くなる。女子では発育の早い者は10歳ごろから第二次性徴が現われる。第二次性徴には内分泌系の発達が大きく関与している。男子の場合は変声，精通，胸郭の発達など男らしさが強調される。女子では，乳房の膨らみ，初潮，皮下脂肪の沈着など丸みのある体型になる。

学童期は乳歯から永久歯に生えかわる時期でもある。永久歯の生歯は合計32本であるが，このうち知歯を除く28本の歯が12〜14歳ころには生えかわる。

7.2.2　脳・免疫機能の発達

学童期は，脳の重量が増加し，頭脳の機能が発達充実していく時期でもある。脳の健全な成長，発育とは脳を構成する神経細胞間ネットワークを作り上げることだが，それを支えるには十分な栄養，体内環境，社会経験，運動，遊び，食事を通したさまざまな刺激が必要である。この時期は，技巧的な全身運動が可能になり，手先は，8歳くらいからその運動は精巧かつ速さを増し，顕著な発達がみられる。学童期の神経系の発達は筋肉の発達を伴う。精神面では学校生活など社会性を通して自己抑制，協調性が増し，社会性が急速に発達する。論理的，抽象的思考ができるようになり，理解力，記憶力，創造力がより進む。

免疫系では **IgM** と **IgG** [*] の血中濃度は学童初期には成人の血中濃度になるが，IgM は学童期後半に成人のレベルに達する。リンパ系器官は胸腺，リンパ組織，扁桃などで10〜12歳までに発育し，感染への抵抗力を増す。

7.2.3　身体活動度

学童期には，規則正しい食生活と運動の習慣を身につけることが大切である。運動をすることにより体力がつくとともに社会性なども発達させることができる。この時期には骨格筋量が増し，呼吸，循環機能が上昇し，握力・背筋力も向上してくる。また，人体の全骨量の増加にも大切な時期である。骨の正常な発達には運動が必要で，運動には筋肉の発達が欠かせない。

運動をすることは健康増進のために重要である。適度な運動によって肥満の予防，脂質異常症の予防も可能である。

運動機能の発達は肺活量測定による呼吸機能検査，筋力を評価する背筋力・握力のほかに平衡感覚，敏捷性，持久力などの面から評価される。文部

*IgM，IgG　免疫グロブリン血清中にあり，抗体として作用を発揮するグロブリンで，ヒトでは IgG，IgM，IgA，IgD，IgE の5クラスが存在する。IgG は分子量16万，2本のL鎖と2本のγ鎖からなる。ヒト血清中では最も多い免疫グロブリンで感染防御に重要な役割を持つ。胎盤通過性である。
IgM は分子量90万，2本のL鎖と2本のμ鎖とからなる7sサブユニットのペンタマーで抗体活性は高い。一般に胎盤通過性は低い。

科学省の体力・運動能力調査の年次推移をみると，最近の学童の走・跳・投の基礎的運動能力は低下傾向にある。

7.2.4　自己管理能力の発達

この時期は自己管理能力の完成する重要な時期である。6歳までに心理的に独立し，7歳から9歳くらいには社会性の発達がみられる。9歳から11歳ごろには社会性，情緒の発達はより複雑になる。学童期の子どもにとって，親または家族は食物の選択，準備，調理に関わる存在であるから，親や家族をみながら成長し，食物摂取の判断を身につけていく。好き嫌いのパターンはこの時期に確立される。子ども自身の食物摂取管理能力を高めることは，生涯にわたる食生活習慣の確立と適正体重の管理を確立していく上でも重要な要素である。

7.2.5　生活習慣の変化

学童期も高学年になるほど塾通い，部活動，けいこ事などにより生活習慣が大きく変化する。室内での遊びが多いことによる運動不足，塾通いなどによる生活時間の乱れ，就寝時間の遅れ，夜食の習慣化などから肥満傾向を示す学童が増加している。このような生活習慣の変化は，食生活の変化と相まって子どもの生活習慣病の原因ともなる。

7.3　栄養状態の変化

7.3.1　身長，体重，体組成

この時期は体重の増加よりも身長の増加が著しい。肥満の問題とともにやせも問題になる。

食生活の変遷により，特に動物性食品の大幅な摂取増加がみられ，身長と体重は増加し，体格は向上している。発育は男女ともに早熟化している。

皮下脂肪厚は男子は6歳から11歳まで漸増するが，12歳でとまる。女子は9歳ごろから著しい増加傾向を示し思春期までこの傾向は続く。

7.3.2　食習慣の変化

学童期は食事の嗜好，規則性，食品摂取などの食習慣が確立する時期である。近年の学童の生活は塾通い，けいこ事など学校生活以外の拘束時間が長くなり，遊びを含む自由時間が少なくなる傾向がある。このような学童では，運動不足，就寝時間の遅れ，夜食の習慣化がみられ，その結果，睡眠時間の不足から，「朝食を食べる時間がない」「食欲がない」などの理由により，朝食の欠食などがみられる。欠食は必要な栄養素，特にたんぱく質や無機質，ビタミンの不足をきたし疲れやすくなったり，貧血など健康不良を起こしやすくなる。欠食は摂取栄養素のバランスを欠くだけでなく，昼食までの空腹時間が長くなり，体力の消耗，持久力や集中力の低下などの弊害も招く。ま

た，1日2回食で1食当たりの食事最が多くなると，インスリンの分泌が過剰になり，糖尿病や肥満症など生活習慣病の原因となる。

家族の生活リズムの違いから，ひとりで食べる孤食や子どもだけで食べる子食，嗜好を優先して家族と違ったものを食べる個食などが増え，共食の機会が減少するとともに食事づくりへの関わり，参加も減少する。

また，ファストフードやインスタント食品，スナック菓子などの高脂肪，高エネルギー，塩分の多い食品の摂取が増えている。不規則な間食は次の食事への食欲を減退させ，食欲不振を招きやすいため，量と質の両面からの指導が必要となる。

この時期の誤った食習慣の定着は子どもの生活習慣病の発症や将来の発症の危険性を高めるものであり，食生活の自立に向けて，学童期からの規則正しい食事の習慣づけが重要である。

7.4 栄養アセスメント

栄養アセスメントは大きく分類すると身体的調査(臨床診査，身体計測，生化学的，臨床検査など)と食事摂取調査に分類できる。

7.4.1 臨床検査

(1) 血圧

小児の高血圧症では本態性[*1]の頻度は低い。90 %以上は二次性であり，肥満症や腎疾患によるものが多い。

(2) 血清たんぱく質

アルブミン量は食事からのたんぱく質摂取量の影響による変動が大きいため，総たんぱく質値とともにたんぱく質栄養状態の指標として用いられている。

(3) 血清脂質

学童期の血清脂質検査は生活習慣病予防の点から重要になってくる。

(4) 血糖および尿糖

学童期の血漿静脈血の血糖値が空腹時で 80 ～ 150 mg/dL 以上，随時で 200 mg/dL 以上，経口ブドウ糖負荷試験(1.75 g/kg，最大 75 g のブドウ糖負荷) 2 時間値が 200 mg/dL 以上のいずれかであり，かつヘモグロビン A1c が 6.5 %以上であれば糖尿病[*2]と診断する。

小児糖尿病は 1 型が主だが，最近は 2 型糖尿病もみられる。2 型糖尿病の発症率は東京都の調査「学童糖尿病健診」成績(2005)では 10 万人当たり小学生で 1 人，中学生 4 ～ 7 人で，そのうち 4 分の 3 には肥満がみられる。中等度以上(肥満度 30 %以上)の肥満で，家族に 2 型糖尿病発症者がいる小児は検査を受けるなど注意が必要である。

*1 **本態性高血圧症** 原因疾患が特に認められない原因不明の高血圧症。体質的，遺伝的な要因が強い高血圧症をさす。

*2 **糖尿病** インスリン作用や分泌の絶対的あるいは相対的欠乏による高血糖と炭水化物・脂質・たんぱく質代謝障害に特徴づけられる疾患。高血糖の症状として口渇，多飲，多尿，体重減少，易疲労感などがある。
1 型糖尿病は，インスリンを分泌する膵 β 細胞が崩壊した結果で小児糖尿病の多くは 1 型糖尿病である。
2 型糖尿病は，インスリン抵抗性とインスリン分泌の両者が発症に関連している。遺伝的素因に過食・運動不足・肥満・ストレスなど後天的環境因子が加わることで発症すると考えられる。

(5) ヘモグロビン・ヘマトクリット

WHO の基準では，学童の場合ヘモグロビン量 12 g/dl 以下を貧血としている。ヘマトクリットは血液中の血球の容積率を示すが，ヘモグロビンと同様にこれらの低下は貧血の指標となる。この時期のヘマトクリットの正常値は 40 ％である。

(6) 尿たんぱく

腎疾患としては，小中学生では糸球体腎盂炎の頻度が最も高い。疾患の種類に合った食事療法，食事指導を行うことが必要である。

7.4.2 身体計測

体格と身長から算出される体格指数により，栄養状態を評価する。

学童期の体格を客観的に求める方法として，ローレル指数がよく用いられる。一般的には 120 〜 140 を正常，100 未満をやせ，160 以上を肥満とする。

ただし，ローレル指数[*1]は身長による変動が大きく，身長の低い者では大きく，高い者では小さく出る。身長別の肥満基準は身長 110 〜 129 cm で 180 以上，130〜149 cm で 170 以上，150 cm 以上で 160 以上を肥満としている。

年齢における身体計測値をグラフにしたものを成長曲線という。集団の平均値および偏差を示したものと個人の値をある期間ごとに追跡したものがある。文部科学省では学校保健統計調査として，児童，生徒および幼児の発育および健康状態を明らかにすることを目的として行っている。

また，身体の各種器官の発育速度は一様でなく，器官により大きく異なっている。発育パターンは Scammon により一般型，神経系型，リンパ系型，生殖器系型の 4 型に分類され，20 歳の器官や臓器重量を 100 としたときの発育曲線で示されている（図5.1）。リンパ系型は幼児期から学童期にかけて急速に発育し，10 歳で成人の 2 倍に達し，その後低下する。生殖器系型は思春期以降に急激に発育する。

7.5　栄養ケア
7.5.1　肥満[*2]とやせ

学童肥満には成人肥満と同様に高血圧症，脂質異常症，耐糖能異常など生活習慣病を伴う者もみられる。

標準体重を用いて肥満度を表す方法がある。

$$肥満度 ＝ [（実測体重 − 身長別標準体重）÷ 身長別標準体重] ×100$$

肥満度が 20 ％以上を肥満とする。30 ％を超すと中等度，50 ％を超すと高度とされる。小学生高学年や中学生の肥満が問題とされるのは将来の成人肥満に繋がりやすいということ，また，成人の糖尿病や動脈硬化などが，小児期に高度肥満だった者からの発症が多いことが指摘されているからである。

*1　ローレル指数
体重(kg) ÷〔身長(cm)〕^{3} × 10^7

*2　肥満の定義　体の構成成分のうち，脂肪組織の占める割合が，過剰に増加した状態をさす。摂取エネルギーが消費エネルギーを上回った結果，脂肪蓄積が増えた肥満を単純性肥満という。何らかの疾患が原因で肥満になる場合は症候性肥満という。

表7.1 学童期の身長別標準体重を求める係数

	男		女	
	a	b	a	b
5	0.386	23.699	0.377	22.750
6	0.461	32.382	0.458	32.079
7	0.513	38.878	0.508	38.367
8	0.592	48.804	0.561	45.006
9	0.687	61.390	0.652	56.992
10	0.752	70.461	0.730	68.091
11	0.782	75.106	0.803	78.846
12	0.783	75.642	0.803	76.934
13	0.815	81.348	0.655	54.234
14	0.832	83.695	0.594	43.264
15	0.766	70.989	0.560	37.002
16	0.656	51.822	0.578	39.057
17	0.672	53.642	0.598	42.339

注）身長別標準体重＝ a ×実測身長（cm）－ b
出所）日本学校保健会：児童生徒の健康診断マニュアル（平成27年度改訂版）

学童の肥満傾向の出現率は小学生では年齢とともに増加している。健康日本21（第二次）では，肥満傾向にある子供の割合の減少を目標としていたが，最終評価によると小学5年生の肥満傾向児の割合は令和元年度には9.57％に増加しており，最終評価では，「D　悪化している」と評価された。

学童期は成長期でもあるので，成人の肥満治療のような低エネルギー食は望ましくない。まず肥満度の軽減に重点をおき，運動量を増やす，生活習慣の見直しを行うことが大切である。

痩身傾向児とは標準体重に対して80％以下のものをいう。出現率は肥満傾向児と比べて低い。やせについては，体型を気にする年ごろから増加傾向を示すと思われる。男子よりも女子に「やせ願望」がみられる傾向がある。

7.5.2　貧　　血

学童期後半の女子は発育急進期にあり，筋肉や血液の増加と初潮などで鉄の需要が増大する。この時期に偏食，欠食，ダイエット志向が重なると思春期にかけて，潜在性の鉄欠乏性貧血になりやすい。栄養素の不足が生じないようにすることが大切である。

7.5.3　生活習慣病

(1) 脂質異常症

脂質異常症は主に血清中の総コレステロール値が高値になることであるが，小児では血清コレステロール値が200 mg/dL 以上の者を対象としている。

血清中の総コレステロール値は学童期では女子は男子より高値であり，中学生は小学生より低値となり，その後高値となるといわれる。小児のコレステロール血症は肥満症との相関が高く，過食と運動不足が主な原因とされている。運動不足と脂質異常症との関連要因としては，エネルギーや脂質の過剰摂取，脂質代謝に関連する脂肪酸代謝や脂質合成酵素活性の上昇があげられている。有酸素運動（12章参照）には脂質代謝を改善し，インスリンの感受性を高める効果がある。

学童期における脂質異常症への対応の主体は，食事・運動など生活指導である。食事指導では食物繊維やビタミンC，β–カロテン，フラボノイドを多く含む野菜果物，海藻，豆類などの摂取をこころがける。

(2) 高血圧症

日本小児腎臓病学会によると小児高血圧症の診断基準では小学生男女とも

表7.2　年齢別身長，体重の平均値及び標準偏差（東京都及び全国）

(単位：cm, kg)

区　分			男				女			
			身　長		体　重		身　長		体　重	
			平均値	標準偏差	平均値	標準偏差	平均値	標準偏差	平均値	標準偏差
東京都	幼稚園	5 歳	111.2	4.67	19.2	2.65	110.0	4.63	18.8	2.41
	小学校	6 歳	117.6	4.85	22.1	3.41	116.3	5.18	21.3	3.17
		7 歳	123.2	5.16	24.4	3.80	122.4	5.22	24.1	4.12
		8 歳	129.0	5.78	27.8	5.29	128.1	5.74	27.0	5.07
		9 歳	134.2	5.51	31.2	6.07	134.3	6.39	30.1	5.57
		10 歳	139.5	6.49	34.5	7.29	140.7	6.95	34.6	7.17
		11 歳	146.2	6.92	39.7	9.14	147.5	6.42	39.5	7.15
	中学生	12 歳	154.4	8.02	45.7	10.11	152.9	5.78	44.3	7.88
		13 歳	161.3	7.18	50.3	10.56	155.8	5.23	47.7	7.44
		14 歳	166.4	6.27	55.4	10.49	156.9	5.33	49.7	7.59
	高等学校	15 歳	169.5	5.94	58.6	10.89	158.0	5.47	50.9	7.75
		16 歳	170.3	5.64	60.3	10.62	158.4	5.23	51.5	7.06
		17 歳	171.4	6.34	62.2	10.66	158.9	5.55	51.7	7.13
全国	幼稚園	5 歳	111.0	4.87	19.3	2.79	110.1	4.86	19.0	2.74
	小学校	6 歳	116.7	4.92	21.7	3.50	115.8	4.98	21.2	3.33
		7 歳	122.6	5.22	24.5	4.38	121.8	5.22	23.9	4.08
		8 歳	128.3	5.48	27.7	5.48	127.6	5.68	27.0	5.03
		9 歳	133.8	5.76	31.3	6.63	134.1	6.40	30.6	6.07
		10 歳	139.3	6.37	35.1	7.82	140.9	6.83	35.0	7.20
		11 歳	145.9	7.27	39.6	8.98	147.3	6.47	39.8	7.78
	中学校	12 歳	153.6	7.94	45.2	10.17	152.1	5.78	44.4	8.01
		13 歳	160.6	7.34	50.0	10.31	155.0	5.35	47.6	7.62
		14 歳	165.7	6.47	54.7	10.36	156.9	5.34	50.0	7.67
	高等学校	15 歳	168.6	5.93	59.0	11.0	157.3	5.36	51.3	7.79
		16 歳	169.8	5.88	60.5	10.54	157.7	5.46	52.3	7.77
		17 歳	170.8	5.90	62.4	10.45	158.0	5.39	52.5	7.70

注 1）年齢は，各年 4 月 1 日現在の満年齢である。以降の各表において同じ。
注 2）標準偏差とは，データの散らばり度合を表す数値。標準偏差が小さいことは，平均値のまわりの散らばりの度合が小さいことを示す。
出所）文部科学省：令和 3 年度学校保健統計調査

低学年では収縮期血圧は 130 mmHg，拡張期血圧 80 mmHg，高学年では収縮期血圧は 135 mmHg，拡張期血圧 80 mmHg とされ，収縮期血圧・拡張期血圧のいずれかが基準値以上の者が高血圧症とされている。高血圧症の者は小学生では少ない。

(3) 糖尿病

成人の糖尿病の多くは 2 型糖尿病といわれるが，小児の糖尿病の多くは 1 型糖尿病であり，膵臓の β 細胞の大部分が破壊されるか，機能を失ってインスリンの分泌をほとんどしないために発症する。1 型糖尿病には生活習慣は関係ないとされており，特に小学校入学前の年少時において急激な発症経過をとることが多い。基本となる治療法としてインスリン療法が必要となる。1 型糖尿病の食事療法は，制限するのではなく成長・発育に必要なエネルギーを十分かつバランスよく与えることが重要である。

　1 型糖尿病の経年的な変化はほとんどないが，2 型糖尿病は増加傾向にある。

表7.3 令和3年度 身長・体重の平均値及び肥満傾向児及び
痩身傾向児の割合

区　分			身長 (cm)	体重 (kg)	肥満傾向児 (％)	痩身傾向児 (％)
東京都	幼稚園	5歳	111.0	19.3	3.61	0.30
	小学校	6歳	116.7	21.7	5.25	0.28
		7歳	122.6	24.5	7.61	0.31
		8歳	128.3	27.7	9.75	0.84
		9歳	133.8	31.3	12.03	1.42
		10歳	139.3	35.1	12.58	2.32
		11歳	145.9	39.6	12.48	2.83
	中学生	12歳	153.6	45.2	12.58	3.03
		13歳	160.6	50.0	10.99	2.73
		14歳	165.7	54.7	10.25	2.64
	高等学校	15歳	168.6	59.0	12.30	4.02
		16歳	169.8	60.5	10.64	3.34
		17歳	170.8	62.4	10.92	3.07
全国	幼稚園	5歳	110.1	19.0	3.73	0.36
	小学校	6歳	115.8	21.2	5.15	0.49
		7歳	121.8	23.9	6.87	0.56
		8歳	127.6	27.0	8.34	0.83
		9歳	134.1	30.6	8.24	1.66
		10歳	140.9	35.0	9.26	2.36
		11歳	147.3	39.8	9.42	2.18
	中学生	12歳	152.1	44.4	9.15	3.55
		13歳	155.0	47.6	8.35	3.22
		14歳	156.5	50.0	7.80	2.55
	高等学校	15歳	157.3	51.3	7.57	3.10
		16歳	157.7	52.3	7.20	2.33
		17歳	158.0	52.5	7.07	2.19

出所）表7.2と同じ

2型糖尿病の原因については遺伝的背景が強く，過食や肥満といった環境要因も発症に関与している。学校検尿での尿糖検査導入の結果，小児期，特に中学生に発症のピークがあることが示されている。2型糖尿病の治療の中心は成人と同様に食事療法，運動療法である。肥満の改善で糖尿病が改善されることも多い。発症の予防や治療における食生活や生活習慣の改善が必要である。食事療法の基本は厳しい食事制限でなく，肥満を伴う場合は，標準体重に対するエネルギー必要量の90〜95％程度に調整し，正常な成長発育に必要十分な年齢・性別に合ったエネルギーを摂取させること，栄養バランスを整えることが重要である。また，体重減少を目的に有酸素運動を中心に行い，身体活動度を増加させ，消費エネルギーの増大を図る。

(4) 小児期メタボリックシンドローム

2005（平成17）年4月に成人のメタボリックシンドロームの診断基準が策定されたが，これをうけて，2007（平成19）年5月に厚生労働省研究班は小児期メタボリックシンドローム（6〜15歳）の暫定的な診断基準を策定した。

ウエスト周囲径は，小学生75cm以上，中学生80cm以上に加えて，空腹時血糖100mg/dl以上，中性脂肪120mg/dl以上かつ／または HDL コレステロール40mg/dl未満，収縮期血圧125mmHg以上かつ／または拡張期血圧70mmHg以上の3項目のうち，2項目以上当てはまる場合としている（表7.4）。

7.5.4 成長・発達，身体活動に応じたエネルギー・栄養素の補給

学童期の子どもは年齢にふさわしい栄養素の摂取にこころがけるべきであり，多種多様な栄養素に富んだ食物の選択，十分なエネルギーの摂取が大切である。主要食品群別摂取最をみると，肉類，卵，乳類，魚介類の充足は十分であるがその他のいも類，野菜類，果実類の充足状況は低い。

(1) エネルギー

基礎代謝基準値は，幼児期より低下するが成人期より高く学童期後半で成人と同様になる。基礎代謝基準値は男子では6〜7歳で44.3kcal/kg/日，8

表7.4 小児のメタボリックシンドローム診断基準

(1)	腹囲	中学生 80cm 以上，小学生 75cm 以上，もしくは，腹囲（cm）＋身長（cm）＝0.5 以上	
(2)	血中脂質	中性脂肪 かつ／または HDL －コレステロール	120mg/dL 以上 40mg/dL 未満
(3)	血圧	収縮期血圧 かつ／または 拡張期血圧	125mgHg 以上 70mgHg 以上
(4)	空腹時血糖		100mg/dL 以上

※（1）があり，（2）〜（4）のうち 2 項目を有する場合にメタボリックシンドロームと診断する。
出所）厚生労働省科学研究循環器疾患等総合研究事業（主任研究者，大関武彦・浜松医科大教授）（2006）

〜 9 歳で 40.8 kcal/kg/日，10 〜 11 歳で 37.4 kcal/kg/日，女子では 6 〜 7 歳で 41.9 kcal/kg/日，8 〜 9 歳で 38.3 kcal/kg/日，10 〜 11 歳で 34.8 kcal/kg/日である。推定エネルギー必要量(EER)は，男子 6 〜 7 歳では，1,350 〜 1,750 kal/日，8 〜 9 歳では，1,600〜2,100 kcal/日，10 〜 11 歳では，1,950 〜 2,500 kcal/日，女子 6 〜 7 歳では 1,250 〜 1,650 kcal/日，8 〜 9 歳では，1,500 〜 1,900 kal/日，10 〜 11 歳では，1,850 〜 2,350 kal/日である。学童期の身体活動レベル(PAL)は 3 区分(低い I. ふつう II. 高いⅢ)に分けられている。

(2) たんぱく質

成長が徐々に遅くなるに従い，たんぱく質の推奨量は男女ともに 6 〜 7 歳では 30 g/日，8 〜 9 歳では男女ともに 40 g/日，10 〜 11 歳では男子では 45 g/日，女子では 50 g/日となる。たんぱく質の体重当たりのたんぱく質維持必要量は全年齢区分で男女ともに同一の 0.66 g/kg/日を用いて算定する。必須アミノ酸含有量の多い動物性たんぱく質を 40 ％以上摂取すると良い。

(3) 脂　質

学童期の脂肪エネルギー比率は男女ともに 20 〜 30 ％で成人期の 18 歳以上と同じである。飽和脂肪酸の％エネルギーは 6 〜 7 歳，8 〜 9 歳，10 〜 11 歳で男女ともに 10 以下である。n-6 系脂肪酸の目安量は 6 〜 7 歳の男子では 8 g/日，女子では 7 g/日，8 〜 9 歳の男子では 8 g/日，女子では 7 g/日，10 〜 11 歳の男子では 10 g/日，女子では 8 g/日，n-3 系脂肪酸の目安量は 6 〜 7 歳男子で 1.5 g/日，女子で 1.3 g/日，8 〜 9 歳男子で 1.5 g/日，女子で 1.3 g/日，10 〜 11 歳男女ともに 1.6 g/日と定められている。日本人の食事摂取基準 2020 年版より飽和脂肪酸の目標量が定められた。

(4) ビタミンとミネラル

学童期はカルシウムと鉄の不足にならないように注意が必要である。

鉄はミオグロビンやヘモグロビンの増加により需要が高まる。鉄の推奨量は 6 〜 7 歳の男子，女子ともに 5.5 mg/日，8 〜 9 歳の男子で 7.0 mg/日，女

子で 7.5 mg/日，10 〜 11 歳の男子で 8.5 mg/日，女子では月経なしの場合 8.5 mg/日，月経ありの場合 12.0 mg/日となり，10 歳女子から月経ありの推奨量が算出されている。

7.5.5 学校給食

わが国の学校給食は 1889（明治 22）年山形県の小学校で経済的困窮家庭の児童に昼食を供給するために始められたが，その後 1954（昭和 29）年に学校給食法が制定され実施されてきた。学校給食は児童生徒の体位の向上，栄養教育の浸透などの成果をあげた。現在でも学童期における学校給食の役割は大きいといえる。

（1）学校給食の意義と目標

現在の学校給食は学習指導要領で「特別活動の中の学級活動」に位置づけられており，健康教育の一環として実践的・総合的な食教育が求められている。

学校給食法第 1 条には目的として「学校給食が児童及び生徒の心身の健全な発達に資するものであり，かつ，児童及び生徒の食に関する正しい理解と適切な判断力を養う上で重要な役割を果たすものであることにかんがみ，学校給食及び学校給食を活用した食に関する指導の実施に関し必要な事項を定め，もって学校給食の普及充実及び学校における食育の推進を図る」とある。

表 7.5 児童・生徒 1 人 1 回当たりの学校給食摂取基準

（参考）

区分	基準値				1 日の食事摂取基準に対する学校給食の割合
	児童（6 〜 7 歳）の場合	児童（8 〜 9 歳）の場合	児童（10 〜 11 歳）の場合	生徒（12 〜 14 歳）の場合	
エネルギー（kcal）	530	650	780	830	必要量の 3 分の 1
たんぱく質（%）	学校給食による摂取エネルギー全体の 13 〜 20%				同左
脂質（%）	学校給食による摂取エネルギー全体の 20 〜 30%				同左
ナトリウム（g）（食塩相当量）	1.5 未満	2 未満	2 未満	2.5 未満	目標量の 3 分の 1 未満
カルシウム（mg）	290	350	360	450	推奨量の 50%
マグネシウム（mg）	40	50	70	120	推奨量の 3 分の 1 程度（生徒は 40%）
鉄（mg）	2	3	3.5	4.5	推奨量の 40% 程度（生徒（12 〜 14 歳）は 3 分の 1 程度）
ビタミン A（μgRAE）	160	200	240	300	推奨量の 40%
ビタミン B₁（mg）	0.3	0.4	0.5	0.5	推奨量の 40%
ビタミン B₂（mg）	0.4	0.4	0.5	0.6	推奨量の 40%
ビタミン C（mg）	20	25	30	35	推奨量の 3 分の 1
食物繊維（g）	4 以上	4.5 以上	5 以上	7 以上	目標値の 40% 以上

注 1）表に掲げるもののほか，次に掲げるものについても示した摂取について配慮すること。
　　　亜鉛……児童（6 〜 7 歳）2mg，児童（8 〜 9 歳）2mg，児童（10 〜 11 歳）2mg，生徒（12 〜 14 歳）3mg
　 2）この摂取基準は，全国的な平均値を示したものであるから，適用に当たっては，個々の健康及び生活活動等の実態並びに地域の実情等に十分配慮し，弾力的に運用すること。
　 3）献立の作成に当たっては，多様な食品を適切に組み合わせるよう配慮すること。
出所）文部科学省：学校給食摂取基準（令和 3 年文部科学省告示第 10 号）（2021）

　学童期の間食は幼児期と同様に栄養補給が目的であり，空腹を満たすだけでなく精神的な満足感や安心感につながるものとしての役割も大きい。しかし，間食の量と時間によっては食欲減退の原因ともなる。

　ケーキ，スナック菓子，アイスクリームなどの菓子類は砂糖や脂肪を多く含む高エネルギー食品であり，多量に含まれる砂糖は，吸収速度も速く血糖の上昇も高いといわれている。包装されているスナック菓子はあとをひきやすく食べ過ぎてしまいがちなので，大袋より小袋のものを選び，量を調節するとよい。ケーキ類も砂糖，脂肪が多く含まれ１個のエネルギーが高いので食べる量に注意が必要である。和菓子は洋菓子に比べ低エネルギーではあるが，食べ過ぎはよくない。ジュースの糖質も吸収が速く，また，いったん飲み始めるととまらないのが問題である。イオン飲料なら安心と思い与える親もいるが，がぶ飲みには注意が必要である。飲み物はう歯予防のためにも砂糖の入っていないお茶類をとるようにこころがけよう。

市販の菓子食品のエネルギー量（例）

食品名	目安量	重量(g)	エネルギー(kcal)
ポテトチップス	1袋	70	390
どら焼き	1個	80	227
ショートケーキ	1個	95	326
プディング	1個	90	113
バニラアイスクリーム（普通脂肪）	1個	120	216

出所）田中武彦監修：常用量による市販食品成分早見表第2版，医歯薬出版（1997）5訂増補食品成分表より作成

第2条には目標としてつぎの7項目があげられている。

① 　適切な栄養の摂取による健康の保持増進を図ること。

② 　日常生活における食事について正しい理解を深め，健全な食生活を営むことができる判断力を培い，及び望ましい食習慣を養うこと。

③ 　学校生活を豊かにし，明るい社交性及び協同の精神を養うこと。

④ 　食生活が自然の恩恵の上に成り立つものであることについての理解を深め，生命及び自然を尊重する精神並びに環境の保全に寄与する態度を養うこと。

⑤ 　食生活が食にかかわる人々の様々な活動に支えられていることについての理解を深め，勤労を重んずる態度を養うこと。

⑥ 　我が国や各地域の優れた伝統的な食文化についての理解を深めること。

⑦ 　食料の生産，流通及び消費について，正しい理解に導くこと。

(2) 学校給食の現状

　学校給食には主食(パン，米飯)と牛乳およびおかずの完全給食と，牛乳とおかずの補食給食，牛乳のみの牛乳給食がある。2018年の完全給食の実施状況は小学校で98.5％，中学校で86.6％であった。米飯給食は導入が開始された1978年には完全給食校の36.2％の実施であったが，2018年は100％であり，平均実施回数も週当たり3.5回と定着している。

　学校給食の調理形態は，単独校方式と共同調理場方式とがある。公立小・中学校における調理方式別実施状況は，小学校単独方式58.1％，共同調理場方式41.1％，中学校単独校方式が29.5％，共同調理場方式が60.2％だが，近年共同調理場方式への変更，パートタイム職員の活用，外部委託の割合の

増加などがみられる。国および地方の厳しい財政状況下で合理化推進の指導を受けているためであるが，文部科学省は合理化の実施にあたって，学校給食の質の低下を招くことのないように指導している。

(3) 学校給食の食事内容

　文部科学省は，学校給食摂取基準(表7.5)と標準食品構成表を提示している。学校給食摂取基準の1日の食事摂取基準に占める比率は，エネルギー33%，たんぱく質はエネルギーの16.5%を基準値とし，範囲を13〜20%，鉄40%，ビタミン40%となっており，家庭で不足しがちなカルシウムの割合は一日の推奨量の50%に設定されている。脂肪エネルギー比は20〜30%とされ，食物繊維は目標量の40%と食塩は目標量の33%の基準も示されている。マグネシウム40%，亜鉛については目標値が示されている。

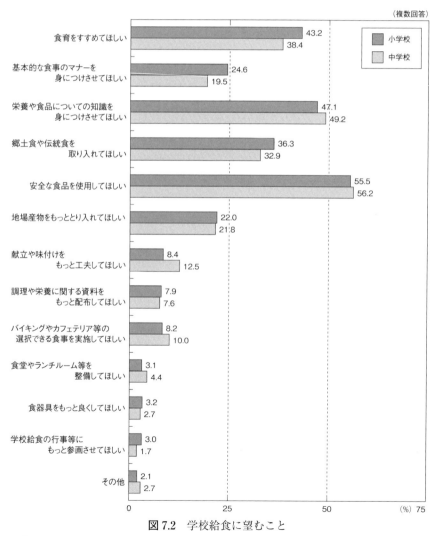

図7.2　学校給食に望むこと

出所）日本体育・学校健康センター編：平成22年度児童生徒の食生活実態調査報告書（2010）

実施においては地域性なども考慮し，バイキング方式や郷土食の導入など
を図ることも重要である。また，集団給食として，安全性の確保，食中毒の
防止の徹底などには特に注意をはらう必要がある。

　食物が豊富に出回り，食生活も豊かになり飽食時代といわれる現在，就業
する母親が増加している状況のなかで，1日の食事摂取状況をみると学校給
食に依存している割合が多いことも指摘されている。このことからも，学校
給食に寄せる期待はなお大きい。図7.2は学校給食の要望を示したものであ
るが，安全性，知識，マナーの定着についての要望が高い。

(4) 栄養教諭

　文部科学省は2004年度に食に関する専門性と教育に関する資質を併せ有
する栄養教諭養成に関わる制度を創設し，学校で子どもたちが望ましい習慣
と自己管理能力を身に付けられるように食に関する指導体制の充実を図った。
栄養教諭は学校給食の管理に加え，学校給食を生きた教材として活用し，効
果的な食事を行うことがその職務とされ，健康教育の専門教諭として期待さ
れている。

【演習問題】

問1　幼児期・学童期における栄養に関する記述である。最も適当なのはど
　　れか。1つ選べ。　　　　　　　　　　　　　　　　　　　　（2021年国家試験）
　(1) 最近10年間の学校保険統計調査では，小学生の肥満傾向児の出現率
　　　は2％未満である。
　(2) 最近10年間の学校保険統計調査では，小学生のう歯の者の割合は増
　　　加している。
　(3) カウプ指数による肥満判定基準は，男女で異なる。
　(4) 日本人の食事摂取基準(2020年版)では，10〜11歳の飽和脂肪酸の
　　　DGは，10％エネルギー以下である。
　(5) 日本人の食事摂取基準(2020年版)では，カルシウムのRDAは，6〜
　　　7歳で最も多い。
　　解答（4）

問2　幼児期・学童期のやせと肥満に関する記述である。最も適当なのはど
　　れか。1つ選べ。　　　　　　　　　　　　　　　　　　　　（2023年国家試験）
　(1) 幼児期の肥満は，二次性肥満が多い。
　(2) 幼児期の肥満では，厳しいエネルギー制限を行う。
　(3) 小児メタボリックシンドロームの診断基準では，腹囲の基準が男女で
　　　異なる。
　(4) 学童期では，肥満度 −20％以下を痩身傾向児と判定する。
　(5) 学童期には，内臓脂肪の蓄積は見られない。
　　解答（4）

問3 幼児期・学童期の栄養に関する記述である。最も適当なのはどれか。
1つ選べ。 (2020年国家試験)

(1) 1歳半までに，咀嚼機能は完成する。

(2) 幼児期には，間食を好きなだけ摂取させる。

(3) 学童期の基礎代謝基準値(kcal/kg 体重/日)は，幼児期より低い。

(4) 学童期の肥満は，成人期の肥満と関連しない。

(5) 学童期のたんぱく質の目標値は，25 ～ 30 ％ E である。

解答 (3)

📖 参考文献・参考資料

World Health Organization: *Guidelines on physical activity and sedentary behaviour.* (2020)

今村栄一：新版小児栄養，122-127，同文書院 (2005)

江澤郁子，津田博子編：応用栄養学，99-111，建吊社 (2006)

岡田知雄他：ライフステージにおける栄養アセスメント，臨床栄養，99(5)，574 ～ 584 (2001)

厚生労働省：日本人の食事摂取基準 (2020 年版)，第一出版 (2014)

厚生労働省：健康日本 21 (第二次) 最終評価報告書 (2022)

国立健康・栄養研究所監修：平成 29 年国民健康・栄養調査報告，第一出版 (2019)

国立健康・栄養研究所監修：令和元年国民健康・栄養調査報告，第一出版 (2020)

澤純子他：応用栄養学，121-135，医歯薬出版 (2006)

戸谷誠之，藤田美明，伊藤節子福：応用栄養学，137-162，南江堂 (2005)

中坊幸弘，木戸康博絹：応用栄養学，75 ～ 85，講談社 (2005)

日本高血圧学会：高血圧治療ガイドライン 2019，165，ライフサイエンス出版 (2019)

藤沢良知：食育の時代，18-35，第一出版 (2005)

武藤静子編：ライフステージの栄養学，3-14，朝倉書店 (2004)

文部科学省：令和 3 年度学校保健統計調査報告書 (2021)

文部科学省：平成 30 年度学校保健統計調査 (2018)

文部科学省：学校給食実施基準の一部改正について (令和 3 年文部科学省告示第 10 号) (2021)

8 思春期

8.1 思春期の特性

WHO の定義によると，思春期は身体的には第二次性徴の出現から性成熟までの段階をいい，年齢的には 8 〜 9 歳頃から 17 〜 18 歳頃までとされている。また，文部科学省の用語解説において，思春期はおおむね中学生〜高校生に当たる時期で，自分らしさを確立するために模索し，社会規範や知識・能力を修得しながら大人への移行を開始することが重要な時期とされている。さらに，思春期前半は学童期の後半と，思春期後半は青年期の前半と重複している。

思春期は，成長急伸，第二次性徴の出現，生殖機能の完成を特徴とし，男性の場合は声変わりや筋骨の発達がみられ，女性の場合は乳房の発達，月経がはじまる。また，この時期は感受性が豊かで知識の吸収も旺盛で，自我の主張も強まる一方，精神面への影響も多く情緒不安定な時期で，10 代の死因には自殺，不慮の事故，悪性新生物が上位を占める。

8.1.1 思春期の成長と発達

思春期のはじめのころから，乳幼児期に活性後，不活発となったゴナドトロピン放出ホルモン（GnRH：gonadotropin releasing hormone）の再活性化により下垂体前葉では GnRH 受容体の増加，卵巣では卵胞刺激ホルモン（FSH：follicle stimulating hormone）受容体と黄体形成ホルモン（LH: lutenizing hormone）受容体の増加に伴い，視床下部－下垂体－卵巣系の活動が始まる。視床下部から分泌された GnRH は下垂体を刺激し FSH と LH の分泌を促す。卵巣は FSH と LH の刺激を受けて卵胞ホルモン（エストロゲン），黄体ホルモン（プロゲステロン）の 2 種類の女性ホルモンが増加する。

男性では下垂体から分泌された FSH は，精

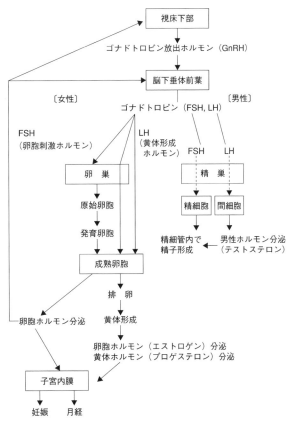

図 8.1 性ホルモン作用機序，視床下部・下垂体・卵巣系の内分泌

出所）住吉好雄：産婦人科治療，**76**，420（1998）

117

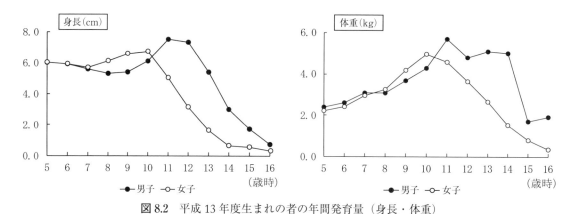

図 8.2　平成 13 年度生まれの者の年間発育量（身長・体重）

出所）文部科学省：学校保健統計調査 – 令和元年度（確定値）の公表について
　　　https://www.mext.go.jp/content/20200325-mxt_chousa01-20200325104819_1-1-1.pdf（2023.9.10）p-3, 4 より作成

巣内の支持細胞(セルトリー細胞)に作用し，精巣エストロゲンの生成と分泌を促進し，精子形成に関与する。LH は精巣内の間質細胞(ライデッヒ細胞)を刺激し，テストステロンの生成と分泌を促す(図8.1)。

（1）思春期の身体的変化

図8.2 は，体重と身長の年間発育量を示している。学童期前半まで緩やかだった成長・発育が，学童期後半から著しくなる。このことを，第二次発育急進期(思春期スパート)と呼ぶ。出生時から 9 歳までは身長の発育は，男子の方が女子より大きめに推移するが，10 ～ 11 歳になると男女の身長が逆転する現象が起こり，身長の発達速度は女子の方が男子より 2 年早く始まるといわれている。男子では 11 ～ 12 歳，女子では 9 ～ 10 歳に発育量がピークを迎える。一方，体重の発育量は，男子では 11 ～ 14 歳，女子では 10 ～ 11 歳にピークを迎える。

（2）第二次性徴

第二次性徴の発現や成熟には，下垂体から分泌される性腺刺激ホルモンにより，男性は主に精巣からテストステロンが，女性では主に卵巣からエストロゲンが分泌されることで男女の性的特徴が顕著となる。また，男性は精巣容量の増大，陰茎の増大，陰毛の発生の順に進み，女性は乳房の発育，陰毛の発生，初経へと進む。思春期の女性は皮下脂肪量が少しずつ蓄積し，女性らしい体つきになる。一方，男性は精巣の精子産生が始まり，テストステロンの分泌増加に伴い，たんぱく質合成が促進され，筋肉や骨の発育を促し，ひげや四肢の剛毛の発達をもたらす。また，テストステロンは甲状軟骨，輪状軟骨を発達させることにより喉頭は隆起し，喉頭筋や声帯が発達して声変わりが起こる。第二次性徴の成熟を評価する尺度には Tanner 分類が用いられ男女とも 5 段階で評価する(Ⅰ度を思春期前の時期とし，Ⅴ度を成人として評価)。

(3) 初経年齢と思春期の月経周期

わが国の平均初経年齢は、昭和20年代では14～15歳であったが、現在は年齢幅が10～14歳（平均12.3歳）である。初経は平均して身長の最大ピークの1～2年後に起こり、初経到来時に必要な体脂肪率は17％以上で、正常な排卵性の月経には22％以上が必要とされている。月経が開始したころは、月経周期が不順や、排卵を伴わない無排卵性月経である場合が多いが、次第に排卵を伴う排卵性の月経に移行していく（表8.1）。

(4) 思春期の精神発達

思春期は、身体の形態変化や機能的変化を、不安や驚異、羞恥にとまどいながらも、自分のものとして受け入れていかなければならず、精神的に不安定な時期でもある。この時期に経験する心の葛藤や現実逃避を克服することにより、自己の確立が進んでいく。周囲の人間関係にも変化が現れ、親からの精神的自立がみられ、自分自身の意思で決定したいという欲求が高まり、親の指示に従わないといった、いわゆる第二次反抗期を迎える。

悩みや不安を相談する相手も親から友人へと変化し、理解してもらえる同年齢、同年代の友人が重要になってくる。また、性への関心や異性への意識が高くなり、食行動への影響もみられる。さらに、この時期はさまざまなタイプの神経症の好発年齢とも重なることから、注意が必要である。

表8.1　月　経

正常月経周期	25～38日周期、その変動は6日以内
月経持続期間	3～7日、平均4.6日
月経血量	20～140 ml（血液量 50 ml）
卵胞期（増殖期、低温期）	平均14日
黄体期（分泌期、高温期）	平均14日
初経：満12歳	思春期：8・9～17～18歳
閉経：50歳	更年期：45～55歳

注）　月経：通常、約1ヵ月の間隔で起こり、限られた日数で自然に止まる子宮内膜からの周期的出血をいう。

月経周期：月経開始日を第1日とし、次回月経開始日までの日数をいう。

初経：初めて発来した月経。初経直後に正常周期がみられるのは、30～40％に過ぎない。約50％の人は4～5年間無排卵のため、月経周期は乱れる。

閉経：卵巣機能の衰退または消失によって起こる月経の永久的な閉止をいう。閉経も、急に無月経になる人、周期が乱れ、次第に無月経になる人いろいろである。

月経血：子宮内膜＝粘膜と、分泌物＝粘液、剥離面からの出血の混合物であり、血液はその一部にすぎない。

初経発来：小学6年　ほぼ50％
　　　　　中学3年　ほぼ100％

出所）日本母性衛生学会編：Women's Health, 45, 南山堂（1998）

8.2　栄養障害

8.2.1　摂食障害

「摂食障害医学的ケアガイド」より、摂食障害は食行動の重篤な障害を特徴とする精神疾患で、主に神経性やせ症（神経性食欲不振症）（Anorexia Nervosa）と神経性過食症（Bulimia Nervosa）がある。近年のわが国の患者数は、摂食障害全体で約2,500人、そのうち9割が女性で、10～20歳代での発症が多く、女子中学生の100人に2人が摂食障害であるといわれている。

(1) 神経性やせ症（Anorexia Nervosa）

小学生から中学生で見られる摂食障害の多くが神経性やせである。神経性やせの特徴として、極端な食事制限（摂取エネルギー量の制限、絶食など）、過活動による体重コントロールにはじまり、自分では制御できない過食や嘔吐、下剤の乱用による排泄行動により著しく低い体重に至る。自分の体重や体型（ボディ・イメージ）における過大評価、体重増加に対する強い不安や恐怖心、

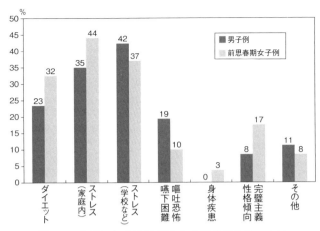

図 8.3　小児における神経性やせ症発症のきっかけ

出所）日本摂食障害学会：摂食障害治療ガイドライン，医療書院（2017）

病識の欠如から体重増加を妨げる行動が見られる。また，小児の神経性やせの発症要因は，ダイエット以外に家庭内におけるストレス（親の離婚，きょうだいとの葛藤など）や学校でのストレス（受験，友人関係など）によるものが多い（図8.3）。

診断基準

神経性やせ症の診断基準として DSM（Diagnostic and Statistical Manual of Mental Disorders）-5（表8.2）を用いるが，前思春期発症（10～12歳頃）や病初期の段階では DSM 診断を満たさないことがある。この場合は GOSC（Great Ormond Street criteria）（表8.3）を用いて神経性やせ症の特徴を参考にする。他にも神経性やせ症の早期発見を目的とした食事に関するアンケート，子ども版 EAT-26 日本語版（小学4年生～中学3年生）や，EAT-26 日本語版（高校生以上）を利用することがある。

思春期を対象とした神経性やせ症のスクリーニング

学校健康診断の身体計測値から得られた身長，体重のデータから，7本のパーセンタイル成長曲線（7本のチャンネル）を作成（図8.4）し，5～6歳の身長，体重はその個人に固有の体格を最も反映して思春期までほぼ同一の成長曲線内で成長するという知見を前提としている。自分の5～6歳の値から自分の成長曲線を決め，その成長曲線上の体重が一つ下の曲線に下がったり，安静時の脈拍数が1分間に60以下の徐脈になることを指標としている（図8.5）。

各病気における学校の具体的な対応（**思春期やせ症の診断と治療ガイド**[*]より抜粋）を以下に示す。

急性期および治療開始期

治療により休学を余儀なくされている生徒に対し，いたずらに不安を増大させることなく安心して治療に取り組むことができるように，「いつでも復学を待っているから，安心して治療に励みなさい」という姿勢を示す。本人および保護者に病識がなく，医療機関の指示に従わず登校を続ける場合には，「医師の指示に従いしっかり身体を治してから登校してください。病気が治らないうちは学校としても身体管理に責任がもてません」という毅然とした態度が必要である。

回復期

この時期，身体の回復とともに深い内省がはじまる。拒食を捨てて治ろうとする一方，自己の真の心の苦しみに向き合いながら新しい自分と出会って

[*] 思春期やせ症の診断と治療ガイド　厚生労働科学研究（子ども家庭総合研究事業）思春期やせ症と思春期の不健康やせの実態把握および対策に関する研究班（2006）

表 8.2　神経症やせ症の診断基準

A．体　　重

　必要量と比べてエネルギー摂取を制限し，年齢，性別，成長曲線，身体的健康状態に対する有意に低い体重に至る。有意に低い体重とは，正常の下限を下回る体重で，子どもまたは青年の場合は，期待される最低体重を下回ると定義される。

B．体重増加恐怖・肥満恐怖

　有意に低い体重であるにもかかわらず，体重増加または肥満になることに対する強い恐怖，または体重増加を妨げる持続した行動がある。

C．体重・体型に関する認知・行動

　自分の体重または体型の体験の仕方における障害，自己評価に対する体重や体型の不相応な影響，または現在の低体重の深刻さに対する認識の持続的欠如。

●分　　類

　接触制限型：過去 3 ヵ月間，過食または排出行動の反復的エピソードがないこと。

　過食・排出型：過去 3 ヵ月，過食または排出行動の反復的エピソードがあること。

●重症度

　軽　　度：BMI ≧ 17 kg/m²

　中等度：16 ≦ BMI ≦ 16.99 kg/m²

　重　　度：15 ≦ BMI ≦ 15.99 kg/m²

　最重度：BMI < 15 kg/m²

〔DSM-5（Diegnostic and Statistical Manual of Mental Disorders Firth Edition）一部改変〕
〔American Psychiatric Association（日本精神神経学会日本語版用語監修）：DSM-5 精神疾患の診断・統計マニュアル，332，医学書院（2014）
出所）東條仁美編：スタディ応用栄養学，建帛社（2018）

表 8.3　小児の食行動異常の診断分類（Great Ormond Street criteria：GOSC）

1	神経性食欲不振症 （anorexia nervosa）	・頑固な体重減少（食物回避，自己誘発性嘔吐，過度の運動，瀉下薬の乱用） ・体重，体型に対する偏った認知 ・体重，体型，食べ物や摂食への病的なこだわり
2	神経性過食症 （bulimia nervosa）	・繰り返されるむちゃ食いと排出 ・制御できないという感覚 ・体重や体型に対する病的なこだわり
3	食物回避性感情障害 （food avoidance emotional disorder）	・原発性感情障害では説明できない食物回避 ・体重減少 ・原発性感情障害の基準を満たさない気分障害 ・体重，体型に対する病的なこだわりはない ・体重，体型に対する偏った認知はない ・器質的脳障害や精神疾患はない
4	選択的摂食 （selective eating）	・少なくとも 2 年間にわたる偏食 ・新しい食品を摂取しようとしない ・体重，体型に対する病的なこだわりはない ・体重，体型に対する偏った認知はない ・体重は減少，正常，あるいは正常以上
5	機能的嚥下障害 （functional dysphagia）	・食物回避 ・嚥下，窒息，嘔吐への恐怖 ・体重，体型に対する病的なこだわりはない ・体重，体型に対する偏った認知はない
6	広汎性拒絶症候群 （pervasive refusal syndrome）	・食べる，飲む，歩く，話す，あるいは身辺自立の徹底した拒絶 ・援助に対する頑固な抵抗
7	制限摂食 （restrictive eating）	・年鈴相応の摂取量より明らかに少ない ・食事は栄養的には正常だが，量的に異常 ・体重，体型に対する病的なこだわりはない ・体重，体型に対する偏った認知はない ・体重身長は正常下限
8	食物拒否 （food refusal）	・食物拒否は何かのできごとと関連しており，断続的で特定の相手や状況下で生じやすい ・体重，体型に対する病的なこだわりはない ・体重，体型に対する偏った認知はない
9	appetite loss secondary to depression	

出所）図 8.3 に同じ

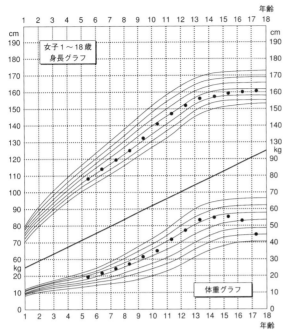

図 8.4 「肥満度−15％以下」および「成長曲線において体重が1チャンネル以上下方シフト」を呈する症例

出所）厚生労働科学研究（子ども家庭総合研究事業）思春期やせ症と思春期の不健康やせの実態把握および対策に関する研究班：思春期やせ症の診断と治療ガイド，厚生労働科学研究平成16年度総括研究報告書別刷，40．（2005）

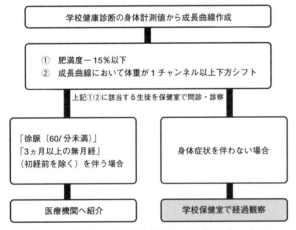

図 8.5 学校における思春期やせ早期発見の実際

出所）図8.4と同じ，41

いこうとする。この時期は精神的に不安定で，学校の情報や友人からの誘いなど外からの刺激を安易に受けることは，内省を妨げ焦らせることにつながる。電話や手紙などの間接的な接触も，治療が社会回復期に入るまではできるだけ避けた方がよい。

社会回復期

回復期の不安定な時期を乗り切り，学校や社会での人間関係を練習していく時期である。慎重に少しずつ前進し，新しいことを始めるたびに児の緊張や疲れがどのようなものなのか，医療機関と学校が密接に連絡を取り合い細かくモニターしていく。学校は授業や行事への参加法，不足した出席日数の補い方などについて柔軟な対応が必要とされる。

(2) 神経性過食症（Bulimia Nervosa）

神経性過食症の発症時期は神経性やせ症より遅く，青年期から成人期の発症が多い。比較的短時間のうちに食物を食べ，その間は食べることを抑制できない。排出・代償行動がともに平均して3ヵ月にわたって少なくとも週1回は起こっている。自分の体重や体型（ボディ・イメージ）における過大評価，体重増加に対する強い恐怖，病識の欠如が見られる場合がある。

神経性過食症の治療は，規則正しい生活リズムを身につけること。夜は過食しやすい時間帯のため夜型生活から朝型の生活パターンに修正する。食事はできるだけ規則的にとり，朝・午前の間食・昼・午後の間食・夕・夜食の時間を決め，3食だけでなく間食を設定することで空腹時間を短くする。空腹時間が長くなると血糖値が下がり過食衝動が出現しやすくなるため注意が必要である。もし過食嘔吐の行動が出現した時は，できるだけ規則正しい食事パターンに戻るようにする。

摂食障害の治療は，病気についての教育，患児（者）との信頼関係の構築，回復への動機づけ，栄養状態と体重の回復，重症の場合は入院が必要となる。

表 8.4　摂食障害患者のための包括的評価

---

1. 患者の現病歴については，以下の項目を含んだ詳細な聞き取りをすることが望ましい：

過去 6 カ月間の体重減少 / 変化の量およびその速度

食事摂取（食事の種類および量）や，特定の食品や食品群の制限の有無（例えば，脂質や炭水化物など）を含む，栄養摂取歴

代償行動の有無およびその頻度（絶食やダイエット，自己誘発性嘔吐，運動，下剤，利尿剤・イペカック（吐根）などの乱用，インスリンの不適切な使用，ダイエット薬や市販の栄養補助剤の使用）

運動の頻度，時間そして激しさの程度。取り組み方は過剰か，強迫的か，柔軟性に欠けているか，もしくは体重コントロールを目的とするものか。

月経歴（初経，最終月経，月経周期，経口避妊薬使用の有無）

栄養補助剤や代替医療薬を含む，現在服用中の薬

家族歴（家族の中に摂食障害，肥満，気分障害や不安障害，物質使用障害などの所見がある，もしくは診断を受けた者がいるか）

精神科既往歴（気分障害，不安障害，および物質使用障害の症状の有無など）

外傷歴（身体的，性的，精神的なものを含む）

成長歴（可能な限り過去の成長曲線を入手すること）

---

2. 摂食障害の疑いがある患者に実施されるべき診断検査項目

基本検査項目	摂食障害患者に認められる可能性のある異常所見とその原因
全血算	白血球減少，貧血，もしくは血小板減少
電解質，腎能，および肝酵素を含む包括的検査	グルコース：↓栄養不良 ナトリウム：↓多飲もしくは下剤使用 カリウム：↓嘔吐，下剤・利尿剤使用 塩素：↓嘔吐，下剤使用 血中重炭酸塩：↑嘔吐　↓下剤使用 血中尿素窒素：↑脱水 クレアチニン：↑脱水，腎機能障害，筋委縮 カルシウム：やや↓摂取不良のため低下するが骨への蓄積は犠牲にするため軽度の低下 リン酸：↓栄養不良 マグネシウム：↓栄養不良，下剤使用 総タンパク / アルブミン：↑低栄養の初期には，筋肉を犠牲にして増加　↓低栄養の持続の場合は低下 プレアルブミン：↓ タンパク質・カロリー欠乏 アスパラギン酸アミノ基転移酵素（AST），アラニンアミノ基転移酵素（ALT）：↑飢餓
心電図（ECG）	徐脈（低心拍数），QTc 延長（>0.45 秒），その他の不整脈

---

3. 検討すべき追加検査項目

追加検査項目	摂食障害患者に認められる可能性のある異常所見
レプチン値	レプチン：↓低栄養
甲状腺刺激ホルモン（TSH），チロキシン（T4）	TSH：↓もしくは正常 T4：↓もしくは甲状腺機能正常症候群
膵酵素（アミラーゼおよびリパーゼ）	アミラーゼ：↑嘔吐，膵炎 リパーゼ：↓ 膵炎
性腺刺激ホルモン（LH および FSH），性ステロイド（エストラジオールおよびテストステロン）	LH，FSH，エストラジオール（女性），テストステロン（男性）の値：↓もしくは正常
赤血球沈降速度（ESR）	ESR：↓飢餓　もしくは　↑炎症
二重エネルギー X 線吸収法（DEXA）	摂食障害患者は低骨密度のリスクがある。ホルモン補充療法（女性の場合はエストロゲン / プロゲステロン：男性の場合はテストステロン）が低骨密度を改善するというエビデンスはない。栄養回復，体重回復，そして内因性ステロイドの生成を正常化することが，最適な治療である。

出所）日本摂食障害学会：摂食障害，AED レポート（2016）

・・・・・・・・・・・・・・・・・ **コラム 8　未成年の薬物乱用・飲酒・喫煙** ・・・・・・・・・・・・・・・・・

　近年，未成年の覚せい剤などの薬物の使用，飲酒，喫煙が深刻な社会問題となっている。国立研究開発法人国立精神・神経医療研究センターが行っている「飲酒・喫煙・薬物乱用についての全国中学生意識・実態調査（2018）」によると，飲酒と喫煙の生涯経験率はいずれも減少傾向にあるが，2016 年から有機溶媒（シンナー）および危険ドラッグは増加傾向，大麻および覚せい剤は横ばいで推移している。また警察庁「令和 4 年における組織犯罪の情勢」によると，大麻事犯の人口 10 万人当たりの年代別検挙人員の最も多い年齢層は，20 歳代，次いで 20 歳未満となっている。

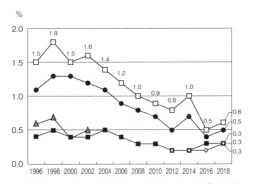

図 8.6　全国中学生における薬物乱用の生涯経験率の推移（1996 ～ 2018 年）

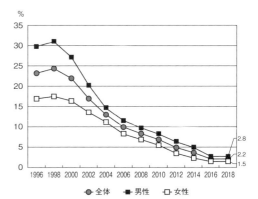

図 8.7　全国中学生における喫煙の生涯経験率の推移（1996 ～ 2018 年）

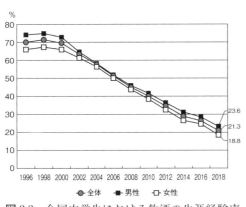

図 8.8　全国中学生における飲酒の生涯経験率の推移（1996 ～ 2018 年）

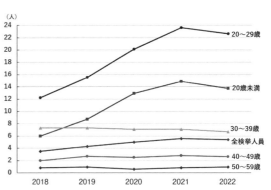

図 8.9　人口 10 万人当たりの大麻事犯検挙人員の推移

出所）政府広報オンライン
https://www.gov-online.go.jp/useful/article/201806/3.html
（2023.9.25）

摂食障害の患者に見られる兆候や症状はさまざまで，治療には何年もの期間を要し，根気強い治療と対応が必要となることから，早期発見・早期治療が求められる（表8.4）。専門医，カウンセラー，管理栄養士の連携が重要であるとともに，家庭や周囲（学校など）の協力も不可欠となる。

8.2.2 鉄欠乏性貧血

思春期に多く見られるのは，鉄欠乏性**貧血**[*1]である。体内の鉄が不足すると初期のうちは肝臓や脾臓に貯蔵されている貯蔵鉄が使われる（潜在的な鉄欠乏状態）のため臨床的には異常が見られないが，鉄欠乏が進むと血清鉄が使われ（貯蔵鉄が枯渇した状態），さらに血色素の合成ができなくなった状態になると鉄欠乏性貧血（小球性低色素性貧血）と診断される。

男女とも身体の成長による循環血液量の増大で鉄の体内需要が高まることで起こりやすい。とくに女子では，月経に伴う鉄損失による貧血が多く見られる。また，不必要な食事制限（ダイエット）による鉄の摂取不足も原因の一つであることから，ダイエットに関する正しい知識を身につけさせることも大切である。

8.2.3 肥　満

学校保健統計（令和3年度）によると，**肥満傾向児**[*2]の出現率は，小学校男子では5.3 〜 12.5 %，女子では5.2 〜 9.4 %，中学生男子では10.3 〜 12.6 %，女子では7.8 〜 9.2 %，高等学校男子では，10.9 〜 12.3 %，女子では7.1 〜 7.6 %存在しており，男女ともに小学校高学年〜中学1年で出現率が高くなっている。

肥満とは，脂肪組織の過剰な蓄積である。脂肪細胞増殖型肥満は脂肪（中性脂肪＝トリグリセリド）を蓄える脂肪細胞の数が増加しているもの，脂肪細胞肥大型肥満は脂肪細胞の中に脂肪を蓄えて，脂肪細胞のサイズが大きくなっているものである。

小児期の肥満は，脂肪細胞増殖型が多く，エネルギー摂取の過剰や運動不足が主な原因で，成人期の肥満（脂肪細胞肥大型肥満）に移行しやすいのが特徴である。加えてこの時期は，いつでもどこでも好きなものを自らの意思で選択して購入することができる食環境も肥満の原因の一つとして考えられる。

8.3　食行動

思春期は，親の管理から離れる精神的な自立だけでなく，食事の面からも自立する時期になる。食習慣は幼児期から家庭で作り上げられてきたものであるが，この時期には家庭以外の影響を受けながら完成を迎える。家庭の食事から離れ，独りで食べる，インスタント食品，スナック菓子やファストフードなどを好み，外での間食，食事が増え，孤食や個食の傾向がでてくる。

*1　**貧血**　WHOによる貧血の基準は以下の通り。
小児（6 〜 14歳）・成人女性：Hb 12g/dL未満，成人男性：Hb 13g/dL未満

*2　**肥満傾向児**　性別・年齢別・身長別標準体重を求め，肥満度が20 %以上の者

近年，やせ志向は思春期のみならず小学生にも及んでいる。本来この時期は性ホルモンの分泌が盛んになり，とくにエストロゲンは骨の形成を活発化し，骨量を増加させる。骨量は20歳前後まで直線的に増加するが，その後，緩やかになり加齢によって減少する。生涯で最も骨量の高いところを最大骨量といい，学童期，思春期の食生活が重要となる。成長期の無理なダイエットは，卵巣機能が十分発達せず，生理不順や無月経となり，それが持続すると骨量の低下をきたすなど，弊害は大きい。

思春期・青年期の食生活は，将来，妊娠，出産，育児という女性のライフサイクルに影響を与える。"やせ志向"というファッションにとらわれることなく食生活の正しい認識と習慣を喚起することは重要である。

8.3.1 朝食の欠食

令和元年国民健康・栄養調査結果によると，朝食の**欠食**[*]率は20歳代男性では27.9 %，女性では18.1 %で20 ～ 40歳代で欠食率が高い状況にある。また2022年度食育白書では朝食を欠食する子どもの目標値0 %に対し，小学生では5.6 %，中学生では8.1 %と増加傾向にある。さらに，文部科学省「全国学力・学習状況調査」(2022)によると，毎日決まった時刻に寝ていない小・中学生の割合も増加傾向にある。このような児童・生徒ほど朝食欠食率が高い傾向にあることから規則正しい生活習慣を身に付けさせることが重要となる。2000年，文部省(現文部科学省)，厚生省(現厚生労働省)，農林水産省の三省合同で策定された「健康づくりのための食生活指針」(2016年一部改正)では「1日の食事のリズムから健やかな生活リズムを」と，生活リズムを重視している(p.222，付表4.1)。

朝食欠食の原因は，受験のための塾通いなどによる夜型の生活リズムから，朝起きられない，朝食を食べる時間がない，ダイエットを実施している等があげられる。朝食欠食による栄養障害はエネルギー，ビタミン，カルシウム，鉄の摂取不足が起こるほか，脂質摂取量の増加，食物繊維摂取量の減少が見られる。また，将来，潜在性貧血や骨粗鬆症の危険性がある。

8.4 栄養ケア

8.4.1 成長・発達に応じたエネルギー・栄養素の補給

この時期には，急速な身長の増大とそれに伴う体重の増加に続いて，成長の減速と第二次性徴の発現がある。また，10代の後半から20代にかけて骨量は最大になるなど，成長を支えるエネルギーや栄養素の必要量も増加する。

また，思春期は食習慣の自立期にあり，食事の管理が保護者から自己へと移行する。肥満を代表とする生活習慣病の起因が，思春期さらにはそれ以前の小児期など成長期にあることも多く，生涯の体づくりのための大切な時期

*欠食 以下3つの場合の合計である。①何も食べない(食事をしなかった場合)，②菓子，果物，乳製品，嗜好飲料などの食品のみ食べた場合，③錠剤・カプセル・顆粒状のビタミン・ミネラル・栄養ドリンク剤のみの場合

である。近年，外食や惣菜など調理済み食品の利用の増大により，栄養や食事のとり方，なかでも間食の中身について，正しい知識に基づいて自ら判断し，食をコントロールしていく自己管理能力が必要になっており，食品の品質や安全性についても，正しい知識・情報に基づいて自ら判断し，食を選択できる能力が必要である。食に関する自己管理能力の育成を通じて将来の生活習慣病の危険性を低下させることは重要といえる。

【演習問題】

問1　思春期の女子に関する記述である。正しいのはどれか。1つ選べ。
（2021年国家試験）
（1）思春期前に比べ，エストロゲンの分泌量は減少する。
（2）思春期前に比べ，皮下脂肪量は減少する。
（3）貧血の多くは巨赤芽球貧血である。
（4）急激な体重減少は，月経異常の原因となる。
（5）神経性やせ症（神経性食欲不振症）の発生頻度は，男子と差はない。
　解答（4）

問2　思春期の男子に関する記述である。正しいのはどれか。1つ選べ。
（2019年国家試験 改変）
（1）性腺刺激ホルモンの分泌は，思春期前に比べ減少する。
（2）年間発育量は，9〜10歳でピークを迎える。
（3）基礎代謝量は，15〜17歳で最も高くなる。
（4）見かけのカルシウム吸収率は，成人男性より低い。
（5）神経性やせ症（神経性食欲不振症）の発症頻度は，女子に比べ高い。
　解答（3）

📖 参考文献・参考資料

栢下淳，上西一弘編：応用栄養学（改定第2版），142-154，羊土社（2020）
厚生労働省：令和4年（2022）人口動態統計月報年計（概数）の概況
　　https://www.mhlw.go.jp/toukei/saikin/hw/jinkou/geppo/nengai22/dl/gaikyouR4.pdf
　　（2023.9.10）
厚生労働省：令和元年国民健康・栄養調査結果報告（2021）
嶋根卓也：飲酒・喫煙・薬物乱用についての全国中学生意識・実態調査，平成30年度研究報告書（2018）
東城仁美編：スタディ応用栄養学，125-136，建帛社（2018）
日本摂食障害学会：摂食障害医学的ケアのためのガイド，AEDレポート2016第3版（日本語版）
日本摂食障害学会「摂食障害治療ガイドライン」作成委員会：摂食障害治療ガイドライン，医学書院（2017）
農林水産省：令和4年度食育白書（2022）
文部科学省：学校保健統計調査—令和元年度（確定値）の公表について（2020）

https://www.mext.go.jp/content/20200325-mxt_chousa01-20200325104819_1-1-1.pdf（2023.9.10）

文部科学省：全国学力・学習状況調査（2022）

9 青年期

9.1 青年期の特性

9.1.1 青年期（adolescence）

青年期とは，通常は**思春期**[*](puberty)と成人（adult）との中間の時期をいい，狭義の青年期として18〜25歳をさす（図9.1）。思春期の終わりから成人期の初期（若年成人期：young adult）を含めて青年期といわれることもある。青年期の範囲についてはいろいろであるが，思春期から成熟への到達とこれに続く数年の最も活動的な時期である。成人期に移行する頃には身体の発育が終わり体格が完成し，精神的発育も大人として整う時期である。

＊思春期→ p.117 参照

また，社会的には自立へ向け，社会生活の基盤を築く時期でもある。青年期は小児期についで死亡率，有病率が最も少ない年齢層である。

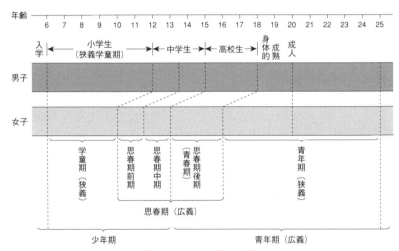

図 9.1 青少年期の区分

出所）戸谷誠之編：応用栄養学，南江堂（2005）

9.2 青年期の成長・発達

9.2.1 身体の発育

青年期には第二次性徴が完成し，性器も完全に成熟してくる。種々の身体的変化の原動力となるのは性ホルモンである。ホルモンによるコントロールに乱れが生じるといろいろな発育異常を起こすことになる。

またこの時期は体重，胸囲など身体の幅の発育，身長，下肢長，座高など身体の長さの発育が盛んな時期である。身体的発達は成熟に向かうが，精神的にはまだ不安定の要素が大きい。身体の発育と精神的自立が一致せず，社会生活への不適応がみられる場合もある。

9.3　栄養アセスメント

9.3.1　臨床検査

学童期と同様に生活習慣病の若年化が進んでおり，生活習慣の改善，早期発見・早期治療が大切である。

ヘモグロビン・ヘマトクリット・血清フェリチン

ヘマトクリットは血液中の血球の容積率を示し，またヘモグロビンと同様にこれらの低下は貧血の指標となる。血清フェリチン濃度は体内鉄の貯蔵状態を知る指標として用いられる。

9.3.2　身体計測

体格と身長から算出される体格指数により，栄養状態を評価する。成人はBMI が一般に用いられる。成長中の身長と体重の変化には個人差が大きく，健康管理には個別に取り扱うことが大切である。**BMI**[*] (body mass index)は皮下脂肪と相関がよいことから成人で多く用いられる。成人の場合は 25 以上を肥満とする。成人の BMI は 22 を標準としているが，若年齢者では BMI は小さく，年齢とともに大きくなっていくことがわかる。

＊BMI → p.5 参照

したがって，BMI に関しては若年齢者に成人の基準を当てはめることはできない。青年期にローレル指数，BMI のどちらかを用いるのは対象者の成長の度合いによるため，青年期の健康管理にはこれらの指数を個別に取り扱う。

9.4　栄養ケア

9.4.1　肥満とやせ

体重が重くても，筋肉が多く体脂肪が少なければ健康に問題がなく，逆に外見上は肥満体型にみえなくても内臓脂肪がたまっている，いわゆる「隠れ肥満」(内臓脂肪型肥満)は，生活習慣病の危険因子となる。内臓脂肪型肥満では糖尿病，高血圧症などになりやすい。この時期の肥満は成人期に継続しやすいため肥満を解消することも大切であるが，若い女性における無理な減食によるやせも存在している。神経性食欲不振症では早期発見と早期治療が重要である。

健康日本 21(第二次)では若年女性の BMI と骨密度の関係をみると，やせの者ほど，骨量減少，低出生体重児出産のリスク等との関連があると示されている。健康日本21(第二次)では適正体重を維持している者の増加，肥満(BMI 25 以上)，やせ(BMI 18.5 未満)の減少を目標としていたが，最終評価報告では「C：変わらない」であった。また，20 歳代女性の痩せの者の割合も「C：変わらない」だった。令和元年度国民健康・栄養調査では，低体重(やせ)の者の割合は 20 〜 29 歳の女性で 20.7 ％であった。20 歳代および 30 歳代の

若年女性で痩せの者の栄養・食生活の状況は，普通体重および肥満者に比べ肉類の摂取量が少なく，乳類の摂取量が多い傾向がみられ，その他のエネルギー・栄養素および食品群別摂取量では体格による顕著な違いは見られなかった。食生活改善の意思がない者の割合は 20 歳代～30 歳代やせの女性が最も高く，若年女性のやせの者は「やせ」を健康問題としてとらえていない可能性が示唆された。

9.4.2 貧 血

女子は，鉄の需要の亢進，月経などの鉄の損失，鉄の摂取不足などで貧血が起こりやすく，この時期に偏食，欠食，ダイエット志向が重なると，鉄欠乏性貧血になりやすい。栄養素の不足が生じないように十分な鉄の摂取と良質のたんぱく質，葉酸，ビタミン B_{12}，C などの摂取，栄養バランスなどに注意することが大切である。

9.4.3 生活習慣病

青年期には単身生活者も増え，生活習慣の改善が必要な者も増える。

(1) 脂質異常症

若年者における脂質異常症が増加傾向にある。平成 29 年患者調査の年齢別受療率をみると高血圧と同様に 40 歳代後半より急激に上昇する。これは若年期からの生活習慣の影響とみることが出来るため若年時から対応する必要がある。平成 27 年「国民健康・栄養調査結果」の外食および持ち帰りの弁当・惣菜を定期的に利用している者の割合は男性 41.3 ％女性 29.2 ％であり，男女ともに 20 歳代で最も高かった。外食では単一メニューを選ぶことが多く野菜などが不足しがちであり，また，脂質やエネルギーのとりすぎになりやすい。食物繊維やビタミン C，β-カロテン，フラボノイドを多く含む野菜，果物，海藻，豆類などの摂取をこころがける。

(2) 骨粗鬆症

骨粗鬆症は生活習慣病であり，特に閉経後の女性に多いが，近年では食生活の変化から，児童の骨折の増加や，若年女性の過度のダイエットによる栄養素摂取不足などが原因とみられる骨量低下が問題とされている。骨量は年齢とともに増加し，20～30 歳くらいまでに最大骨量を示す。特に女性は閉経後急激に骨量が減少し，骨粗鬆症の発症が多くなるため，成長・発育期から，適切なカルシウム摂取が必要であり，この時期に骨量をできるだけ高めておくことが望ましいとされる。

これまで骨粗鬆症の予防法は閉経後の女性の骨密度の減少をいかに食い止めるかということに重点がおかれてきたが，それは難しいことから，骨の成長期にできるかぎり骨量を増加させ将来の減少に備えるという予防法が注目されてきた。骨量が減少する年齢にそれを増やすことが難しいのに比べ，骨

量が増える時期により増やすことのほうが比較的容易であるからである。高齢者になってからカルシウムを多量に摂取しても減り方は緩まるが骨量の増加にはならない。予防や治療における食生活や生活の改善が必要である。

9.4.4 欠 食

この時期は食生活への関心が薄れ，嗜好中心の簡略化した粗末な食事や，不規則な食生活をする者が多くなる。欠食の頻度は男女ともに 20 ～ 29 歳で高く，女性よりも男性のほうが高い。

平成 29 (2017) 年国民健康・栄養調査によると朝食の欠食率は男性で 15.0 %，女性で 10.2 % であり，20 ～ 29 歳の朝食欠食率は男性で 30.6 %，女性で 23.6 % であり，他の年代に比べ高く，年々増える傾向にあった。食事回数が少ないと特異動的作用を低下させ，また，1 日に摂るエネルギーが同じであっても一度に多量に食べると血糖値，インスリン値が急上昇し，体脂肪をためやすくなる。長年の欠食習慣による栄養素のバランスの乱れは生活習慣病などの健康障害を及ぼす（図 9.2，表 9.1）。

9.4.5 飲酒，喫煙

生活習慣病のリスクを高める量を飲酒している者の割合は，男性では 50 歳代，女性では 40 歳代が高く，20 歳代では男性 7.7 %，女性 5.9 % と低かった。

未成年者の飲酒は飲酒運転による事故や，無謀な飲酒による急性アルコール中毒など生命に関わることもあるので，飲酒量や飲み方について本人の意識が必要である。喫煙はがんや循環器疾患などの発症リスクが高いため，喫煙者の減少ならびに未成年者の喫煙の防止がいわれている。

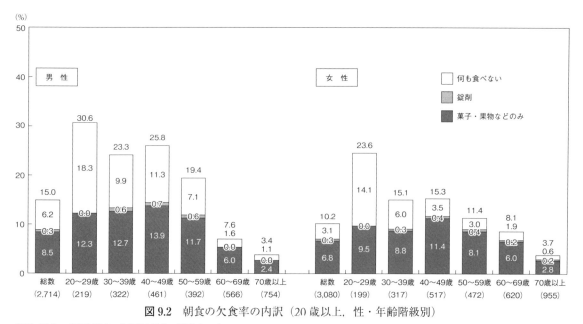

図 9.2 朝食の欠食率の内訳（20 歳以上，性・年齢階級別）

出所）平成 29 年国民健康・栄養調査結果の概要（2017）

表 9.1　朝食の欠食率の年次推移（20 歳以上，性・年齢階級別）（平成 19 ～ 29 年）

		平成 19 年	20 年	21 年	22 年	23 年	24 年	25 年	26 年	27 年	28 年	29 年
男性	総　数	14.7	15.8	15.5	15.2	16.1	14.2	14.4	14.3	14.3	15.4	15.0
	20 ～ 29 歳	28.6	30.0	33.0	29.7	34.1	29.5	30.0	37.0	24.0	37.4	30.6
	30 ～ 39 歳	30.2	27.7	29.2	27.0	31.5	25.8	26.4	29.3	25.6	26.5	23.3
	40 ～ 49 歳	17.9	25.7	19.3	20.5	23.5	19.6	21.1	21.9	23.8	25.6	25.8
	50 ～ 59 歳	11.8	15.1	12.4	13.7	15.0	13.1	17.8	13.4	16.4	18.0	19.4
	60 ～ 69 歳	7.4	8.1	9.1	9.2	6.3	7.9	6.6	8.5	8.0	6.7	7.6
	70 歳以上	3.4	4.6	4.9	4.2	3.7	3.9	4.1	3.2	4.2	3.3	3.4

		平成 19 年	20 年	21 年	22 年	23 年	24 年	25 年	26 年	27 年	28 年	29 年
女性	総　数	10.5	12.8	10.9	10.9	11.9	9.7	9.8	10.5	10.1	10.7	10.2
	20 ～ 29 歳	24.9	26.2	23.2	28.6	28.8	22.1	25.4	23.5	25.3	23.1	23.6
	30 ～ 39 歳	16.3	21.7	18.1	15.1	18.1	14.8	13.6	18.3	14.4	19.5	15.1
	40 ～ 49 歳	12.8	14.8	12.1	15.2	16.0	12.1	12.2	13.5	13.7	14.9	15.3
	50 ～ 59 歳	9.7	13.4	10.6	10.4	11.2	9.2	13.8	10.7	11.8	11.8	11.4
	60 ～ 69 歳	5.1	8.6	7.2	5.4	7.6	6.5	5.2	7.4	6.7	6.3	8.1
	70 歳以上	3.8	5.2	4.7	4.6	3.8	3.6	3.8	4.4	3.8	4.1	3.7

※年次推移は，移動平均により平滑化した結果から作成。
　移動平均：各年の結果のばらつきを少なくするため，各年次結果と前後の年次結果を足し合わせ，計 3 年分を平均化したもの。
　　　　　ただし，平成 25 年については単年の結果である。
出所）図 9.2 に同じ

平成 29 年国民健康・栄養調査によると現在習慣的に喫煙している者の割合は男性で 29.4 %，女性で 7.2 % であり，男性では 30 歳代 39.7 % に次いで 40 歳代が 39.6 % と高く，女性では 40 歳代が 12.3 % と最も高かった。20 歳代男性は 26.6 %，女性は 6.3 % だった。習慣的に喫煙している者の割合はこの 10 年間で有意に減少している。

9.4.6　栄養素摂取量

平成 29 年国民健康・栄養調査によると，野菜摂取量（20 歳以上）は年齢とともに増加し，60 歳代の女性の平均 320 g が最も多く，20 ～ 29 歳の男女は平均 241.7 g で最も低かった（図 9.3）。この時期の特徴として外食の頻度の高さも挙げられているが，平成 20 年国民健康・栄養調査では，毎日 2 回以上（週 14 回以上）外食すると答えた者は 20 ～ 29 歳の男性で 7.1 %，女性 3.5 % であった（表 9.2，図 9.4，9.5）。外食時の献立の選択は栄養よりも価格や嗜好が優先され，塩分，脂肪，炭水化物（パン類，そば・うどん類などの単品もの）が多くとられることから野菜や果物の摂取量は少なくなりやすい。

また，平成 29 年国民健康・栄養調査の栄養素等摂取量では，日本人に不足している栄養素であるカルシウムの摂取量は，20 ～ 29 歳では 425 mg と他の年代に比べ最も低かった。また鉄についても 20 ～ 29 歳では 6.7 mg であった。嗜好を優先させた食事はバランスが悪くなり，そのような食事が長期にわたれば，栄養障害の誘因となり，生活習慣病のリスクを高めることに繋がる。

　喫煙は生活習慣であり，肺がん，高血圧症，心筋梗塞などの発症要因として知られている。わが国は先進諸国のなかで最高の喫煙率を示している。平成 29 年国民健康・栄養調査によると，成人男性の喫煙率は 2017 年で 29.4 ％であり，2010 年以降少しずつではあるが低下傾向を示している。現在習慣的に喫煙している者のうちたばこをやめたいと思う者の割合は男性では 20 歳代が 30.4 ％であった。成人女性も 7.7 ％とわずかながら低下している。中高生の喫煙率は減少傾向にある。紙巻タバコは減少傾向にあるが電子タバコ，加熱式タバコの使用の増加がみられる。

　喫煙係数とは，1 日に吸ったたばこの本数×年数で示される数値である。400 以上を示すと健康に悪影響をもたらし，600 以上になると肺がん・心筋梗塞にかかりやすくなるといわれている。喫煙は習慣性があるため吸い始めの低年齢化も問題となっている。街中に自動販売機があり，誰でもいつでもたばこを買える状態は喫煙者にとっては便利であるが，未成年者が興味本位にたやすく手に入れてしまうという問題もある。たばこの害についての正しい知識，教育がより大切である。WHO は 1989 年から毎年 5 月 31 日を世界禁煙デー，日本では 1992 年から 5 月 31 日から 1 週間を禁煙週間として，禁煙の啓発普及を進めている。

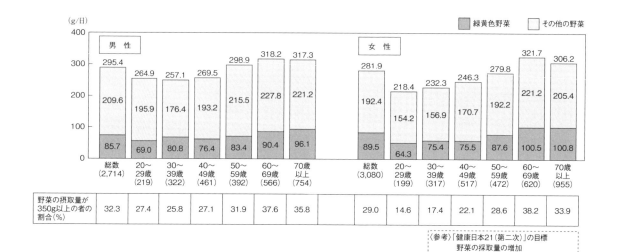

図 9.3　野菜類摂取量の平均値（20 歳以上，性・年齢階級別）

出所）平成 29 年，国民健康・栄養調査

表 9.2　外食及び持ち帰りの弁当・惣菜を定期的に利用している者の割合（20 歳以上，性・年齢階級別）

	総　数		20 ～ 29 歳		30 ～ 39 歳		40 ～ 49 歳		50 ～ 59 歳		60 ～ 69 歳		70 歳以上	
	人数	％	人数	％	人数	％	人数	％	人数	％	人数	％	人数	％
男　性	1,341	41.3	137	53.7	195	48.1	276	50.2	263	50.9	264	37.2	206	25.4
女　性	1,106	29.2	126	42.6	143	33.4	227	34.5	193	32.9	201	24.4	216	21.6

出所）平成 27 年，国民健康・栄養調査

　　　　　最近では，コンビニエンスストア，スーパーマーケット，薬局などの身近な販売店やインターネットを通して簡便にサプリメントを購入することができるが，利用にあたってはあくまでも日常の食事で不足する分を補うという視点が必要である。

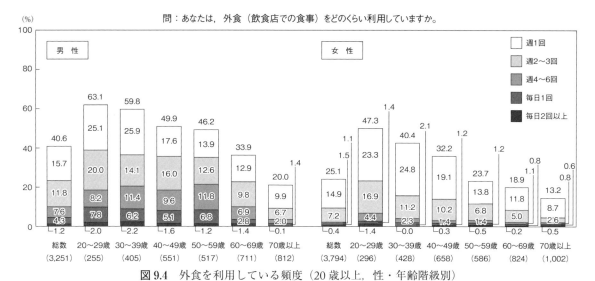

問：あなたは，外食（飲食店での食事）をどのくらい利用していますか。

図 9.4 外食を利用している頻度（20 歳以上，性・年齢階級別）

出所）平成 27 年，国民健康・栄養調査

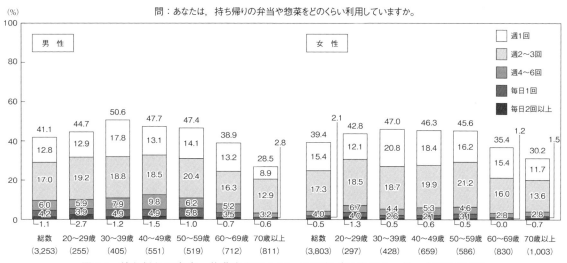

問：あなたは，持ち帰りの弁当や惣菜をどのくらい利用していますか。

図 9.5 持ち帰りの弁当・惣菜を利用している頻度（20 歳以上，性・年齢階級別）

出所）平成 27 年，国民健康・栄養調査

【演習問題】

問 1 思春期の男子に関する記述である。正しいのはどれか。1 つ選べ。

(2019 年国家試験)

（1）性腺刺激ホルモンの分泌は，思春期に比べ低下する。

（2）年間身長増加量が最大となる時期は，女子より早い。

（3）見かけのカルシウム吸収率は，成人男性より低い。

（4）1 日当たりのカルシウム体内蓄積量は，思春期前半に最大となる。

（5）鉄欠乏性貧血は，思春期の女子より多い。

解答（4）

問 2 25 歳，男性。身長 165 cm，体重 60 kg，BMI 22.0 kg/m²。移動や立位の多い仕事に従事している。基礎代謝基準値は 24 kcal/kg 体重/日。この男性の 1 日あたりの推定エネルギー必要量(kcal)である。最も適当なのはどれか。1 つ選べ。　　　　　　　　　　　　　　　　　（2024 年国家試験）

(1) 1,400

(2) 2,160

(3) 2,520

(4) 2,880

(5) 3,600

解答（4）

📖 参考文献・参考資料

江澤郁子，津田博子編：応用栄養学，113-121，建帛社（2006）

岡田知雄他：ライフステージにおける栄養アセスメント，臨床栄養，99(5)，574-584（2001）

尾崎米厚：飲酒や喫煙等の実態調査と生活習慣予防のための効果的な介入方法の開発に関する研究，厚生労働省科学研究班（2018）

嘉山有太，稲田早苗，村木悦子，江端みどり，角田伸代，加園恵三：大学生におけるサプリメントの利用と食行動・食態度との関係，栄養学雑誌，**64**，173-183（2006）

厚生労働統計協会：国民衛生の動向 2018-2019，65(9)（2018）

国立健康・栄養研究所監修，山田和彦，松村康弘編：健康・栄養食品アドバイザリースタッフ・テキストブック，107-119，第一出版（2004）

国立健康・栄養研究所監修：国民健康・栄養の現状—平成 20 年厚生労働省国民健康・栄養調査報告より—，第一出版（2011）

国立健康・栄養研究所監修：国民健康栄養の現状　平成 27 年厚生労働省国民健康・栄養調査報告，第一出版（2017）

国立健康・栄養研究所監修：国民健康栄養の現状　平成 29 年厚生労働省国民健康・栄養調査報告，第一出版（2019）

国立健康，栄養研究所監修：国民健康栄養の現状　令和元年厚生労働省国民健康・栄養調査報告，第一出版（2021）

中坊幸弘，木戸康博編：応用栄養学，86-96，講談社（2005）

戸谷誠之，藤田美明，伊藤節子編：応用栄養学，163-179，南江堂（2005）

日本骨粗鬆症学会子どもの骨折予防委員会：日本骨粗鬆学会雑誌，Vol.14，No.2，11-23（2006）

10 成人期・更年期

10.1 成人期・更年期の特性

　成人期の明確な定義はないが，一般的に 18 ～ 29 歳を青年期後半～成人期前半，30 ～ 49 歳を壮年期，50 ～ 64 歳を中年期(実年期)に分けることが多い。日本人の食事摂取基準(2020 年版)でも，成人期を同様の 3 区分で分けている。

　成人期では，成長が概ね停止し，体が完成期を迎える。社会的にも，職業的にも責任のある地位につき充実し，自立した生活を送る時期となる。壮年期(30 歳以降)を過ぎたころから，心身共に徐々に機能が低下し，精神面では，次世代に貢献することなどが発達課題としてあげられ，結婚出産，次世代の育成なども視野に入れた生活を送ることとなる。

　令和 3 年(2021 年)の人口動態統計によると，死因順位 1 位は 10 ～ 39 歳は自殺，40 ～ 89 歳は悪性新生物となっている。青年期後半から壮年期前半では，自らのメンタルヘルスとそのケアも重要となる。

　睡眠不足とメンタルヘルスについては多くの研究により関連が示されているが，成人の睡眠状況は，図 10.1 に示す通りであり，男性(30 ～ 50 歳)，女

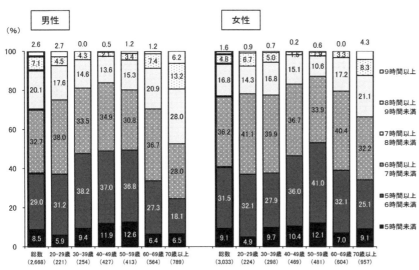

図 10.1　20 歳以上の 1 日の平均睡眠時間 (性・年齢階層別)

出所) 厚生労働省：令和元年国民健康栄養調査
　　　https://www.mhlw.go.jp/stf/seisakunitsuite/bunya/kenkou_iryou/kenkou_eiyou/r1-houkoku_00002.html
　　　(2023.9.13)

性（40〜50歳）において睡眠時間 6 時間未満の者の割合が 4 割を超えている。睡眠の妨げとなる要因として，男性は仕事，女性は育児との回答が多かった。睡眠不足のときには眠気が生じ，前頭葉への影響から言語，計算，記憶などの認知機能が低下する。中年期，壮年期では，仕事と家庭生活，自己実現などワークライフバランスや QOL についても考慮しながら，睡眠時間の確保と精神の休養に務めることが課題となるかもしれない。健康日本 21（第三次）において，睡眠で休養がとれる者の目標値は 80 ％となっている。

＊握力は，物を握るときに発揮される力で，全身の総合的な筋力と関連があるとされている。

10.1.1　成人期の生理的特徴

運動機能は，20 歳以降は加齢に伴い体力水準が緩やかに低下する。**握力**＊は，男子で 30 〜 39 歳，女子では，40 〜 44 歳頃にピークに達する。握力はフレイルの診断を行う日本版 CHS 基準（J-CHS 基準）やサルコペニアの診断を行う AWGS2019 にも判定項目として適応されているため，成人期後半において重要な指標となる。

また，生理機能や臓器機能についても 30 歳を迎えるころからすべて低下の傾向がみられる（図 10.3）。筋肉量も同様であり，何もケアしない場合は，40 歳を過ぎると毎年 1 〜 1.5 ％低下すると言われている。筋肉量の減少は筋線維の減少と筋線維の萎縮が関連している。

骨形成は 7 歳頃から急激に増加し，思春期前後に最大骨量（ピークボーンマス）を記録する。その後，40 歳頃まで維持するが，閉経後に骨量は急激に低下する。

10.1.2　更年期の生理的特徴

卵子の数は，胎生 20 週頃に 700 万個，出生時に 200 万個，月経開始時に 30 〜 40 万個，閉経時に 1,000 個程度となる。閉経は，早

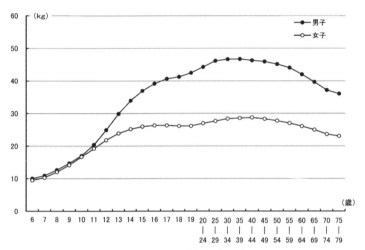

図 10.2　加齢に伴う握力の変化

出所）令和 3 年度 体力・運動能力調査結果
https://www.mext.go.jp/sports/b_menu/toukei/chousa04/tairyoku/kekka/k_detail/1421920_00005.htm（2023.9.13）

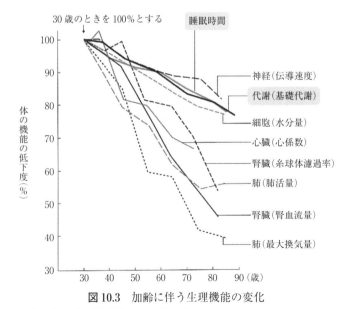

図 10.3　加齢に伴う生理機能の変化

出所）三島和夫編：睡眠科学，8，化学同人（2016）

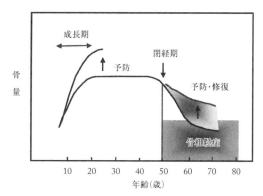

図 10.4　加齢による骨密度（骨量）の減少

出所）山口正義：骨の健康と食因子，103，食品資材研究会（2010）

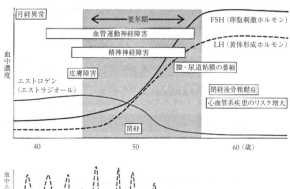

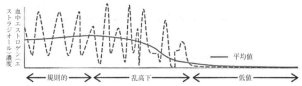

図 10.5　血液中の女性ホルモン濃度の変化と更年期症状

出所）全国栄養士養成施設協会，日本栄養士会監：サクセス管理栄養士・栄養士養成講座　応用栄養学，127，第一出版（2022）

い人では 40 歳代前半，遅い人では 50 歳代後半に閉経を迎える。閉経前の 5 年間と閉経後の 5 年後を併せた 10 年間を更年期としており，加齢に伴う女性ホルモンの減少が主な原因となり，**図 10.5** に示すような症状が現れる。

10.1.3　内分泌系

　壮年期では，社会的な要因によりこれまで行ってきた規則正しい生活が遅れない場合もある。成長ホルモン(GH)は睡眠初期に著しく増加するが，夜勤労働者では，**図 10.6** のような成長ホルモンの分泌を示し，日中活動者とは異なることが明らかである。

更年期におけるホルモン分泌の変化

　卵巣機能が低下することにより，エストロゲン(エストラジオール)とプロゲステロンの分泌は低下する。しかし，黄体形成ホルモン(LH)と卵胞刺激ホルモン(FSH)は，エストロゲンの分泌減少によるフィードバック作用により分泌は亢進する。エストロゲンの分泌低下と FSH の増加というアンバランスな状態が生じる。

　エストロゲンは肝臓での LDL 受容体の数を増加させ，LDL コレステロールの取り込みを促進する作用をもつ。そのため，閉経に伴いエストロゲン分泌が低下すると，血管は弾力性を失い，血清総コレステロールや LDL コレステロールの上昇を引き起こし，動脈硬化が増加する。

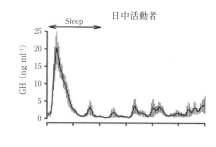

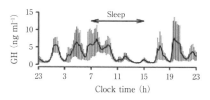

図 10.6　日中活動者（上）と夜勤労働者（下）の 24 時間の成長ホルモン（GH）プロファイル

出所）Brandenberger and Weibel, *J. Sleep Res.* 13, 251-255（2004）より引用

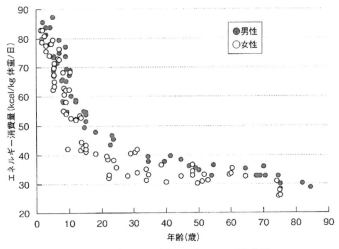

図 10.7　年齢別に見たエネルギー消費量

出所）日本人の食事摂取基準（2020 年版），68

10.1.4　代謝機能

　年齢が高くなるとエネルギー消費量は低くなっていく（図 10.7）。その理由として基礎代謝量の低下や除脂肪量（骨格筋や臓器など）の減少，代謝率，身体活動量の減少があげられる。その他，インスリン感受性による耐糖能の低下なども生じる。これらの要因が日々蓄積することにより，糖質や脂質代謝と関連が深い腹腔内脂肪蓄積型肥満に移行する。

10.2　成人期・更年期の栄養ケア・マネジメント

10.2.1　やせと肥満

やせ

　やせについては，20 ～ 30 歳代の若年女性，65 歳以上の高齢者の減少が問題となる。若年女性のやせは，若年女性の妊孕や DOHaD（Developmental Origins of Health and Disease）とも関連するため，適切なボディーイメージや食に関する知識の提供が必要となる。

　一方，65 歳以上の高齢者の 6 ～ 12 ％がサルコペニアと考えられている。成人期後半から適度な運動による活動量の確保と低栄養の対策を実施しておく必要がある。

　また，サルコペニア肥満とは，サルコペニアと肥満が重なった状態であり，年齢が上がるほど増える。単なる肥満とくらべて ADL 低下，フレイル，転倒，死亡をきたしやすい。BMI，筋肉量，握力の 3 つによって簡単にセルフチェックをすることができる。

肥満

　令和元年国民健康・栄養調査の結果によると，肥満者（BMI ≧ 25 kg/m²）の割合は，男性 33.0 ％，女性 22.3 ％であった。男性は 10 年間で有意に増加している。

　肥満とは，摂取エネルギーと消費エネルギーのアンバランスにより生じるものである。肥満と肥満症は異なり，肥満は太っている状態を指し，病気を意味するものではない。健康を脅かす合併症がある場合，または合併症になるリスクが高い場合，肥満症と診断される。肥満（BMI が 25 以上）で，肥満による 11 種の健康障害が 1 つ以上あるか，健康障害を起こしやすい内臓脂肪

肥満
BMI≧25

肥満症
BMI≧25

メタボリックシンドローム
腹囲 男性:85cm以上/女性:90cm以上

＋

どれか1つ以上当てはまる
1. 耐糖能障害(2型糖尿病・耐糖能異常など)
2. 脂質異常症
3. 高血圧
4. 高尿酸血症・痛風
5. 冠動脈疾患:心筋梗塞・狭心症
6. 脳梗塞:脳血栓症・一過性脳虚血発作(TIA)
7. 脂肪肝(非アルコール性脂肪性肝疾患/NAFLD)
8. 月経異常,不妊
9. 睡眠時無呼吸症候群(SAS)・肥満低換気症候群
10. 運動器疾患:変形性関節症(膝,股関節)・
　　変形性脊椎症,手指の変形性関節症
11. 肥満関連腎臓病

OR

腹囲　男性:85cm以上
　　　女性:90cm以上　　　内臓脂肪型肥満

＋

どれか2つ以上当てはまる
・血圧:130/85mmHg以上
・空腹時血糖:110mg/dL以上
・中性脂肪:150mg/dL以上かつ
　(または)HDLコレステロール
　:40mg/dL未満

図 10.8　肥満と肥満症の違い

出所）日本肥満学会
　　　http://www.jasso.or.jp/contents/wod/index.html（2023.9.13)

腹腔内脂肪蓄積	
ウエスト周囲径	男性≧85cm
	女性≧90cm
（内臓脂肪面積　男女とも≧100cm²に相当）	

上記に加え以下のうち2項目以上

高トリグリセライド血症	≧150mg/dL
かつ/または	
低HDLコレステロール血症	＜40mg/dL　男女とも

収縮期血圧	≧130mmHg
かつ/または	
拡張期血圧	≧85mmHg

空腹時高血糖	≧110mg/dL

図 10.9　メタボリックシンドロームの診断基準
　　　　 （2005）

注）腹囲の男性85cm，女性90cmは内臓脂肪を減らした方が
　　良い基準であり，薬物治療を必要とする基準ではない。
出所）厚生労働省
　　　https://www.mhlw.go.jp/bunya/kenkou/seikatsu/pdf/ikk-j-07.
　　　pdf（2023.9.13）

蓄積がある場合に診断される（図10.8）。基本的には，減量が第一優先となるため，食事と運動，生活習慣を修正するための行動療法を取り入れ，無理なく継続的に実施する。

10.2.2　生活習慣病予防

メタボリックシンドローム

わが国では，ウエスト周囲径（へその高さの腹囲）が男性85 cm，女性90 cm以上，かつ血圧・血糖・脂質の3つのうち2つ以上について基準値から外れると，「メタボリックシンドローム」と診断される（図10.9）。

40〜74歳を対象として，生活習慣病予防のためにメタボリックシンドロームに着目した特定健康診査がある。また，特定保健指導とは，生活習慣病の発症リスクが高く，生活習慣病の改善による生活習慣病の予防が期待できる者に対して専門スタッフがサポートする制度である。リスクの程度に応じて，積極的

表 10.1　特定保健指導の対象者（階層化）

胸囲	追加リスク ①血糖 ②脂質 ③血圧		④喫煙	対象	
				40-64 歳	65-74 歳
≧ 85 cm（男性） ≧ 90 cm（女性）	2つ以上該当			積極的支援	動機付け支援
	1つ該当		あり		
			なし		
上記以外でBMI ≧ 25 kg/m²	3つ該当			積極的支援	動機付け支援
	2つ該当		あり		
			なし		
	1つ該当				

注）喫煙の斜線欄は，階層化の判定が喫煙の有無に関係ないことを意味する。
出所）特定健康診査・特定保健指導の円滑な実施に向けた手引き（第4版）
　　　https://www.mhlw.go.jp/content/12400000/001081774.pdf（2023.9.13）

支援と動機付け支援の2つのタイプの支援方法が存在する。積極的支援は動機付け支援よりリスクが高い場合に行われ、生活習慣改善中に保健師等が個人指導や集団教室、電話やメールで状況を把握し、しっかりとサポートされる（表10.1）。

糖尿病

令和元年国民健康・栄養調査の結果によると、「糖尿病が強く疑われる者」の割合は男性19.7%、女性10.8%であり、10年間で有意な増減はみられないが、年齢階級別にみると、年齢が高い層でその割合が高くなっている（図10.10）。

糖尿病とはインスリンが分泌されなくなる（インスリン分泌障害）、もしくはインスリンは分泌されるが効きにくくなる（インスリン抵抗性亢進）などのインスリン作用不足によって細胞に糖が正常に取り込めなくなり、慢性の高血糖となる疾患のことをいう。インスリンには余分なブドウ糖を中性脂肪にかえて脂肪細胞に蓄える作用があるため、食後高血糖が続くと中性脂肪も高くなる。

血糖値のコントロールには、料理（食材）を食べる順番や食事のバランスが影響を与えるため栄養の知識の充足と継続的に実行できるか否かがポイントとなる。実際には、糖尿病交換表やカーボカウントを使用しながら、栄養指導を行うこととなる。

高血圧

わが国の高血圧者数は約4,300万人と推定され、高血圧に起因する脳心血管病死者数は年間約10万人と推定される。脳心血管病死亡の要因としては最大である。高血圧有病率は年齢が高いほど高く、人口の高齢化に伴い今後も高血圧有病者が増える可能性がある。

高血圧は、本態性高血圧と二次性高血圧[*1]に大別できる。一般に高血圧の約90%が本態性である。診察室血圧測定で140/90 mmHg以上または家庭血圧測定で135/82 mmHg以上であれば高血圧と診断される。血圧は、測定場所により異なる場合があるため、診察室外血圧は測定方法により高血圧の基準が異なる。診察室血圧と診察室外血圧を調べることで白衣高血圧や仮面高血圧[*2]の診断ができる（図10.11）。診療室外血圧には、家庭血圧と自由行動下血圧（ABPM）がある。

食塩摂取量を減らし国民の血圧水準を低下させることは重要であるため、健康日本21（第二次）においても、

*1　二次性高血圧は、原因疾患の症状の一つとして高血圧をきたすものである。腎性高血圧、内分泌性高血圧、血管性（脈管性）高血圧、薬剤誘発性高血圧、閉塞性睡眠時無呼吸症候群（OSAS）などがある。

*2　白衣高血圧は、医療機関でのみ高血圧を示し、診察室外血圧は正常を示す。仮面高血圧は、医療機関では正常を示し、診察室外血圧で高血圧を示す。

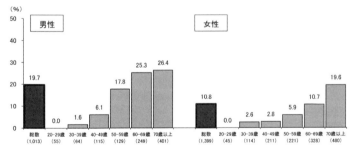

図 10.10　20歳以上の「糖尿病が強く疑われる者」の割合（性・年齢階層別）

出所）厚生労働省：令和元年国民健康栄養調査
　　　https://www.mhlw.go.jp/stf/seisakunitsuite/bunya/kenkou_iryou/kenkou_eiyou/r1-hou-koku_00002.html（2023.9.13）

国民の収縮期血圧平均値を 4 mmHg 低下させることを目標としている。令和元年の国民健康・栄養調査の結果では，食塩摂取量の平均値は 10.1 g（男性 10.9 g，女性 9.3 g）であり，健康日本 21（第二次）の目標量 8 g より高い値である。血圧上昇抑制には，食塩のみに着目するのではなく，食事の組合せにより血圧へアプローチする DASH（Dietary stop Hypertension）[*1]があり，これらの組合せを活用し，日々の食事を楽しみ，QOL を維持しながら血圧上昇抑制および減塩できることが望ましい（図 10.12）。その他，食事による取り組みとして，カリウムはナトリウムの体外への排出を促すため，そのバランスを確認するナトリウム／カリウム比も重要となる。高血圧者はこの比が高い食事をしていることがわかってきた。

脂質異常症

LDL-コレステロール（LDL-C），総コレステロール（TC），non-HDL コレステロール（non-HDL-C），中性脂肪（TG）が高いほど，HDL-コレステロール（HDL-C）が低いほど冠動脈疾患の発症率が高いことが疫学調査の結果にて示されている。血清脂質値と年齢の関係は，男女で異なり，女性は閉経に伴うエストロゲン低下により血清脂質値が大きく変化する。特に LDL-C の上昇が閉経後女性における冠動脈疾患の発症と関連している。[*2]

動脈硬化

血液中に増えた LDL-C が血管の壁に入り込み「脂肪斑」をつくることにより，アテロームを形成する。

加齢や老化，危険因子により，血管が弾性を失い，厚く硬くなるのが動脈硬化である。危険因子は，喫煙，コレステロール，高血圧，肥満，運動不足などとされている。脳出血，大動脈解離，心筋梗塞，脳梗塞の予防のため，適度な運動と食事療法の実践が大切である（表 10.2）。

10.2.3 更年期障害

女性の更年期障害

更年期障害とは，主な原因は女性ホルモン（エストロゲン）が大きくゆらぎながら低下していくことにある。

「閉経」とは，卵巣の活動性が次第に消失し，月経が永久に停止した状態をいう。月経が来ない状態が 12 ヵ月以上続いた時に，1 年前を振

図 10.11　測定場所による高血圧の分類
出所）高血圧治療ガイドライン 2019 より引用，筆者作成

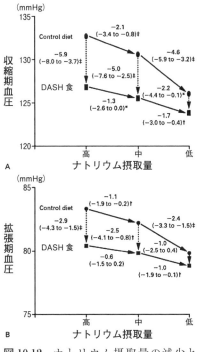

図 10.12　ナトリウム摂取量の減少と DASH 食が収縮期血圧と拡張期血圧に及ぼす影響

出所）https://www.nejm.org/doi/full/10.1056/nejm200101043440101（2023.9.13）

＊1　**DASH 食（Dietary Approaches to Stop Hypertension Diet）**　野菜や果物，低脂肪乳製品，全粒穀物，鶏肉，ナッツを中心とした食事。カリウムが豊富に含まれていることが特徴。

＊2　2022 年に「動脈硬化性疾患予防ガイドライン」が改訂された。随時（非空腹時）のトリグリセライド（TG）の基準値を設定されたこと，リスク評価は久山町研究のスコアが採用されたことなど，大きく 5 つの改訂点がある。

表 10.2　動脈硬化疾患予防のための食事療法

1. 過食に注意し，適正な体重を維持する 総エネルギー摂取量（kcal/日）は，一般に目標とする体重（kg）*×身体活動量（軽い労作で 25 ～ 30，普通の労作で 30 ～ 35，重い労作で 35 ～）
2. 肉の脂身，動物脂，加工肉，鶏卵の大量摂取を控える
3. 魚の摂取を増やし，低脂肪乳製品を摂取する 脂肪エネルギー比率を 20 ～ 25 %，飽和脂肪酸エネルギー比率を 7%未満，コレステロール摂取量を 200 mg/日未満に抑える n-3 系多価不飽和脂肪酸の摂取を増やす トランス脂肪酸の摂取を控える
4. 未精製穀類，緑黄色野菜を含めた野菜，海藻，大豆および大豆製品，ナッツ類の摂取を増やす 炭水化物エネルギー－比率を 50 ～ 60 %とし，食物繊維は 25 g/日以上の摂取を目標とする
5. 糖質含有量の少ない果物を適度に摂取し，果糖を含む加工食品の大量摂取を控える
6. アルコールの過剰摂取を控え，25 g/日以下に抑える
7. 食塩の摂取は 6 g/日未満を目標にする

*18 歳～ 49 歳：［身長（m）］² × 18.5 ～ 24.9 kg/m²
　50 歳～ 64 歳：［身長（m）］² × 20.0 ～ 24.9 kg/m²
　65 歳～ 74 歳：［身長（m）］² × 21.5 ～ 24.9 kg/m² とする
出所）動脈硬化性疾患予防ガイドライン 2022 年版 P101 引用，筆者作成

＊SMI の評価方法
　0 ～ 25 点：上手に更年期を過ごしている
　26 ～ 50 点：食事，運動に注意をはらい，生活様式などにも無理をしないようにする
　51 ～ 65 点：医師の診察を受け，生活指導，カウンセリング，薬物療法を受けるようにする
　66 ～ 80 点：半年以上長期間の計画的な治療が必要
　81 ～ 100 点：各科の精密検査を受ける

表 10.3　簡略更年期指数（SMI）

症状	強	中	弱	無	点数
① 顔がほてる	10	6	3	0	
② 汗をかきやすい	10	6	3	0	
③ 腰や手足が冷えやすい	14	9	5	0	
④ 息切れ，動悸がする	12	8	4	0	
⑤ 寝付きが悪い，または眠りが浅い	14	9	5	0	
⑥ 怒りやすく，すぐイライラする	12	8	4	0	
⑦ くよくよしたり，憂うつになることがある	7	5	3	0	
⑧ 頭痛，めまい，吐き気がよくある	7	5	3	0	
⑨ 疲れやすい	7	4	2	0	
⑩ 肩こり，腰痛，手足の痛みがある	7	5	3	0	
合計点					

出所）東京大学医学部付属病院
　　　https://www.h-u-tokyo.ac.jp/patient/depts/jyoseisanka/pdf/pa_a_joseika02_nai-
　　　bunpitsu_monshin.pdf（2023.9.13）

り返って閉経としている。更年期障害の症状は大きく 3 つに分けられる。① 血管の拡張と放熱に関係する症状（ほてり，のぼせ，ホットフラッシュなど），② さまざまな身体症状（めまい，動悸，頭痛，肩こりなど），③ 精神症状（気分の落ち込み，意欲の低下，情緒不安定など）。

　自覚的症状を把握するための更年期障害の判定には，クッパーマン指数や簡略更年期指数（SMI）などがある。表 10.3 に項目を示す。症状の程度に応じて，強：毎日のように出現，中：毎週みられる，弱：症状として強くはないがあるについて○をつける。評価方法は 5 段階となる*（脚注に示す）。

男性の更年期障害

　男性が年齢とともに男性ホルモンが徐々に低下することによって，性機能低下や精神神経症状などの諸症状があらわれる。具体的には，身体症状として，関節症，筋肉痛，発汗，ほてり，頻尿，精神症状として，イライラ，不安，パニック，うつ，性機能症状として，性欲低下などがあげられる。女性の場合，閉経後 5 年ほどで症状が落ち着くが，男性の場

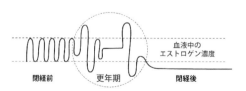

図 10.13　血中エストロゲン濃度の変動

出所）日本産科婦人科学会
　　　https://www.jsog.or.jp/modules/diseases/index.php?
　　　content_id=14（2023.9.13）

合40歳代以降はいつでも起こりうる可能性がある（**図10.14**）。

10.2.4 骨粗鬆症

骨粗鬆症は，骨強度の低下を特徴とし，骨折のリスクが増大しやすくなる骨格疾患とされている。骨強度は骨密度と骨質の2要因により規定される。骨折の危険因子は，低骨密度，既存骨折，喫煙，飲酒，運動不足，生活習慣などがあげられる。

女性においては，閉経後急速に骨量が減少する。エストロゲンの分泌低下により**破骨細胞**[*]の働きが活発になり，閉経期を境にして急激に骨量が減少する。閉経後女性の急速な骨量減少者を早期にスクリーニングし，骨量の維持とともに転倒の防止が重要となる。要介護の要因には転倒による骨折が上位にあがるが，血中ビタミンD濃度と転倒も関連があるとする報告が多い。骨粗鬆症治療のための栄養摂取の有効性は低いが，基礎的な栄養素として，カルシウム，ビタミンD，ビタミンKなどが関連している（**表10.4**, **10.5**）。また，ウォーキングや筋力トレーニングなど骨に刺激が加わる運動が推奨される。そしてビタミンDは紫外線に当たることにより皮膚でも合成されるため，適度な外出が有効となる。その他，高ホモシステイン血症も骨折の危険因子となるため，ビタミンB_6，ビタミンB_{12}，葉酸の摂取に気をつける。

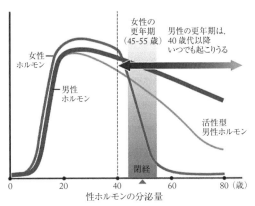

図10.14 加齢と性ホルモン分泌の変化

出所）日本内分泌学会
http://www.j-endo.jp/modules/patient/index.php?content_id=71
（2023.9.13）

＊骨は破骨細胞による骨吸収と骨芽細胞による骨形成とを繰り返し，骨の一部は常に新しいものに置き代わっている。これを骨の再構築（リモデリング）という。

表10.4 骨粗鬆症の治療時に推奨される食品，過剰摂取を避けた方が良い食品

推奨される食品	避けた方が良い食品
カルシウムを多く含む食品 （牛乳・乳製品，小魚，緑黄色野菜，大豆・大豆製品）	リンを多く含む食品 （加工食品，一部の清涼飲料水）
ビタミンDを多く含む食品 （魚類，きのこ類）	食塩
	カフェインを多く含む食品 （コーヒー，紅茶）
ビタミンKを多く含む食品 （納豆，緑色野菜）	アルコール
果物と野菜	
たんぱく質 （肉，魚，卵，豆，牛乳・乳製品など）	

出所）骨粗鬆症の予防と治療ガイドライン2015年版，79

表10.5 推奨摂取量

栄養素	摂取量
カルシウム	食品から 700 ～ 800 mg
ビタミンD	400 ～ 800IU（10 ～ 20 μg）
ビタミンK	250 ～ 300 μg

出所）骨粗鬆症の予防と治療ガイドライン2015年版，79

·············· **コラム 10　大豆イソフラボンとうまくつきあう** ··············

　　大豆イソフラボンは，骨粗鬆症やがんなどの予防に効果があるとされている。大豆イソフラボンとしてはダイゼイン，ゲニステイン，グリシテインなどがよく知られている。

　　イソフラボンは，化学構造が女性ホルモンのエストロゲンと類似しているため，加齢に伴うエストロゲンの分泌量の減少で，閉経後の女性に多くみられる骨粗鬆症などの予防に効果があるとされ，イソフラボン強化のサプリメントなどが多く販売されている。

　　その一方で，イソフラボンを過剰摂取すると発がんの危険性を高めるという研究報告もあり，やはり有効かつ安全な摂取が重要であると考えられている。2005 年，食品安全委員会の専門調査会は，国民の食生活の現状から安全なイソフラボンの摂取量を 1 日 70 ～ 75 mg と推定し，さらに大豆製品などの食品から平均 20 mg 摂取していることを考慮して，食事以外のサプリメントからのイソフラボン摂取量を 1 日 30 mg とした。イソフラボン 30 mg とは，豆腐半丁分（約 150 g）に含まれる量に相当する。

【演習問題】

問 1　更年期の生理的変化に関する記述である。最も適当なのはどれか。1
　　　つ選べ。　　　　　　　　　　　　　　　　　　　　　　　（2023 年国家試験）
（1）性腺刺激ホルモン放出ホルモンの分泌量
（2）プロゲステロンの分泌量
（3）卵胞刺激ホルモン（FSH）の分泌量
（4）黄体形成ホルモン（LH）の分泌量
（5）血中 LDL コレステロール値
解答（2）

問 2　日本人の食事摂取基準（2020 年版）において，生活習慣病の重症化予防
　　　を目的とした摂取量を設定した栄養素である。最も適当なのはどれか。
　　　1 つ選べ。　　　　　　　　　　　　　　　　　　　　　（2023 年国家試験）
（1）たんぱく質
（2）飽和脂肪酸
（3）コレステロール
（4）食物繊維
（5）カリウム
解答（3）

問 3　高血圧予防のために，健常者に対して積極的な摂取が推奨される栄養
　　　素である。誤っているのはどれか。1 つ選べ。　　　　　（2022 年国家試験）
（1）食物繊維
（2）カリウム
（3）カルシウム
（4）マグネシウム
（5）ヨウ素
解答（5）

📖 **参考文献・参考資料**

骨粗鬆症の予防と治療ガイドライン作成委員会編：骨粗鬆症の予防と治療ガイ
　ドライン 2015 年版，ライフサイエンス出版（2015）

　　http://www.josteo.com/ja/guideline/doc/15_1.pdf（2023.9.13）

日本高血圧学会・高血圧治療ガイドライン作成委員会編：高血圧治療ガイドラ
　イン 2019，ライフサイエンス出版（2019）

　　https://www.jpnsh.jp/data/jsh2019/JSH2019_noprint.pdf（2023.9.13）

日本循環器学会：2023 年改訂版 冠動脈疾患の一次予防に関する診療ガイドラ
　イン（2023）

　　https://www.j-circ.or.jp/cms/wp-content/uploads/2023/03/JCS2023_fujiyoshi.pdf
　（2023.9.13）

日本動脈硬化学会：動脈硬化性疾患予防ガイドライン 2022 年版，日本動脈硬
　化学会（2022）

　　https://www.j-athero.org/jp/wp-content/uploads/publications/pdf/GL2022_s/jas_
　gl2022_3_230210.pdf（2023.9.13）

日本肥満学会：肥満症診療ガイドライン 2022，ライフサイエンス出版（2022）

　　http://www.jasso.or.jp/contents/magazine/journal.html（2023.9.13）

11 高齢期

　加齢とは生誕後，死に至るまでの時間経過に伴う生体の変化全般のことを指す。老化は加齢の一部であり，成熟期以降の不可避に起こる生物学的な機能低下のことである。現在，世界保健機関(WHO)では，65歳以上を高齢者としており，65〜74歳までを前期高齢者，75歳以上を後期高齢者と呼んでいる。日本における高齢者の区分は行政上の目的によって違いはあるが，食事摂取基準では，65〜74歳，75歳以上の2つに分かれている。

11.1　高齢期の生理的特徴

11.1.1　感覚機能

　加齢に伴い視覚，聴覚，嗅覚，味覚，触覚のいわゆる五感を受け取る感覚器の機能が低下する。

(1) 視覚

　水晶体の弾性低下，毛様体筋の萎縮により，近距離の焦点の調節力が低下する。俗に言う「老眼」といわれるものであり，40歳頃から自覚する。

(2) 聴覚

　内耳の機能低下により，小さな音が聞こえにくくなる。特に**高音域の低下**[*1]が著しい。

(3) 嗅覚

　男性が60歳代，女性は70歳代から低下が目立つようになるが，その他の感覚と比べ，比較的変化を受けにくい。

(4) 味覚

　舌表面や口腔内の味蕾(みらい)の中に存在する味細胞の総数の減少や唾液分泌量が低下することにより，味覚**感受性が低下**し，味覚の**閾値が上昇**[*2]するといわれている。特に塩味の感受性の低下が著しいといわれているが，個人差が大きく，必ずしも統一した見解は得られていない。また，味覚と嗅覚は密接に関連しており，嗅覚機能の低下が味覚の感知に影響を及ぼし，食べ物の味を感じにくくなることがある。

11.1.2　咀嚼・嚥下機能

　咀嚼とは口腔内に入れた食物をかみ砕き，舌を使って唾液と混ぜ合わせて食塊を形成することである。嚥下とは咀嚼によって形成された食塊を口腔，

*1　**高音域の低下**　加齢性難聴の症状の一つに高音域の聴力低下がある。蝸牛内の有毛細胞の脱落が要因と言われており，6,000〜8,000 Hzの閾値が上昇する。なお，労働安全衛生法で決められている定期健診では，1,000 Hzと4,000 Hzの2つの周波数についての聴力を調べている。

*2　**閾値の上昇**　閾値とはある一定以上にならないと識別できない値のことを指す。味覚以外にも，視覚閾値，嗅覚閾値，痛覚閾値などがある。閾値を用いる際に注意が必要な表現で感受性という言葉がある。閾値が上昇すると感受性は低下する。逆に閾値が低下すると感受性は上昇する。

咽頭，食道，胃へ送り出す一連のプロセスを指す。加齢とともに唾液分泌量や舌の運動機能の低下，歯の欠損により咀嚼能力が低下する。また，加齢に伴って，喉頭が下がることにより，喉頭蓋が上手く塞がらず，嚥下障害を招く（図11.1）。その他に，脳梗塞などの脳血管障害や，パーキンソン病などの変性疾患も要因となる。さらに，嚥下反射の障害が進むにつれて咳反射が低下し，咳がでない誤嚥を引き起こしやすくなり，**不顕性誤嚥**[*1]のリスクが高くなる。

11.1.3　消化・吸収機能

　加齢により，唾液線が萎縮し，唾液分泌量が減少することにより，口腔内の乾燥を生じやすくなる。食道は蠕動運動が低下し，上部括約筋の張力低下が起こる。胃の粘膜は加齢により萎縮し，胃酸分泌の低下を招くと考えられてきたが，これらは加齢によるものではなくヘリコバクターピロリによる細菌感染の影響が大きいことがわかってきた。基本的に加齢のみによっては胃粘膜は萎縮することなく，胃酸の分泌も影響を受けない。小腸は絨毛が萎縮し，吸収面積の低下や粘膜の線維化がみられ，消化吸収能は軽度低下する。大腸は固有筋層や結合組織が萎縮することにより，蠕動運動機能が低下し，便秘になりやすい。また，各種栄養素の消化酵素活性も低下する（図11.2）。

11.1.4　たんぱく質・エネルギー代謝

　加齢に伴い，ほとんどの臓器・組織の実質細胞数が減少する。体組成においては，たんぱく質と水分が減少，脂肪の割合は増加する。体内の水分については**細胞内液**[*2]と**細胞外液**[*3]に分類されるが，前述の通り，加齢により細胞数が減るため，その細胞内に存在する水分（細胞内液）が減少するが，細胞外液についてはあまり変化しない。体たんぱく質は骨格筋，臓器，皮膚などの主要成分として存在するが，特に骨格筋量の減少が著しい。体脂肪については重量としては変化せずとも，それ以外の成分（骨格筋や細胞内液）が減少することにより相対的に割合が上昇する。したがって，体脂肪率は上昇し，除脂肪体重が減少する。体内で脂肪を除き，多く割合を占めるのが筋肉であるため，除脂肪体重は骨格筋量を反映する数値として用いられる。高齢者では，骨格筋の減少に伴い，骨格筋のたんぱく質代謝は低下するが，臓器におけるたんぱく質代謝はほとんど変化がみられない。また，骨格筋の減少と体脂肪率の増加がインスリン抵抗性を招き，**耐糖能異常**[*4]をきたす。さらに，骨格筋の減

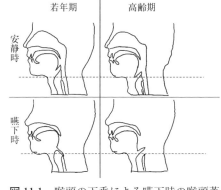

図11.1　喉頭の下垂による嚥下時の喉頭蓋の違い

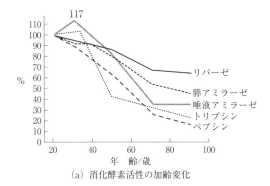

（a）消化酵素活性の加齢変化

図11.2　消化酵素の加齢変化

出所）中村丁次（2005）

表 11.1　参照体重における基礎代謝量

性　別	男　性			女　性		
年齢（歳）	基礎代謝基準値（kcal/kg 体重/日）	参照体重（kg）	基礎代謝量（kcal/日）	基礎代謝基準値（kcal/kg 体重/日）	参照体重（kg）	基礎代謝量（kcal/日）
1 〜 2	61.0	11.5	700	59.7	11.0	660
3 〜 5	54.8	16.5	900	52.2	16.1	840
6 〜 7	44.3	22.2	980	41.9	21.9	920
8 〜 9	40.8	28.0	1,140	38.3	27.4	1,050
10 〜 11	37.4	35.6	1,330	34.8	36.3	1,260
12 〜 14	31.0	49.0	1,520	29.6	47.5	1,410
15 〜 17	27.0	59.7	1,610	25.3	51.9	1,310
18 〜 29	23.7	64.5	1,530	22.1	50.3	1,110
30 〜 49	22.5	68.1	1,530	21.9	53.0	1,160
50 〜 64	21.8	68.0	1,480	20.7	53.8	1,110
65 〜 74	21.6	65.0	1,400	20.7	52.1	1,080
75	以上 21.5	59.6	1,280	20.7	48.8	1,010

出所）厚生労働省：日本人の食事摂取基準（2020 年版），74，表 5

少はエネルギー代謝量の減少へつながり，一日当たりの基礎代謝量も男性では 15 〜 17 歳，女性では 12 〜 14 歳をピークに低下する（**表 11.1**）。

11.1.5　身体能力

加齢により骨格筋量が減少するが，65 〜 74 歳の前期高齢者においては，心身の健康が保たれており，活発な社会活動が可能な者が多い。しかしながら，壮年者（30 〜 49 歳）と比べると明らかに身体能力は衰えている。特に，収縮速度が速い type Ⅱ 線維（速筋線維）は type Ⅰ 線維（遅筋線維）よりも萎縮が著しい。これにより，瞬発的な筋力を発揮することが困難となる。さらに，バランス機能も低下することから，転倒を招きやすい。また，最大拍出量の減少，肺活量や筋力の低下から持久力の低下もみられる。しかしながら，加齢に伴う身体機能・精神機能の維持や変化は高齢になるほど個人差が大きくなる。

11.1.6　身体活動

身体能力の低下に伴い，身体活動量も低下がみられる。日本人の食事摂取基準 2020 年版の年齢階級別にみた身体活動レベルの群分けにおいては，6 歳以降，レベル Ⅰ（低い），Ⅱ（ふつう）：および Ⅲ（高い）の 3 区分であったものが，75 歳以上で Ⅰ（低い）および Ⅱ（ふつう）の 2 区分に縮小される。また，身体活動レベルの係数についても，18 歳以降は Ⅰ（低い）：1.50，Ⅱ（ふつう）：

表 11.2　年齢階級別に見た身体活動レベルの群分け

身体活動レベル	Ⅰ（低い）	Ⅱ（ふつう）	Ⅲ（高い）
1 〜 2（歳）	―	1.35	―
3 〜 5（歳）	―	1.45	―
6 〜 7（歳）	1.35	1.55	1.75
8 〜 9（歳）	1.40	1.60	1.80
10 〜 11（歳）	1.45	1.65	1.85
12 〜 14（歳）	1.50	1.70	1.90
15 〜 17（歳）	1.55	1.75	1.95
18 〜 29（歳）	1.50	1.75	2.00
30 〜 49（歳）	1.50	1.75	2.00
50 〜 64（歳）	1.50	1.75	2.00
65 〜 74（歳）	1.45	1.70	1.95
75 以上（歳）	1.40	1.65	―

出所）厚生労働省：日本人の食事摂取基準（2020 年版），79，表 8

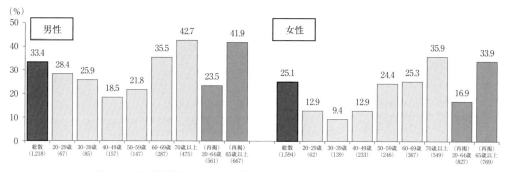

図 11.3　運動習慣のある者の割合（20 歳以上，性・年齢階級別）

出所）厚生労働省：令和元年 国民健康・栄養調査の概要．25

1.75，Ⅲ（高い）：2.00 であったものが 65 〜 74 歳でⅠ（低い）：1.45，Ⅱ（ふつう）：1.70，Ⅲ（高い）：1.95 へ，75 歳以上でⅠ（低い）：1.40，Ⅱ（ふつう）：1.65，Ⅲ（高い）：なしへ変更される（**表 11.2**）。しかしながら，2019（令和元）年の国民健康・栄養調査の運動習慣者の状況においては，運動習慣のある者（1 回 30 分以上の運動を週 2 回以上実施し，1 年以上継続している者）の割合は男女ともに 60 〜 69 歳，70 歳以上が他の年代よりも高い割合を示しており，身体能力の低下とは相反する結果を示している（**図 11.3**）。

11.1.7　日常生活動作（ADL）

日常生活動作（Activities of Daily Living：ADL）とは，基本的日常生活動作（Basic ADL：BADL）と手段的日常生活動作（Instrumental ADL：IADL）の 2 つがあり，前者は食事，排泄，更衣，入浴，移動（歩行），寝起き等，日常の生活に必要かつ不可欠な基本動作・行動のことを指し，後者は電話，買い物，家事，洗濯，服薬・金銭管理など日常生活における応用的な行動を指しており，BADL よりも複雑な動作を含んでいる。BADL は単に ADL と称されることが多い。ADL の評価法は，バーセルインデックス（Barthel Index：BI）や機能的自立度評価法（Functional Independence Measure：FIM）が，IADL の評価法はロートン手段的日常生活動作スケール（Lawton Instrumental Activities of Daily Living Scale：ロートンの尺度）が代表的なものである。高齢者においては，身体活動能力・障害の評価と介護の指標となっており，低下が進むと介護が必要となる。

11.2　高齢期の栄養ケア・マネジメント

11.2.1　低栄養

高齢者では，身体機能の衰えによる活動量の低下や消化吸収能の低下から食事の摂取量が減少する。また，ADL の低下，疾病の発症，独居などから栄養バランスの乱れや欠食になりやすく，たんぱく質・エネルギー栄養障害（Protein Energy Malnutrition：PEM）に陥りやすい。高齢者向けの妥当性が検証ず

みの代表的な栄養スクリーニング検査として，Mini Nutritional Assessment Short-Form：MNA-SF や Malnutrition Universal Screening Tool：MUST，Nutritional Risk Screening：NRS2002 などがある。身体計測は，他のライフステージと同様に体重，BMI が基本であるが，それらの変動は栄養状態の把握に極めて重要である。しかしながら，肝機能低下や極度の低たんぱく質血症では浮腫を生じることがあり，それが原因で見かけ上，体重増加がみられることがある。この増加は骨格筋や体脂肪が増加することによる体重増加とは異なるので留意する必要がある。その他の身体計測の指標としては，**皮下脂肪厚**[*1]，上腕周囲長，**上腕筋囲**[*2]，上腕筋面積などがある。また，定期的な採血による生化学データの把握は栄養状態の変動を察知するために重要である。中でも，血清アルブミン値を指標とすることが主流である。日本人の食事摂取基準 2020 年版においては，高齢者の低栄養予防を視野に入れて策定されており，目標とする BMI の下限が 18 〜 49 歳で 18.5 kg/m^2，50 〜 64 歳で 20.0 kg/m^2，65 歳以上で 21.5 kg/m^2 となっている（**表11.3**）。さらに，たんぱく質の摂取においても，目標量の下限が 1 〜 49 歳で 13 %，50 〜 64 歳で 14 %，65 歳以上で 15% となっている（**表11.4**）。低栄養の予防については，要因が身体的，精神的，社会的なものと多岐に亘るため，栄養指導は画一的なものではなく，他のライフステージよりもより一層，対象者の背景を見据えたものが必要となる。

表11.3　目標とする BMI の範囲（18 歳以上）

年齢（歳）	目標とする BMI（kg/m^2）
18 〜 49	18.5 〜 24.9
50 〜 64	20.0 〜 24.9
65 〜 74	21.5 〜 24.9
75 以上	21.5 〜 24.9

出所）厚生労働省（2020），61，表 2

表11.4　たんぱく質の食事摂取基準

性別	男性	女性
年齢	目標量（%エネルギー）	
1 〜 49（歳）	13 〜 20	
50 〜 64（歳）	14 〜 20	
65 以上（歳）	15 〜 20	

出所）厚生労働省（2020），126，表改変

11.2.2　咀嚼・嚥下障害

加齢による唾液分泌量の低下，歯の欠損，舌の運動機能低下などによって，咀嚼能力が低下する。また，疾病などの後遺症が影響し，摂食・嚥下障害が引き起こされる。スクリーニング検査として，**反復唾液嚥下テスト**[*3]（Repetitive Saliva Swallowing Test：RSST）や**改訂水飲みテスト**[*4]（Modified Water Swallowing Test：MWST），質問紙を用いた方法がある。障害の程度を診断・評価するために**嚥下造影検査**[*5]（Videofluoroscopic examination of swallowing：VF）や**嚥下内視鏡検査**[*6]（Videoendoscopic Evaluation of swallowing：VE）が用いられる。咀嚼・嚥下機能障害の際の栄養補給は，機能低下に合わせて，食形態を調整する必要がある。**誤嚥性肺炎**[*7]

を予防するためにも食事中に咳込んだり，むせることなく摂取が可能なものが理想で，適度な粘性があり，口腔内で分散しづらく，口腔や咽頭に付着しづらい食品が望ましい。嚥下食や介護食を調理する際は，嚥下食用増粘剤を用いて適切なとろみをつけて提供するとよい。液体へのとろみ付けには，特別用途食品の1つであるとろみ調整食品があり，食品をゼリー・ムース状に固めるにはゲル化剤とよばれるものがあり，数多くの製品が販売されている。

11.2.3 脱　　水

高齢者では，骨格筋量の低下による体内水分量の減少(図11.4)，皮膚の温度感受性の鈍化による体温の上昇，口渇中枢の鈍化による口渇感の減弱，腎臓の濃縮力低下による尿量の増加，活動量低下や摂食・嚥下機能障害による飲食物の摂取量の低下，頻尿や誤嚥を避けるための意図的な水分摂取の控えなどが要因で脱水症状に陥りやすい。高齢者における脱水症の診断は，血清浸透圧やヘマトクリット値の計測が有用であるが，早期診断は非常に難しい。そのため，口腔内や腋窩の乾燥，爪毛細血管の再充血時間の遅延などの身体所見での診断が必要となる。予防するにはこまめに水分補給し，嚥下機能障害がある場合には，増粘剤を活用して，適度なとろみをつけて給水する。

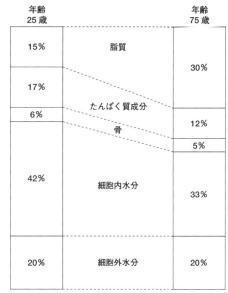

(Goldman 1970)

図 11.4　主要体構成要素分布の年齢比較
出所) 北徹編：老年学大辞典 ［第3版］，20，西村書店（2006）一部改変

11.2.4 便　　秘

活動量の低下，水分・食事摂取量の低下が影響して，高齢者は慢性的な便秘になりやすい。さらに，大腸輸送能の低下による排便回数の低下や腹筋量の低下による排便に必要な筋力の衰え，直腸知覚の鈍化などが影響し，排便が困難となる。食物繊維摂取量が排便習慣に影響する可能性が示唆されており，日本人の食事摂取基準2020年版においては，65歳以降は一日当たり，男性で21 g以上，女性では17 g以上を目標量としている(表11.5)。さらに，水分の十分な摂取，規則正しい食事の摂取，食事量の確保，適度な香辛料の活用などが便秘の解消・予防に繋がる。

表 11.5　食物繊維の食事摂取基準（g/日）

性別	男性	女性
年齢	目標量	
65 歳以上	20 以上	17 以上

出所）厚生労働省（2020），165，表改変

11.2.5　フレイル

フレイル(虚弱)とは，現在のところ世界的に統一された概念はなく，いく

図 11.5 フレイルの相対的な位置づけと特徴

（縦軸）心身の機能

健康　フレイル　要介護

（横軸）加齢

表 11.6 Fried らのフレイルの定義

1. 体重減少
2. 疲労感
3. 活動度の減少
4. 身体機能の減弱（歩行速度の低下）
5. 筋力の低下（握力の低下）

上記の 5 項目中の 3 項目以上該当すればフレイルと診断される[1]

1) Fried, L. P., Tangen, C. M., Walston, J. et al., Cardiovascular Health Study Collaborative Research Group. Frailty in older adults: evidence for a phonotype. *J Gerontol A Biol Sci Med Sci*, 56, M146-56, 2001.
出所）厚生労働省「日本人の食事摂取基準（2020 年版）」策定検討会報告書抜粋において，上記文献を引用と記されている。
http://www.mhlw.go.jp/stf/newpage_08517.html（2023.9.25）

表 11.7 改訂 J-CHS 基準（2020 年）

項目	評価基準
体重減少	6 か月で，2 kg 以上の（意図しない）体重減少（基本チェックリスト #11）
筋力低下	握力：男性 < 28 kg，女性 < 18 kg
疲労感	（ここ 2 週間）わけもなく疲れたような感じがする（基本チェックリスト #25）
歩行速度	通常歩行速度 < 1.0 m/ 秒
身体活動	① 軽い運動・体操をしていますか？ ② 定期的な運動・スポーツをしていますか？ 上記の 2 つのいずれも「週に 1 回もしていない」と回答

<判定方法>
・健常高齢者：いずれも該当しない
・プレフレイル（フレイル予備軍）：上記の項目の 1 つまたは 2 つに該当する
・フレイル：上記項目の 3 つ以上に該当する
出所）国立長寿医療センター：健康長寿教室テキスト第 2 版，2，表

＊1 **J-CHS 基準** フレイルの評価法の 1 つ。Fried らの概念に基づく評価方法である CHS 基準を日本版に修正したもの。

＊2 **同化抵抗性** 摂取したたんぱく質による筋たんぱく質合成反応の減弱をさす。高齢者では，食後に誘導される骨格筋におけるたんぱく質合成が成人と比較し，反応性が低下する。

＊3 **AWGS2019** サルコペニアの診断基準で，アジアにおけるサルコペニアワーキンググループが報告したものが 2019 年に改訂されたもの。

つかの考え方が存在するが，食事摂取基準においては，摂取基準対象範囲を踏まえ，フレイルを健常状態と要介護状態の中間的な段階に位置づけている（図11.5）。すなわち，早期の適切な介入により，健常状態へ回復可能な状態といえる。前述の通り，現在，統一された基準も存在しないが，妥当性が検証された評価法を目的や状況に応じて選択することが推奨されており，その一つが Fried らの概念に基づく評価方法（Cardiovascular Health Study Index : CHS 基準）である。この評価方法は，5 項目の代替指標に設けられた基準に対し，3 項目以上に該当する場合をフレイル，1 〜 2 つに該当する場合をプレフレイルと判定している（表11.6）。日本においては，厚生労働省の研究班により，修正された日本版 CHS 基準（**J-CHS 基準**[*1]）が作成された（表11.7）。フレイルと低栄養との関連は極めて強く，早期発見が求められる。基本な対応は低栄養と同様であるが，高齢者においては，**同化抵抗性**[*2]が報告されており，食後（たんぱく質摂取後）に誘導される骨格筋におけるたんぱく質合成が成人と比較して低下する。そのため，成人以上のたんぱく質の摂取が求められている（表11.4）。

11.2.6　サルコペニア

サルコペニアとは，骨格筋量の加齢に伴う低下に加えて，筋力または身体機能の低下と定義されている。日本においては，日本サルコペニア・フレイル学会と国立長寿医療研究センターを中心に診療ガイドラインが作成され，Asian Working Group for Sarcopenia（AWGS）基準（**AWGS2019**[*3]）（図11.6）による診断が推奨されている。前述のフレイルの評価基準（J-CHS 基準）においては，筋力低下，身体活動といった項目が設けられており，サルコペニアはフレイルの一因となる（図11.7）。骨格筋量低下を抑制することが予防に繋がるが，近年，運動療法と栄養補給療法の併用がサルコペニアに有効であるとの報告がある。

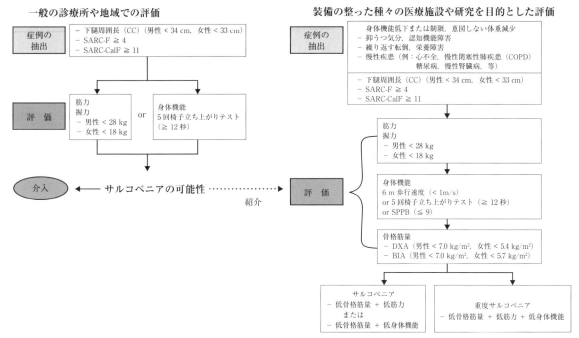

一般の診療所や地域での評価 / 装備の整った種々の医療施設や研究を目的とした評価

図 11.6　AWGS2019　サルコペニア診断基準

出所）*Jpn J Rehabil Med*, 58（6）2020, 図 2

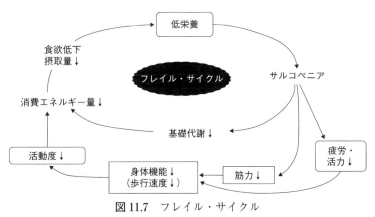

図 11.7　フレイル・サイクル

出所）厚生労働省（2020），415，図 1，表改変

11.2.7　ロコモティブシンドローム

　ロコモティブシンドロームとは，2007（平成19）年に日本整形外科学会（The Japanese Orthopaedic Association：JOA）が提唱したもので，筋肉，骨，関節，軟骨，椎間板といった運動器のいずれか，あるいは，複数に障害が起こり，歩行や日常生活になんらかの障害をきたしている状態を指す。ロコモと略されたり，運動器症候群と称されることもある。原因は，運動器自体の疾患と加齢による運動器機能不全の2つが挙げられる。診断にはJOAが策定したロコチェック（ロコモーションチェック）（**図11.8**）やロコモ度テストがある。進行すると要

※上記の7つの項目のうちひとつでも当てはまればロコモが疑われます。

図11.8　7つのロコチェック

出所）ロコモパンフレット（2013）

支援，要介護が必要になるリスクが高くなる。予防のためには運動習慣の定着が不可欠であり，JOAはロコモ対策となる運動として，片足立ちとスクワット，食事としては，十分なエネルギーの確保，たんぱく質，ビタミンD，ビタミンKの摂取に加え，**食品摂取の多様性**についても推奨している。

11.2.8　転倒，骨折

高齢者による転倒は，身体的要因が主である内的要因と環境要因が主である外的要因の2つに分けられるが，ほとんどの場合，両者が複合的に関連して起こる。内的要因は，加齢変化，身体要因，薬物と多岐に亘り，外的要因はるが，段差や障害物などが該当する。また，高齢者で罹患率が上昇する骨粗鬆症による骨の脆弱性の亢進も相まって，転倒による骨折発生頻度が上昇する。これら転倒，骨折は要介護の主な要因となっている。転倒による外傷，特に骨折を生じなくとも，転倒の経験によってその恐怖感から身体活動の制限や活動意欲の著しい低下を招く。2022（令和4）年の国民生活基礎調査によると，65歳以上の要介護者等の性別に見た介護が必要となった主な原因において，転倒・骨折が男性では第4位（6.9%），女性では第2位（18.1%）となっている（**図11.9**）。転倒予防の一つに運動介入があげられるが，高齢者の身体機能は

*食品摂取の多様性スコア　日本人高齢者の食品摂取の多様性を評価する指標であり，スコアが高いほど歩行速度の低下リスクが小さいことが報告されている。

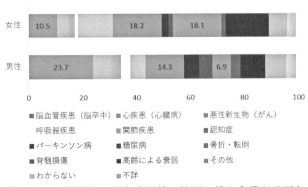

女性

男性

■脳血管疾患（脳卒中）　■心疾患（心臓病）　■悪性新生物（がん）
　呼吸器疾患　　　　　　■関節疾患　　　　　■認知症
■パーキンソン病　　　　■糖尿病　　　　　　■骨折・転倒
■脊髄損傷　　　　　　　■高齢による衰弱　　■その他
■わからない　　　　　　■不詳

図11.9　65歳以上の要介護者等の性別に見た介護が必要となった主な原因

出所）令和4年国民生活基礎調査の数値から作図

同年齢層においても，これまでの生活習慣や運動歴により大きく異なるため，一律に有効であるとは言い難い。

11.2.9　認知症

　加齢に伴い，認知機能は低下する。これは神経細胞の萎縮や脱落によって起こるものであり，WHO による国際疾病分類(International Statistical Classification of Diseases and Related Health Problems：ICD10 版：ICD-10)[*1]において，認知症は「通常，慢性あるいは進行性の脳疾患によって生じる，記憶や思考，見当識，理解，計算，学習，判断など多数の高次脳機能の障害からなる症候群」と定義されている。認知症の主な原因疾患としては，**アルツハイマー型認知症**[*2]，**血管性認知症**[*3]，**レビー小体型認知症**[*4]などがある。スクリーニング検査として，ミニメンタルステートメントテスト(Mini-Mental State Examination：MMSE)，改訂長谷川式簡易知能評価スケール(Hasegawa Dementia rating Scale-Revised：HDS-R)などがあげられる。多くの認知症患者で摂食障害・体重減少・低栄養が問題となっており，認知症高齢者では脳機能正常の高齢者と比較して，サルコペニア，フレイルを合併しやすい傾向がある。認知症と食事，栄養に関する多くの報告があるが，個々の栄養素では確定的な結果は得られていない。認知機能障害による食行動の変化や口腔内における食塊認知の障害に加え，錐体外路症状や皮質延髄路障害などの要因により摂食・嚥下障害を発症することがある。

【演習問題】

問 1　成人期と比較して高齢期で増加・亢進する項目である。最も適当なのはどれか。1 つ選べ。　　　　　　　　　　　　　　(2021 年国家試験)

(1) 肺残気率

(2) 腸管運動

(3) 除脂肪体重

(4) 細胞内液量

(5) ペプシン活性

解答（1）

*1　**ICD-10**　WHO が作成し，加盟国にその使用を推奨している疾病，傷害及び死因分類をさす。ICD-11 は 2022 年 1 月に発効し，国内および国際的な病名や死因の記録・報告などに使用される。

*2　**アルツハイマー型認知症**　認知症の半数以上を占める。海馬領域から病変が始まり，記憶障害を引き起こす。

*3　**血管性認知症**　脳梗塞や脳出血などの脳の血管障害によって発症する認知症。認知症の中ではアルツハイマー型認知症に次いで割合が高い。脳の障害された部位によって症状が異なる。

*4　**レビー小体型認知症**　α シヌクレインといわれるたんぱく質を主成分とするレビー小体によって脳の神経細胞や全身の交感神経が進行性に障害されていく疾患。

問2 成人期と比較した高齢期の生理的特徴に関する記述である。最も適当なのはどれか。1つ選べ。 (2021 年国家試験)

(1) 塩味の閾値は，低下する。

(2) 食後の筋たんぱく質合成量は，低下する。

(3) 食品中のビタミン B12 吸収率は，上昇する。

(4) 腸管からのカルシウム吸収率は，上昇する。

(5) 腎血流量は，増加する。

解答 (1)

問3 嚥下機能が低下している高齢者において，最も誤嚥しやすいものはどれか。1つ選べ。 (2020 年国家試験)

(1) 緑茶

(2) ミルクゼリー

(3) 魚のムース

(4) 野菜ペースト

解答 (1)

問4 85 歳，女性。身長 148 cm，体重 38 kg，BMI 17.3 kg/m²。食事は自立している。塩味を感じにくくなり，濃い味を好むようになった。この 3 か月は，食事中にむせることが増え，食欲が低下し，体重が 2 kg 減少。歩行速度の低下もみられる。この女性の栄養アセスメントの結果である。最も適当なのはどれか。1つ選べ。 (2023 年国家試験)

(1) エネルギー量は，充足している。

(2) 除脂肪体重は，増加している。

(3) 筋力は，維持している。

(4) 嚥下機能は，低下している。

(5) 塩味の閾値は，低下している。

解答 (4)

📖 **参考文献・参考資料**

厚生労働省：日本人の食事摂基準（2020 年版），第一出版（2020）

厚生労働省：「日本人の食事摂取基準（2020 年版）策定検討会報告書」，https://www.mhlw.go.jp/content/10904750/000586553.pdf（2023.9.25）

中村丁次編集委員長：食生活と栄養の百科事典，丸善出版（2005）

12 運動・スポーツと栄養管理

12.1 運動時の生理的特徴

12.1.1 骨格筋とエネルギー代謝

(1) 骨格筋線維の分類

人間の身体には，体の動きを生み出す骨格筋，心臓を動かす心筋，内臓や血管が動く力を生み出す平滑筋が存在する。骨格筋や心筋を顕微鏡で見ると，規則正しい縞模様が見られることから，これらを横紋筋ともいう。そのうち，骨格筋は，自分の意思で動かすことができるため随意筋とよばれる。心筋と平滑筋は，自分の意思で動かすことができないため，不随意筋とよばれる。骨格筋は，私たちの体重の約 50 % を占めている。

骨格筋線維* は，収縮する速度から，遅筋線維(slow-twitch：ST)と速筋線維(fast-twitch：FT)に大きく分類される。遅筋線維には，色素たんぱく質であるミオグロビンが多く存在するため，赤筋とも呼ばれる。ミトコンドリアが多く有酸素系の代謝能力と疲労耐性が高い。また，収縮速度が遅く，持久性が高い。速筋線維は，有酸素系の代謝能力は低いが，解糖系酵素の活性が高い。**表 12.1** に筋線維の分類と特徴を示す。

(2) エネルギー産生機構

運動時には，食べ物からとり入れた栄養素のうち，おもに糖質と脂質がエネルギー源として利用される。エネルギー源となるのは，アデノシン三リン酸(Adenosine triphosphate:ATP)である。糖質および脂質によるエネルギー産生機構は，1) ATP-PCr 系，2) 解糖系，3) 有酸素系の 3 つに分けられる。3 つのエネルギー産生機構は，運動開始直後から動き始め，運動の強度や継続時間により，主として働く機構が変化すると考えられている。3 つのエネルギー産生機構を**表 12.2** に示した。

1) ATP-PCr 系 (非乳酸性エネルギー供給機構)

筋肉中にある ATP は少量であるため，筋肉中にある高リン酸化合物であるクレアチンリン酸(Phosphocreatine：PCr)が，クレアチン(Creatine：Cr)とリン酸(Pi)

* 骨格筋は，一定の方向性をもった筋線維が束ねられた構造をしている。筋線維には多くの筋原線維が含まれている。筋原線維は，アクチンとミオシンの 2 つのフィラメントから構成され，ミトコンドリア，筋小胞体，リボゾームなどの小器官，さらにグリコーゲン顆粒や脂肪滴なども含んでいる。

表 12.1　筋線維の分類と特徴

	筋線維	
	遅筋（赤筋）線維	速筋（白筋）線維
収縮速度 （ミオシン ATPase 活性）	遅い	速い
解糖能力 （解糖系酵素活性，グリコーゲン量）	低い	高い
酸化能力 （ミトコンドリア酵素活性，毛細血管密度，ミオグロビン含量）	高い	低い
疲労耐性	高い	低い

出所）樋口満監修：栄養・スポーツ系の運動生理学, 51, 南江堂（2021），一部改変

表12.2 エネルギー獲得機構からみたスポーツ種目

段階	パワーの種類	運動時間	主たるエネルギー獲得機構	スポーツの種類（例）
1	ハイ・パワー	30秒以下	非乳酸性	砲丸投げ, 100m走, 盗塁, ゴルフ, テニス, アメリカンフットボールのバックスのランニングプレー
2	ミドル・パワー	30秒〜1分30秒	非乳酸性＋乳酸性	200m走, 400m走, 100m競泳, スピードスケート（500m, 1,000m）
3		1分30秒〜3分	乳酸性＋有酸素性	800m走, 体操競技, ボクシング（1ラウンド）, レスリング（1ピリオド）
4	ロー・パワー	3分以上	有酸素性	1,500m競泳, スピードスケート（10,000m）, クロスカントリー・スキー, マラソン, ジョギング

出所）樋口満：スポーツ栄養—その理論的・実践的発展, 栄養学雑誌, 55(1), 1-12（1997）

に分解される際に生み出されるエネルギーを用いてATPを再合成する。酸素を使わず, クレアチンキナーゼ(Creatine Kinase：CK)という1つの酵素で行われる反応であるため, 無酸素性ともいう。ATPを最も早く再合成できる機構である。しかし, 筋肉中にあるPCrの量は少ないため, この機構により供給できるエネルギーは10秒以内でなくなる。

2) 解糖系（乳酸性エネルギー供給機構）

血中グルコースや筋肉中のグリコーゲンをピルビン酸にまで分解する過程のエネルギーを利用してATPを再合成する。酸素を利用しないことから無酸素性ともいう。この機構からのエネルギー供給速度は, 3つの機構において中間に位置する。

3) 有酸素系（有酸素性エネルギー供給機構）

細胞に存在するミトコンドリア内で, 酸素を用いて主に糖質または脂質が燃焼し, エネルギーが供給される機構である。ピルビン酸あるいは遊離脂肪酸から生成されるアセチルCoAはTCA回路に入り, ATPが再合成される。有酸素系のエネルギー供給速度は, 3つの再合成機構において, 最も遅い。しかし, 体内の糖質や脂質がなくならなければ, 長時間ATPを再合成し続けることができる。

(3) 運動強度・運動時間とエネルギー代謝

運動中は, 主に糖質と脂質がエネルギー源として利用される。糖質と脂質の利用割合は, 運動強度, 運動時間によって異なる。運動強度が高く, 運動時間が短い場合には, 糖質が使用され

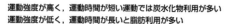

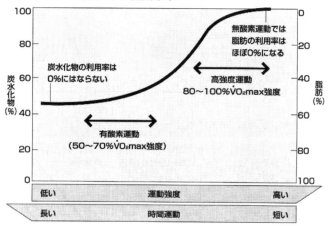

図12.1 運動強度・時間とエネルギー供給源の利用率

出所）春日規克・竹倉宏明編著：改訂版運動生理学の基礎と発展, 192, フリースペース（2007）

る割合が高い。また，運動強度が低く，運動時間が長い場合には，脂質が利用される割合が高い（図12.1）。

12.1.2　運動時の呼吸・循環応答

(1) 運動時の呼吸機能の応答

1) 換気量の調節

1回の呼吸によって換気されるガスの量を1回換気量という。1回換気量と呼吸数の積から求められる換気量を肺換気量という。式に示すと次のとおりである。

　　　肺換気量＝1回換気量×呼吸数

安静時の1回換気量が約0.5 L，1分間の呼吸数が15～16回とすると，肺換気量は7.5～8.0 L/分となる。安静時の呼吸からさらに深く息を吸うと，約3 Lの空気をとり入れることができる。この気体量を予備吸気量とよぶ。

一方，安静時に息をはいたところから，さらに息をはき続けたときに出された気体量を予備呼気量とよぶ。予備吸気量と1回換気量，予備呼気量との総和を肺活量という。肺から十分に息をはき出した場合でも，肺には空気が残っている。この気体量は約1 Lであり，これを残気量という（図12.2）。

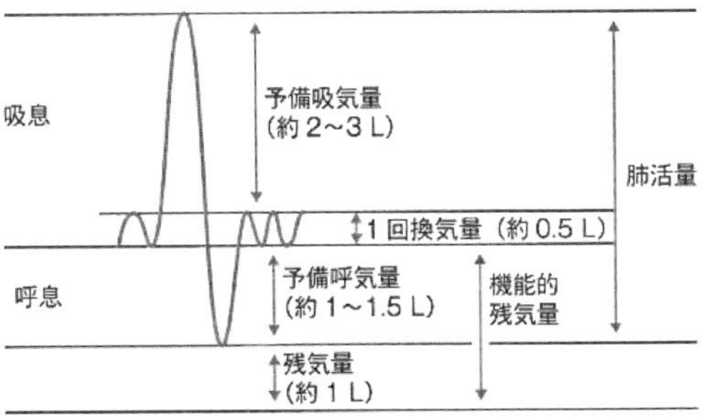

運動時には，運動強度が高くなるにつれて1回換気量と呼吸数はともに増加する。

また，肺呼吸による酸素摂取量は，次式で求めることができる。

図12.2　肺容量の分画

出所）樋口満監修：栄養・スポーツ系の運動生理学，30，南江堂（2021）

　　　酸素摂取量＝肺換気量×**酸素摂取率**[*1]

1分間に体に取り込む酸素の量を**酸素摂取量**($\dot{V}O_2$)[*2]という。運動強度を徐々に増加させて酸素摂取量($\dot{V}O_2$)を測定すると，あるところまでは運動強度の増加とともに酸素摂取量($\dot{V}O_2$)は直線的に増加する。しかし，やがてその値は増加しなくなる。この最大値を最大酸素摂取量($\dot{V}O_2$max)という。この値は，呼吸・循環器系機能の能力を示す指標の1つとされている。

安静時の肺換気量が8 L/分，酸素摂取率が3％とすると，酸素摂取量は0.24 L/分となる。運動時には，運動強度が高くなるにつれて，肺換気量が増加する。

2) 運動時の循環機能の応答

心臓から1分間に送り出される血液量を心拍出量，心臓が血液を送り出すための拍動の回数を心拍数という。心拍出量は，次式で求めることができる。

　　　心拍出量＝1回拍出量×心拍数

安静時の，1回拍出量が70 mL，心拍数が70拍/分とすると，心拍出量は

*1　肺に取り込まれた吸気中の酸素が，肺の毛細血管へ移行する割合。酸素濃度は，吸気中では約21％，呼気中では16～18％程度である。

*2　酸素摂取量($\dot{V}O_2$)のVはvolume（容量）を表し，上のドットは単位時あたりを意味する。

5 L/分となる。

　運動を行うと，体の組織により多くの酸素を運搬するため，心拍出量は増加する。また，運動強度の増加に伴い，心拍数はほぼ直線的に増加する。

　また，組織呼吸からみた酸素摂取量は，次式で求めることができる。

　　　酸素摂取量＝心拍出量×**動静脈酸素較差**[*]

安静時には，心拍出量が 5 L/分，動静脈酸素較差が 5 mL/dL とすると，酸素摂取量は 0.25 L/分となる。運動時には，運動強度が高くなるにつれて，心拍出量と動静脈酸素較差がともに増加する。

*動脈と静脈に含まれる酸素の量の差のことをいう。酸素を多く含む動脈血は，末梢組織を経由して酸素を放出して静脈血になると，その酸素量は減少する。動脈血と静脈血の酸素量の差を動静脈血酸素較差とよび，体組織の酸素抽出力(取込能力)の指標となる。

3）　有酸素運動と無酸素運動

① 有酸素運動

　運動を開始すると，酸素摂取量は増加するが，その運動を行うために必要な酸素の量(酸素需要量)がすぐに供給できないことがある。運動を開始した段階では，体内に取り込み骨格筋に供給する酸素の量(酸素供給量)が酸素需要量を下回ることがある。酸素需要量に対して，酸素供給量が不足した状態のことを酸素借という。運動強度が中強度以下の場合には，運動開始から数分以内で，酸素需要量と供給量が等しくなる定常状態になる。運動が終了すると，酸素摂取量は減少するが，終了後すぐに安静時の摂取量となるわけではない。運動終了後しばらくは，酸素摂取量が安静時よりも高い値となる。この状態のことを酸素負債という。酸素借と酸素負債を量的に比較すると，酸素負債量のほうが多くなるため，このエネルギー消費量の増加のことを，運動後の代謝亢進(excess post-exercise oxygen consumption：EPOC)ともいう。

② 無酸素運動

　瞬発的な運動の場合には，ATP-CPr 系(非乳酸性エネルギー機構)によるエネルギーが消費される。持久的な運動では，運動強度が高くなると有酸素性および乳酸性エネルギー産生機構によるエネルギーが供給される。

③ 無酸素性作業閾値

　運動強度を高めていくと，酸素摂取量は直線的に増加する。換気量はある時点を境に急激に上昇する。この時点を換気性閾値(ventilation threshold：VT)という。この時点では，エネルギー産生が有酸素性エネルギー機構から無酸素性にシフトするタイミングであり無酸素性作業閾値(anaerobic threshold：AT)という。運動のエネルギー源が脂質から糖質にシフトすると，血液中に乳酸が蓄積する。乳酸が急激に増加する屈曲点を乳酸性作業閾値(lactate threshold：LT)という(**図12.3**)。

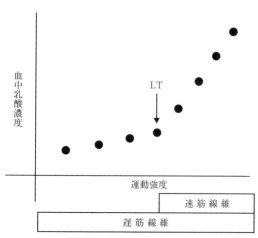

図 12.3　LT は遅筋線維に加えて速筋線維が使われるようになる強度でもある

出所) 樋口満編著：スポーツ現場に生かす運動生理・生化学，120，市村出版（2011）

12.1.3　体　　力

　体力は，身体的要素と精神的要素に大分類され，さらに行動体力と防衛体力に分類される。健康関連体力の構成要素を図12.4に示す。

12.1.4　運動トレーニング

　トレーニングは，一般的に行動体力の維持・向上を目指すものである。トレーニングの原理・原則に基づいた運動プログラムは，運動の効果を高める。トレーニングの原理・原則は，次のとおりである。

（1）トレーニングの原理

①過負荷の原理：日常的なレベル以上の運動負荷を加えることで，機能が向上する効果が得られる。

②特異性の原理：トレーニングで刺激した機能にのみ効果が得られる。例えば，持久力は筋力トレーニングでは向上しない。

③可逆性の原理：トレーニングで得られた効果は，中止すると徐々に失われる。

（2）トレーニングの原則

①全面性の原則：筋力，持久力，柔軟性などの体力要素をバランスよく高めることである。

②個別性の原則：個人の体力や特性に応じたトレーニング内容を個別に設定することである。

③意識性の原則：トレーニングの目的や意義を理解し，取り組むことである。

④漸進性の原則：トレーニングの運動強度，時間，頻度などを徐々に高めていくことである。

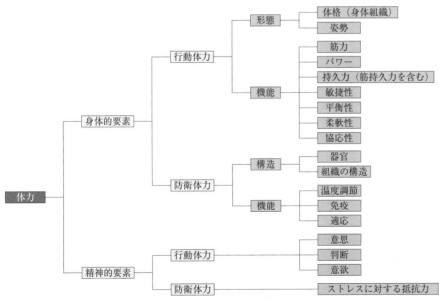

図12.4　健康関連体力の構成要素

出所）樋口満監修：栄養・スポーツ系の運動生理学，137，南江堂（2021）

⑤反復性・継続性の原則：運動を繰り返し，継続していくことである。

12.2　運動時の健康への影響

12.2.1　生活活動・運動の意義

「身体活動」とは，安静にしている状態よりも多くのエネルギーを消費する，骨格筋の収縮を伴う全ての活動を指し，「運動」とは，身体活動のうち，スポーツやフィットネスなどの健康・体力の維持・増進を目的として，計画的・定期的に実施されるものを指す。身体活動・運動の量が多い者は，少ない者と比較して循環器病，2型糖尿病，がん，ロコモティブシンドローム，うつ病，認知症等の発症・罹患リスクが低いことが報告されている。

わが国では，2013年4月から開始された「健康日本21（第二次）」において，2023年までの10年間で目指す身体活動・運動分野の目標として，「日常生活の歩数の増加」「運動習慣者の割合の増加」といった個人の目標と，「運動しやすいまちづくり・環境整備に取り組む自治体の増加」などの地域・自治体の目標を設定していた。また，これらの目標を達成するためのツールとして，2013年3月「健康づくりのための身体活動基準2013」が策定され，活用されてきたところである。その策定から10年が経過し，2024年1月には，最新の科学的知見に基づき，身体活動・運動に関する取り組みをさらに推進していくため，「健康づくりのための身体活動・運動ガイド2023」が策定された。2024年4月から開始される「健康日本21（第三次）においては，ライフステージやライスコースアプローチ（胎児期から高齢期に至るまでの人の生涯を経時的に捉えた健康づくりをいう）を踏まえた健康づくりに重点が置かれている。そのことを踏まえ，本ガイドでは，ライフステージごとに身体活動・運動に関する推奨事項をまとめている。

12.2.2　健康づくりのための身体活動・運動ガイド2023

「健康づくりのための身体活動・運動ガイド2023」においては，「歩行またはそれと同等以上の強度の身体活動を1日60分以上行うことを推奨する」などの定量的な推奨事項だけでなく，「個人差を踏まえ，強度や量を調整し，可能なものから取り組む」といった定性的な推奨事項を含むものである。身体活動・運動の推奨事項一覧を図12.5に示す。

身体活動・運動に関する取り組みを進めるうえでは，座りすぎを避け，今よりも少しでも多く身体を動かすことが基本である。本ガイドでは，新たに座位行動という概念が取り入れられているが，立位困難な者においても，じっとしている時間が長くなりすぎないように少しでも身体を動かすことを推奨している。

全体の方向性	個人差を踏まえ、強度や量を調整し、可能なものから取り組む 今よりも少しでも多く身体を動かす

対象者※1	身体活動		座位行動
高齢者	歩行又はそれと同等以上の （3メッツ以上の強度の） <u>身体活動を1日40分以上</u> （1日約**6,000歩**以上） （＝週15メッツ・時以上）	**運動** 有酸素運動・筋力トレーニング・バランス運動・柔軟運動など多要素な運動を週3日以上 【筋力トレーニング※2を週2～3日】	座りっぱなしの時間が長くなりすぎないように注意する （立位困難な人も、じっとしている時間が長くなりすぎないように、少しでも身体を動かす）
成人	歩行又はそれと同等以上の （3メッツ以上の強度の） <u>身体活動を1日60分以上</u> （1日約**8,000歩**以上） （＝週23メッツ・時以上）	**運動** 息が弾み汗をかく程度以上の （3メッツ以上の強度の） <u>運動を週60分以上</u> （＝週4メッツ・時以上） 【筋力トレーニングを週2～3日】	
こども （※身体を動かす時間が少ないこどもが対象）	（参考） ・中強度以上（3メッツ以上）の身体活動（主に<u>有酸素性身体活動</u>）を1日60分以上行う ・高強度の有酸素性身体活動や筋肉・骨を強化する身体活動を週3日以上行う ・身体を動かす時間の長短にかかわらず、座りっぱなしの時間を減らす。特に<u>余暇のスクリーンタイム※3</u>を減らす。		

※1　生活習慣、生活様式、環境要因等の影響により、身体の状況等の個人差が大きいことから、「高齢者」「成人」「こども」について特定の年齢で区切ることは適当でなく、個人の状況に応じて取組を行うことが重要であると考えられる。
※2　負荷をかけて筋力を向上させるための運動。筋トレマシンやダンベルなどを使用するウエイトトレーニングだけでなく、自重で行う腕立て伏せやスクワットなどの運動も含まれる。
※3　テレビやDVDを観ることや、テレビゲーム、スマートフォンの利用など、スクリーンの前で過ごす時間のこと。

図12.5　身体活動・運動の推奨事項一覧

出所）厚生労働省：健康づくりのための身体活動・運動ガイド 2023,
　　　https://www.mhlw.go.jp/content/001194020.pdf（2024.1.19）

12.2.3　エネルギー消費量の計算方法

メッツ（Metabolic Equivalent for Tasks：METs）は，身体活動の強さの指数で，身体活動時に使用されるエネルギーを座位安静時の代謝量の倍数で示したものである。1分間あたりの酸素消費量を 3.5 ml，酸素消費 1 L のエネルギー消費量を 5 kcal とし，下式から身体活動量のエネルギー消費量を算出できる。

身体活動量のエネルギー消費量（kcal）
＝メッツ×3.5（ml/kg/分）×体重（kg）×時間（時間）×60（分）÷1000×5
＝メッツ×体重（kg）×時間（時間）×1.05[*1]

12.2.4　運動の健康への影響

（1）運動の糖質代謝への影響

短時間の高強度の運動では，**アドレナリン**[*2]の作用によりインスリンの分泌を抑制し，血糖値は上昇する。一方で，長時間の低強度の運動では，血糖値は低下する。血中グルコースの筋肉への取り込みはグルコーストランスポーター（糖輸送担体）4（glucose transporter4：GLUT4）により行われる。運動とインスリンは GLUT4 の働きを促進する。運動終了後10数時間にわたって，筋肉のインスリン感受性は亢進する。

中強度の有酸素性全身持久的運動は，末梢組織でのインスリン感受性を高めるため，インスリンを節約する効果がある。

*1　計算を簡略し，1.05 を 1 とする場合もある。

*2　アドレナリンは，すい臓のβ細胞に作用してインスリンの分泌を抑制し，血糖値を上げる働きを持っている。またグルカゴンの分泌を促進したり，肝臓でグリコーゲンからブドウ糖を作る事を促進したりすることによっても血糖値を上昇させる。

(2) 運動の脂質代謝への影響

脂質代謝には無酸素性の代謝機構がないため，短時間の高強度運動では，ほとんど影響がない。一方で，長時間の低強度(有酸素性)運動時には，リポたんぱく質リパーゼ(lipoprotein lipase：LPL)活性の亢進により，血中トリグリセリド(triglyceride：TG)値が低下して，血中遊離脂肪酸(free fatty acid：FFA)値が上昇する。コレステロール値は，一過性の運動では，ほとんど変化しない。脂肪細胞中のトリグリセライドの分解が促進し，血中に放出された脂肪酸が骨格筋や心筋に運ばれて，筋収縮のエネルギー源として利用される。中強度の有酸素性全身持久的運動は，LPL活性の亢進により血中TG値が低下する。また，カイロミクロンや超低比重リポたんぱく質(very low density lipoprotein：VLDL)の代謝亢進やレシチン・コレステロールアシルトランスフェラーゼ(lecithin-cholesterol acyltransferase：LCAT)活性の亢進によって，高比重リポたんぱく質(high density lipoprotein：HDL)コレステロール値が上昇する。

(3) 運動と高血圧

有酸素性全身持久的運動の降圧効果は，多くの**メタ解析**[*]の結果より確立されている。また，高血圧治療ガイドライン2019では，生活習慣の修正の1つとして，高血圧患者の運動療法は強く推奨されている。

アメリカのHERITAGE Family Studyの研究では，参加者621名に20週間の有酸素性トレーニングを実施した結果，メタボリックシンドロームである105名の各リスクファクターが改善された割合は，中性脂肪43 %，血圧38 %，ウエスト周囲長28 %，HDLコレステロール16 %，血糖9 %であった(図12.6)。

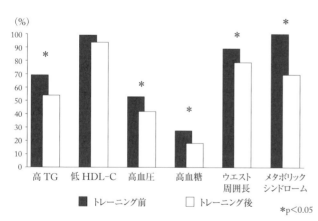

図12.6　20週間の有酸素性トレーニングによる各リスクファクターの変化（105名）

出所) KATZMARZYK, P. T., LEON, A. S., WILMORE, J. H., et al.,: Targeting the Metabolic Syndrome with Exercise: Evidence from the HERITAGE Family Study, Med.Sci.Sports Exerc.35(10), 1703-1709 (2003)

(4) 運動と骨密度

骨は，破骨細胞により骨吸収が行われ，骨芽細胞により骨形成が行われる。相対的に骨形成が骨吸収を上回ると，骨密度が増加する。

骨密度の低下を予防するには，物理的な荷重負荷が高い運動トレーニングで効果が高い。高齢者においては，歩行や軽い筋力運動などの荷重負荷が低い運動トレーニングにおいても，骨密度の維持や筋力アップにつながるため，無理なく取り組める運動トレーニングを推進していくことが望ましい。

(5) 運動のデメリット

運動は，私たちの身体に有益なことが多

いが，実施方法を誤ると，障害や事故につながることもあることを忘れては
ならない。たとえば，運動により，捻挫や骨折などの外科的な外傷や障害が
起こることがある。また，過度な運動を継続することにより，慢性疲労の状
態が続くオーバートレーニング症候群などの内科的な障害を起こすこともあ
る。生活習慣病の患者が運動を行う場合には，過度な血圧上昇，低血糖など
運動によるリスクを伴う場合もある。さらには，心室細動という不整脈によ
り，心臓突然死が起こることもある。

そのため，運動を行う前には体調を確認することが重要である。生活習慣
病の患者が，積極的に運動を行う際には，医師の指示を受けることが望ましい。

12.3 運動時における栄養ケア・マネジメント
一般の対象者，スポーツ選手への栄養ケアについて，次に示す。

12.3.1 糖質・たんぱく質摂取

(1) エネルギーの摂取
一般の対象者が運動をする場合には，食事摂取基準を用いて，推定エネル
ギー必要量を算定することができる。その際には，対象者の身体活動量に応
じた身体活動レベルを設定することが重要である。

スポーツ選手においては，競技種目によって，骨格筋量が多く，体脂肪量
がかなり少ない場合がある。また，体重よりも除脂肪量(除脂肪体重)と基礎
代謝量との相関が強いことから，下記のような方法で推定エネルギー必要量
を算出する推定式が提示されている。身体活動レベルが計測できない場合に
は，種目系分類別身体活動レベル(PAL)(表12.3)を利用するとよい。

・除脂肪量(kg)＝体重(kg)－体脂肪量〔体重(kg)×(体脂肪率(%)÷100)〕

＊推定エネルギー必要量(kcal/日)＝27.5(kcal)×除脂肪量(kg)
　　　　×種目系分類別身体活動レベル(PAL)

出所) 田口素子，高田和子，大内志織他：除脂肪量を用いた女性競技者の基礎代謝量推定式の妥当性　体力科
学，60(4)，423-432 (2011)

表12.3　種目系分類別身体活動レベル (PAL)

種目カテゴリー	期分け	
	オフトレーニング期	通常トレーニング期
持久系	1.75	2.50
筋力・瞬発系	1.75	2.00
球技系	1.75	2.00
その他	1.50	1.75

出所) 小清水孝子，柳沢香絵，横田由香里：「スポーツ選手の栄養調査・サポート基準値
策定及び評価に関するプロジェクト」報告，栄養学雑誌，64(3)，205-208 (2006)

表12.4 糖質の摂取目安量

	トレーニング強度	糖質の摂取目標量 （体重1kgあたり）
低強度	低強度または技術面のトレーニング	3～5 g/kg/日
中強度	1日1時間程度，中強度のトレーニング	5～7 g/kg/日
高強度	1日1～3時間程度，中～高強度のトレーニング	6～10 g/kg/日

出所）Nutrition Working Group of the medical and Scientific Commission of the International Olympic Committee. Nutrition for Athletes（2016）

（2）糖質の摂取

運動時のエネルギー源となるのは，主に体内にある糖質か体脂肪に由来する脂肪酸である。体内には多数のグルコースが集まり，グリコーゲンとして蓄えられているが，その貯蔵量は多くない。中～高強度運動では脂肪酸の利用は減少して，糖質の利用量が増加する。中～高強度の運動を長時間続けていると，筋肉に蓄えられているグリコーゲンの量が減少し，血糖値が低下する。脳はグルコースをエネルギー源としているため，低血糖の状態が続くとパフォーマンスや集中力の低下につながる。そこで，運動を行う際には，運動前に食事から十分に糖質を補給しておくことが勧められている。また，運動終了後においても速やかに糖質をとることで，筋肉にグリコーゲンが蓄えられ，リカバリーを促す。食事をとる時刻の間隔があいてしまうときには，おにぎりやパン，カステラ，バナナなどで補食をとり，糖質をとることが推奨されている。**表12.4**に糖質摂取目安量を示す。

（3）たんぱく質の摂取

たんぱく質は，身体の筋肉や臓器を構成する栄養素である。筋肉は約20%がたんぱく質であるため，筋肉合成には，たんぱく質を十分にとる必要がある。

運動後は，運動により損傷を受けた組織をすみやかに回復させるため，たんぱく質の必要量が高まる。そのため，スポーツ選手は運動習慣がない人よりもたんぱく質量を増やすことが推奨されている。推奨されている量は，1日当たり1.2～2.0 g/kg体重である。運動により損傷を受けた組織を回復させるためには，運動後速やか(直後から2時間以内)にたんぱく質や必須アミノ酸を摂取することが勧められている。

エネルギー摂取量が不足すると，摂取したたんぱく質がエネルギー源として利用されてしまうため，たんぱく質だけでなく，エネルギー量を確保することも重要である。

（4）運動時の食事摂取基準の活用

日本人の食事摂取基準は，健康な個人や集団を対象とし，健康の保持・増進，疾病予防のために策定されている。前述したとおり(p.167)，一般の対象者が運動をする際には，運動強度や実施頻度に合致する身体活動レベルを選び，推定エネルギー必要量を算出することができる。しかし，いわゆるトップアスリートは，対象とはならない。

算出した推定エネルギー必要量が身体活動量に見合った値であるかどうか

表12.5　スポーツ貧血の種類

種類	原因	症状・特徴	予防・対応策
鉄欠乏性貧血	・鉄の必要量が増加（成長期の場合，トレーニング量の増加など） ・エネルギーやたんぱく質，鉄の摂取量が不足 ・鉄の喪失量が増加（月経，出血，怪我など）	・血中のヘモグロビンが低値 ・疲労感，息切れなど ・パフォーマンスや記録の低下 ・スポーツ選手の貧血において最も頻度が高い	・必要量に応じたエネルギー，たんぱく質，鉄などの摂取
溶血性貧血	・足底への強い物理的な刺激	・血管内で赤血球が破壊されている状態	・着地用マットの装備やシューズの底を厚くすることにより，足裏への刺激を小さくする
希釈性貧血	・心肺機能の強化や筋肉量の増加に伴い，血漿量が増加	・血中のヘモグロビンは見かけ上低値だが，貧血の症状は伴わない。 ・体内の血流の流れは速やかになり，より多くの酸素を運搬できる状態	————

は，体重の変化により確認することができる。

　食事摂取基準において，ビタミン B_1，B_2，ナイアシンは，エネルギー当たりの数値が示されているため，推定エネルギー必要量に応じた値を算出することができる。

12.3.2　スポーツ貧血

　鉄やたんぱく質の摂取量が不足すると，ヘモグロビンや赤血球の生成量が低下し，鉄欠乏性貧血の一因となる。赤血球は酸素を身体の組織に運搬する働きがあるため，その数が減少すると，体内での酸素運搬能力は低下し，パフォーマンスは低下する。スポーツ選手に起こりやすい貧血を表12.5に示した。スポーツ選手に最も多いのは，鉄欠乏性貧血である。

　食事で貧血の予防や改善を行う場合には，鉄に加えて，たんぱく質やビタミンCを合わせてとると，鉄の吸収率を高めることができる。

12.3.3　水分・電解質補給

　人間の身体（成人男性）の体重の約60％は水であり，身体を構成する成分として最も多い。運動中には，発汗により水分やナトリウムやカリウムなどの電解質が失われるため，それを補う必要がある。運動前・後に体重を計測した場合，体重に変化がなければ，適切に水分補給ができていると考えられる。運動中に，体重の約2％の脱水があるとパフォーマンスは低下するとされている。

　脱水を予防するためには，体内で速やかに吸収される飲料の摂取が望ましい。血漿浸透圧（280 mOsm/L）よりも低い浸透圧のものが水分として，体内に吸収されやすい。グルコースとナトリウムは小腸上皮において共輸送される。そのため，経口補水液のように，グルコースと食塩を含み，浸透圧が200 ～ 250 mOsm/L の飲料は吸水性に優れている。一般的なスポーツドリンクは，経口補水液よりも糖質濃度と浸透圧が高く，ナトリウム濃度が低い（糖質補給

優先)。そのため，糖質補給よりも水分補給を優先する状況では，経口補水液が適している。ただし，経口補水液は，ナトリウムの含有量が多いため，日常的な水分補給には向いていない。暑熱環境下での運動では，糖質濃度が4〜8％，0.1〜0.2％の塩分ナトリウムの飲料を摂取するとよい。真水のみの摂取は血漿浸透圧を低下させるために，脱水を起こしやすいので，注意が必要である。

12.3.4　食事内容と摂取のタイミング

(1) 運動前の食事

運動を開始する前に，骨格筋のグリコーゲン量を高めておくことは長時間の運動のパフォーマンスを高めることにつながる。試合の前日から，十分に糖質をとっておくことが望ましい。

試合前に筋グリコーゲンの貯蔵量を高める食事法として，グリコーゲンローディングがある。この食事法は，運動時間が90分以上であること，高強度の持久性運動でグリコーゲン貯蔵が必要と考えられる場合に導入してもよいと考えられている。競技種目，競技時間，選手の健康状態などを考慮したうえで，グリコーゲンローディングを実施するかどうかを決定するとよい。

かつては，強度の高い運動後，低糖質食を3日間とり，筋グリコーゲンを枯渇させる。その後，高糖質食を3日間とるという古典法が行われていた。最近では，鍛えられた持久性のスポーツ選手であれば24〜36時間の高糖質食摂取(糖質10〜12 g/kg 体重)で，グリコーゲンの貯蔵量が高められることが報告されている。

(2) 運動後の食事

運動により低下した筋グリコーゲンを回復するため，運動終了後，速やかに糖質を摂取することが推奨されている。試合後においても同様である。前述した水分補給やたんぱく質の補給も行う。十分なエネルギー，糖質，たんぱく質，ビタミン，ミネラルの摂取は疲労回復を促す。

12.3.5　ウエイトコントロール

ウエイトコントロールによる減量や増量においては，身体組成も変化する。特に減量の場合には，骨格筋や内臓諸器官などを含み，代謝活性が高い除脂肪体重(lean body mass：LBM)の減少を抑制するように配慮する必要がある。減量により除脂肪量が減少すると，基礎代謝量の減少につながり，やせにくい身体になると考えられる。

減量の際，食事からの摂取エネルギー量を減らす食事療法を単独で実施すると，除脂肪量が減少しやすい。そのため，除脂肪量の減少を抑制するためには，運動もとり入れて実施することが望ましい。

12.3.6　栄養補助食品の利用

　いわゆる栄養補助食品として，運動・スポーツ向けのサプリメントには，食事で不足する栄養素を補うダイエタリーサプリメントと運動時のパフォーマンス向上のために特定の効果が期待されるパフォーマンスサプリメントの2種類がある。このほかに，特定の栄養素を手軽に摂取できるように開発された食品のスポーツフードがある。スポーツフードとは，スポーツドリンクやスポーツバーなどのことをいう。

　サプリメントを選択する際には，特定の成分の含有量を確認し，過剰摂取にならないようにする必要がある。また，スポーツ選手においては，ドーピング禁止物質を摂取するリスクがあるため，含有成分にも留意すべきである。

【演習問題】

問 1　習慣的な持久的運動による生理的変化に関する記述である。最も適当なのはどれか。1つ選べ。　　　　　　　　　　（2022 年国家試験）
（1）インスリン抵抗性は，増大する。
（2）血中 HDL コレステロール値は，低下する。
（3）安静時血圧は，上昇する。
（4）骨密度は，低下する。
（5）最大酸素摂取量は，増加する。

解答（5）

問 2 身体活動時における骨格筋のエネルギー供給に関する記述である。最も適当なのはどれか。1つ選べ。 (2023 年国家試験)

(1) クレアチンリン酸の分解によるエネルギー供給は，酸素を必要とする。

(2) 筋グリコーゲンは，グルコースに変換されて，血中に放出される。

(3) 高強度(最大酸素摂取量の 85 ％以上)の運動では，糖質が主なエネルギー供給源になる。

(4) 脂質のみが燃焼した時の呼吸商は，1.0 である。

(5) 無酸素運動では，筋肉中の乳酸が減少する。

解答 (3)

📖 **参考文献・参考資料**

春日規克・竹倉宏明編著：改訂版 運動生理学の基礎と発展，フリースペース (2007)

特定非営利活動法人 日本栄養改善学会 監修，南久則，木戸康博編：管理栄養士養成のためのモデル・コア・カリキュラム準拠 第 6 巻 応用栄養学 ライフステージと多様な環境に対応した栄養学，医歯薬出版 (2021)

樋口満編著：スポーツ現場に生かす運動生理・生化学，120，市村出版 (2011)

樋口満監修：栄養・スポーツ系の運動生理学，南江堂 (2021)

13 環境と栄養管理

近代社会における生活環境の急激な変化は「**ストレス社会**[*]」という言葉を生み出し，心身の健康にも影響を及ぼすようになった。私たち人間の生活をとりまく環境には，内部環境と外部環境がある。内部環境は生体内の細胞が活動する環境で血液や組織液などの性状をいい，外部環境が大きく変動しても内部環境を常に一定の状態に維持しようとする仕組みを恒常性維持（ホメオスターシス：homeostasis）という。外部環境が変動した場合，生存に最も適した生体反応を生じ，内部環境の恒常性を維持をしようとする。これを適応（adaptation）という。また，生活環境が季節的あるいは 地理的に大きく変化した場合，生理的あるいは持続的に適応していくことを順応または順化（acclimation）という。しかし，人間が適応できる外部環境には一定の限界があり，この限界を逸脱すると内部環境の恒常性は維持できなくなり，健康な状態を保てなくなる。

＊ストレス社会　健康日本21（第二次）の基本的方向性「社会生活を営むために必要な機能の維持・向上」に関する目標「こころの健康」に次の4つの項目を設定。
①自殺者の減少　②気分障害・不安障害に相当する心理的苦痛を感じる者の割合の減少　③メンタルヘルスに関する措置を受けられる職場の割合の増加　④小児人口10万人当たりの小児科医・児童精神科医師の割合の増加

13.1　ストレス時における栄養ケア・マネジメント

13.1.1　恒常性維持とストレッサー

ストレスという言葉を医学，生物学分野ではじめて用いたのはカナダの生理学者ハンス・セリエ（Hans Selye）である。1936年，セリエは外から加わった有害刺激によって体に歪みが生じた状態をストレスと呼び，持続的なストレスへの適応には副腎皮質から分泌されるグルココルチコイド（glucocorticoid）が重要であるとするストレス学説を発表した。同時にストレスを引き起こす有害刺激をストレッサーと呼んだ。

ストレッサーは二つに大別され，一つには物理的・化学的なものとして，寒冷，暑熱，痛み，放射線，有害化学物質，振動，騒音，外傷，火傷，飢餓や栄養障害，酸素過剰や欠乏，一酸化炭素，感染などがある。もう一つには，心理的・精神的なもので，死別，拘束，家族関係，職場や近隣との人間関係，不安，緊張，怒りや悲しみなどがある。

セリエ以前に現代生理学の基礎を築いたフランスのベルナール（Claud Bernard）は，「生体には生体内部を一定の状態に保つ機能が備わっている。外部環境が変化しても内部環境は一定でなければならない」と説いた。その後，アメリカの生理学者キャノン（Walter B. Cannon）は，内部環境が一定した状態をホメオスターシス（恒常性）とよび，「外界からの急激な刺激が加わると生体は内部

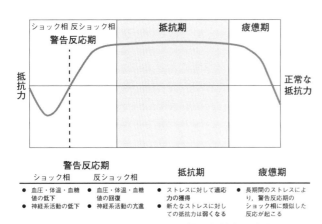

図 13.1 ストレスによる生体の抵抗力の変化

出所) Selye, H. *Nature*, 138(32)(1936)

環境のホメオスターシスを維持するために交感神経－副腎髄質系が重要な働きをしている」とした。

13.1.2　生体の適応性と自己防衛

セリエは，どのようなストレッサーであっても共通の生体反応として，① 副腎皮質の肥大，② 胸腺の萎縮，③ 胃・十二指腸の出血，びらんの三つがみとめられることを動物実験により証明した。さらに，その発症メカニズムとして視床下部—下垂体—副腎系の活性化を考え，この生体反応の共通した一連の過程を汎適応症候群とし，次の三段階の過程を経過する反応とした(**図 13.1**)。

警告反応期(初期)　生体が突然ストレッサーにさらされるとすぐに対応できず，体温，血圧，血糖の低下，神経活動や筋緊張の低下，胃粘膜のびらんや出血が起こる(ショック相)。次に，このショック状態から改善を図るために生体防御機構が作動し，交感神経の活性化を介し副腎髄質からアドレナリンが分泌増加，視床下部からの副腎皮質刺激ホルモンを介して副腎皮質からコルチゾールが分泌増加される。このことにより体温，血圧，血糖が上昇，筋緊張が増大し，神経活動も盛んになり，副腎皮質は肥大し，胸腺は萎縮する(反ショック相)。この二相を合わせて警告反応期という。

抵抗期(中期)　さらにストレッサーによる刺激が持続すると一定の緊張状態で適応している状態になる。

疲弊期(後期)　抵抗期が長期間続いたりストレッサーが強力であったりすると生体は不適応となり，ショック相の状態に戻り恒常性を維持できなくなる。

13.1.3　ストレスによる代謝の変動

ストレッサーは感覚受容器を通して大脳皮質で認知され，セロトニンやドーパミンなどの神経伝達物質が視床下部を刺激し，副腎皮質刺激ホルモン放出ホルモン(CRH)を分泌する。この CRH は下垂体および交感神経の二系統に作用する。下垂体からは副腎皮質刺激ホルモン(ACTH)が分泌され，副腎皮質を刺激してグルココルチコイドを分泌する。グルココルチコイドはストレスに対する抵抗力(ストレス耐性)を強化する。一方，交感神経系では交感神経終末からノルアドレナリン，副腎髄質からはアドレナリンが分泌される。これらは，血管収縮，心拍数増加，血圧上昇，代謝促進として働く(**図 13.2**)。

13.1.4　ストレスと栄養

エネルギー代謝　ストレス下では基礎代謝は 30 ～ 40 ％亢進する。エネルギー源として糖質の消費，たんぱく質，脂質の分解(異化)が増大する。

糖質代謝　ノルアドレナリンやアドレナリンの分泌増加は，肝臓グリコーゲンの分解促進，肝臓での糖新生促進や膵臓でのインスリン分泌抑制により血糖上昇をもたらす。周術期においては，外科手術により生体に侵襲が加わることにより糖新生やインスリン抵抗性が亢進し，「外科的糖尿病」と呼ばれる高血糖状態を呈することがある。

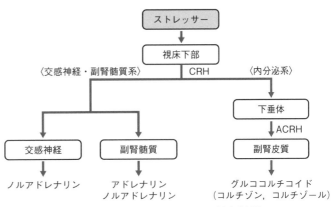

CRH：副腎皮質刺激ホルモン放出ホルモン，ACTH：副腎皮質刺激ホルモン
図 13.2　ストレスに対する生体の反応

たんぱく質代謝　ストレスの程度が大きいほど尿中への窒素排泄量は増加し，窒素出納が負に傾く。これは体たんぱく質の分解促進およびグルココルチコイドによるアミノ酸からの糖新生が亢進し，エネルギー源として利用される。また，必須アミノ酸のトリプトファンは体内でセロトニンに代謝され，精神の安定や落ち着きをもたらす。さらにセロトニンは脳の松果体でメラトニンになり安眠を促す。

脂質代謝　ノルアドレナリン，アドレナリン，グルココルチコイドの分泌が増加するのに伴い，貯蔵脂肪の分解が亢進し，血中への遊離脂肪酸とグリセロールの放出が増加し，エネルギー源として利用される。副腎のコレステロール量は，副腎皮質ホルモンの生成に使われるため減少する。

ビタミン　ビタミン C（アスコルビン酸）は，ストレスに伴って副腎皮質および副腎髄質ホルモンの生成に消費される。糖代謝やアミノ酸代謝の補酵素として作用するビタミン B_1，B_2，ナイアシンは，ストレスによる代謝亢進により消費される。

13.2　特殊環境と栄養ケア・マネジメント

13.2.1　特殊環境下の代謝変化

環境条件の変化に生体が対応するために，次の三つの恒常性がある。

(1) 内部環境の恒常性

生体の構造単位である細胞は，その周囲を細胞外液（血漿，組織液リンパ液）によって，栄養素や酸素を取り込み代謝している。細胞外液は，直接細胞の機能にかかわり，生体の内部環境である。内部環境のホメオスターシスは生存の必要条件であり，それを維持するためには，

① 細胞の必要とする物質の供給として糖質，たんぱく質，脂質水分，無機質（Na，Cl，Ca，P，K，Mg など），酸素，ホルモン

② 細胞の活動に影響を与える要因として体温，血圧，浸透圧，pH，酸素，

酸化ストレス(フリーラジカル), 重力などがある。

(2) 生理的適応

生体が環境の変化に対応して正常に生存していくために, 生体の機能を変化させて恒常性を作り出す過程を生理的適応という。寒冷, 暑熱, 低酸素などの刺激が長期的に作用すると, 体温, 血中酸素濃度などを生理的限界内に維持しようとする調節機能が働く。生理的適応には順化と慣れがある。さらに順化には複合及び単一環境条件に対する適応の二つに区別される。

順化(acclimation) 寒冷, 暑熱, 低酸素など自然の気象条件, 地理的条件, 季節変動, 高所環境など複合および単一環境条件の変化への適応

慣れ(habituation) 環境からの刺激が反復して加わると, その刺激に対する反応, 感覚がしだいに弱くなる現象

(3) 生体の恒常性と適応にかかわる自律神経系の機能

生体は, 恒常性と適応を発現させるための自動的な調節機能を備えている。自律神経系は, 内臓, 血管壁や消化管壁を構成する平滑筋, 心筋の収縮, 分泌腺の調節により内部環境の恒常性を維持している。すなわち, 体温調節, 心臓の機能, 血圧, 組織の血流量, 呼吸機能, 消化器系の運動, 分泌など無意識な調節にかかわっているが, 精神的な要因によって影響を受ける。例えば, 緊張すると汗をかく, 下痢をする, 恐怖で血管が収縮し青ざめるなどである。

自律神経系は, 交感神経と副交感神経の2種類がある。交感神経は, 心身の活動時, 緊張時, 興奮・怒り・不安などの情動時に優位になり, 瞳孔の拡大, 心拍数や心拍出量の増加, 熱産生の促進, 血圧の上昇, 血糖値の上昇, エネルギー基質の動員の促進などエネルギー消費を亢進させる。副交感神経は, リラックスして休養し, 次の心身の活動時に備える際に優位になり, エネルギー基質を蓄積するように働き, 心拍数の上昇を抑え, 消化管運動を高めるなど栄養素の吸収を促進する。

13.2.2 熱中症と水分・電解質補給

(1) 熱中症の分類

熱中症は, 高温多湿な環境下において, 体内の水分および塩分(ナトリウムなど)のバランスが崩れ, 体内の調節機能が破綻することにより発症する障害の総称で, 以下の三つに分類される。

① **熱痙攣** 多量の発汗の際, 汗から失った塩分を補給せずに水分のみを摂取すると起こる状態で, 低ナトリウム性脱水による筋肉の痙攣と痛みを特徴とする。

② **熱疲労** 多量の発汗で細胞外液が減少し, 有効な心拍出量を保てなくなった状態で, 全身の脱力感や頭痛, めまい, 失神などを起こす。脈

拍は速く，弱い。

③ **熱射病** 高温，多湿，無風の環境下での作業で起こりやすい。過度の体温上昇のため，体温調節機能が破綻して，40℃を超えるほどの体温上昇が起こり，中枢神経障害をもたらす。頭痛，嘔吐，痙攣，意識障害などがみられる重篤な状態。これらに対しては，涼しいところで横にして休ませ，水分と電解質を十分に補給する。意識の喪失や体温の異常亢進がある場合は，冷やしながら速やかに医療機関へ運ぶ。

一方，環境省が作成した「熱中症環境保健マニュアル」(2022年3月改訂)によると，熱中症の重症度を「具体的な根治の必要性」の観点から，Ⅰ度(現場での応急処置で対応できる軽症)，Ⅱ度(病院への搬送を必要とする中等症)，Ⅲ度(入院して集中治療の必要性のある重症)に分類されている(表 13.1)。

具体的には，Ⅰ度の症状であれば，すぐに涼しい場所へ移し体を冷やすこと，水分を与えることが必須であり，誰かがそばに付き添って見守り改善しない場合や悪化する場合には病院へ搬送する。Ⅱ度で自分で水分・塩分を摂れないときやⅢ度の症状であればすぐに病院へ搬送する。さらに現場で確認すべきことは，意識がしっかりしているかどうかである。少しでも意識がおかしい場合には，Ⅱ度以上と判断し，病院への搬送が必要である。「意識がない」場合は全てⅢ度(重症)に分類する。

(2) 熱中症と脱水

熱中症は，脱水症の重症型の一つで，細胞外液の喪失に始まる。細胞外液

表 13.1　熱中症の症状と重症度分類

分　類	症　状	症状から見た診断	重症度
Ⅰ度	めまい・失神 　「立ちくらみ」という状態で，脳への血流が瞬間的に不充分になったことを示し，"熱失神" と呼ぶこともあります。 筋肉痛・筋肉の硬直 　筋肉の「こむら返り」のことで，その部分の痛みを伴います。発汗に伴う塩分 (ナトリウムなど) の欠乏により生じます。 手足のしびれ・気分の不快	熱ストレス (総称) 熱失神 熱けいれん	
Ⅱ度	頭痛・吐き気・嘔吐・倦怠感・虚脱感 　体がぐったりする，力が入らないなどがあり，「いつもと様子が違う」程度のごく軽い意識障害を認めることがあります。	熱疲労 (熱ひはい)	
Ⅲ度	Ⅱ度の症状に加え， 意識障害・けいれん・手足の運動障害 　呼びかけや刺激への反応がおかしい，体にガクガクとひきつけがある(全身のけいれん)，真直ぐ走れない・歩けないなど。 高体温 　体に触ると熱いという感触です。 肝機能異常，腎機能障害，血液凝固障害 　これらは，医療機関での採血により判明します。	熱射病	

出所) 環境省環境保健部環境安全課：熱中症環境保健マニュアル 2022 年 3 月改訂 (2022)

の主要な溶質はナトリウムであり，水だけの欠乏ではなく，水とナトリウム
の双方の欠乏である。脱水症は，ナトリウムと水のどちらがより多く欠乏し
ているかにより次のように分類される。

① **高張性(水欠乏性)脱水症**　血漿浸透圧が正常な体液浸透圧(285 mOsm/kg・
　　H_2O)より高い。

② **等張性(混合性)脱水症**　血漿浸透圧が正常と等しい。

③ **低張性(ナトリウム欠乏性)脱水症**　血漿浸透圧が正常より低い。口渇感
　　と口の中の乾燥がなく，循環血液量減少，血圧低下，頭痛，倦怠感を
　　伴う。血漿浸透圧は，通常 280 ～ 295 mOsm/Kg・H_2O であり，295 mOsm/
　　kg・H_2O を超えると口渇感が起こる。

(3) 脱水を回復させる経口補水療法

経口補水液を用いて，脱水状態を改善させる方法で，水分や塩分を速やか
に吸収・補給できるよう塩分(電解質)と糖分の量をバランスよく配合した飲
料で，失われた水分や電解質を速やかに補給する。水，お茶，ソフトドリン
クや電解質濃度の低いスポーツドリンクは，激しい運動や発熱による発汗，
おう吐，下痢などで水分と電解質が大量に失われ脱水状態になっている場合
は，十分な塩分が補給できないので，用いられない(**表 13.2**)。

13.2.3　高温・低温環境と栄養

(1) 体温調節の機序

1)　正常体温

生体は，つねに 37℃前後の体温を維持している。これにより体内での化
学反応の速度は一定に保たれ，代謝は維持されている。体温は日内リズムを
もち，早朝 4 ～ 6 時ごろ最も低く，午後 3 ～ 8 時が最も高くなるが，その
差は 1 日で 1℃前後である。体温が一定に維持されているのは，体温調節中
枢による。

表 13.2　経口補水液の電解質組成

(単位：mEq/L)

成　分	Na$^+$	K$^+$	Cl$^-$	Mg^{2+}	リン (mmol/L)	乳酸 イオン	クエン酸 イオン	炭水化物 (ブドウ糖)
WHO-ORS (2002 年)	75	20	65				30	1.35%
米国小児学会 経口補水療法指針 (維持液)	40 ～60	20			「陰イオン添加」 「糖質と Na モル比は 2：1 を超えない」			2.0～ 2.5%
ORS (病者用食品)	50	20	50	2	2	31		2.5% (1.8%)
ミネラル ウォーター＊	0.04 ～4.04	0.01 ～0.46		0.01 ～5.73				

山口規容子：小児科診療，1994；57(4)：788-792 より作成
＊楊井理恵，他：川崎医療福祉学会誌，2003；13(1)：103-109 より作成
出所）高瀬義昌監修：高齢者の脱水，6，健康と良い友だち社 (2010)

2) 体温の異常

体温調節機能の上限は，体内温 40.5 ～ 41 ℃で，これ以上に上昇するのは脳出血，脳腫瘍，頭部外傷，熱中症，熱射病など体温調節機能の損傷のある場合である。体内温 42 ℃になるとたんぱく質の不可逆的な変性が起こり始め，生命活動は停止する。一方，体温が 35 ℃以下になると調節機能が働くが，32 ～ 33 ℃以下ではその機能が低下して生命に危険が生じる。

3) 体熱の産生

摂取した栄養素の代謝によって生じたエネルギーの 25 ～ 30 ％は筋肉の収縮や神経の伝達に使われるが，70 ～ 75 ％は熱エネルギーとして体温の維持に使われる。この熱産生には，次の a ～ e の因子が関与している。

a　基礎代謝量は男女とも推定エネルギー必要量(身体活動レベルⅡ)の約 60 ％の熱を産生している。

b　筋肉運動(筋収縮)により熱産生は増大する。

c　甲状腺ホルモン・サイロキシン(thyroxine)は体内の酸化反応を促進し，熱の産生を行う。

d　アドレナリン(adrenaline)は熱産生を増加させる。

e　体熱は体温 1 ℃の上昇により，基礎代謝が 7 ～ 13 ％亢進する。

4) 体熱の放散[*]

体熱の放散には，4 つの因子が関与する。

a　幅射では赤外線として熱が放散される。外気温が皮膚温より低い場合のみ有効で，その差が大きいほど大となる。

b　空気への伝導・対流としては，皮周表面および気道から周囲の空気に熱が伝えられる。

c　物体への伝導では，椅子など接している物体へ熱の移動により放熱する。

d　蒸発は発汗していないときでも，絶えず無自覚的に行われている。皮膚表面，呼吸気道からこのような蒸発(不感蒸泄)により放熱する。

＊体熱の放散　裸体安静時での全放熱量に占める割合は，幅射は約 60 ％，空気伝導は約 12 ％，物体伝導は約 3 ％，蒸発は約 25 ％である。

5) 体温調節中枢

視床下部の体温調節中枢には交感神経系と副交感神経系があり，熱産生は交感神経の調節，熱放散は副交感神経の調節下にある。これにより体熱の産生と放散の平衡が維持され，体温は常に一定に保たれている。寒暑の刺激が体温調節中枢へ伝えられる経路には，皮膚の温度受容器から知覚神経を介して伝えられる経路と，視床下部を還流する血液温の変化が直接中枢に作用する経路がある。

(2) 高温環境

外気温が高く，しかも労働や運動などの筋肉運動が行われると，体熱産生の増大が起こり，さまざまな適応現象が起こる。

表13.3　汗と尿の成分の比較

(%)

物　質	汗	尿	物　質	汗	尿
食　塩	0.648〜0.987	1.538	アンモニア	0.010〜 0.018	0.041
尿　素	0.086〜0.173	1.742	尿　酸	0.0006〜0.0015	0.129
乳　酸	0.034〜0.107	−	クレアチニン	0.0005〜0.002	0.156
硫 化 物	0.006〜0.025	0.355	ア ミ ノ 酸	0.013〜 0.02	0.073

出所）中野昭一編：図解生理学. 274, 医学書院（1987）

1)　高温環境下での体温調節

循環器系　暑熱にさらされると，皮膚の血管は拡張し血流は増大する。これにより体内の器官や骨格筋への血流が減少し，心臓への還流血液量は減少する。心拍出量は低下するため，心拍数を増加させ血液量を確保する。

呼吸　呼吸数は増加し，呼気の水分蒸発をさかんにする。

発汗　室温29℃までは不感蒸泄によって蒸発が行われるが，外気温の上昇や運動などにより体熱産生が増大すると，発汗による蒸発が行われる。発汗は，着衣状態では室温25〜27℃，裸体では室温29℃以上で平均皮膚温約34℃になると始まり，蒸発による熱放散量が増加する。高温多湿環境では，蒸発による体熱放散は著しく減少するため，危険な脱水状態になり，深部体温は急上昇する。外気温36℃以上になると熱は逆に周囲より体内に吸収される。この場合の体熱放散の唯一の方法は発汗による水分の蒸発のみとなる。汗の成分とその濃度を表13.3に示した。

筋肉運動の抑制　体内に多量の熱を産生するような行動は少なくなり，行動はゆったりしてくる。

消化機能の低下　発汗により食塩を失うことは胃液分泌の低下，胃液の酸度の低下をきたし，食欲不振をまねく。

2)　高温環境下での代謝

発汗により水分と電解質が失われるため，体内にこれらを保持しようとする内分泌性の調節が行われる。腎臓における水の再吸収を促進するために下垂体から抗利尿ホルモン（ADH：antidiuretic hormone）の分泌が増加し，尿への水分排泄を抑制し，発汗を助ける。一方，副腎皮質からアルドステロン（aldosterone）が分泌され，尿細管でのナトリウムの再吸収を促進するように作用する。

⋯⋯⋯⋯⋯⋯⋯⋯⋯ **コラム13　寒暑順化と食物** ⋯⋯⋯⋯⋯⋯⋯⋯⋯

夏の暑いときは食欲が減退し，脂肪質のものより，冷めたいそうめんやそばなどが食べたくなる。寒いときは脂肪性のものや甘いものを食べたいと思う。人は気候環境に応じた食物を摂り適応をしている。

吉村ら（1970）によると，日本人の基礎代謝量は夏は低く，冬は高い二相性（その差10〜14％）の変動をするが，欧米人の基礎代謝量は，日本の気候下で生活していても季節変動はみられない。これには脂肪の摂取量が関係し，欧米人の高脂肪食（脂肪エネルギー比30〜35％以上）は，甲状腺機能を亢進させ，寒冷順化を促進し，さらに高温環境下でも基礎代謝量を低下させない。

これに対し高糖質食は，高温下での代謝を低下させ，放熱を軽減するなど高温順化に有効である。米を主食とする日本やアジアの熱帯地域では，高糖質食により暑さに適応してきた。近年，わが国の脂肪摂取量は増加傾向にあり，将来，基礎代謝量の年間の変動幅は小さくなることが推測されている。

3) 高温環境と栄養

発汗と水分補給　高温環境下での労働や運動は，多量の発汗による脱水と脱塩を生じる。水分を補給して血漿量を維持し，循環と発汗を最適にする。汗に含まれる電解質，さらに糖質の補給も重要である。これは筋肉運動による筋肉グリコーゲンの消費，血糖の低下が起こるため，糖質を唯一のエネルギー源としている脳神経赤血球の活動が低下し，十分な身体活動ができなくなるからである。市販のスポーツ飲料には，基本的には，糖質，ミネラル，ビタミンが添加され，その水溶液の浸透圧はほぼ等張になるように調整されている。これは等張電解質の方が，水よりも速やかに腸管から吸収されるためである。糖質は吸収の速いブドウ糖，果糖やショ糖である。電解質は，陽イオンとしてはおもに細胞外液にあるナトリウムと細胞内液のカリウム，また陰イオンとして塩素が用いられている。ビタミンは，糖質の代謝を円滑にするためにビタミン B_1，B_2 が，また，筋肉疲労や精神的疲労の回復を促進するためにビタミン C が加えられている。飲料水の温度は 5℃ ぐらいの冷たさが望ましく，体温を下げるのに役立ち，口渇感を和らげ気分的にリフレッシュできる。

夏バテとその対策　日本の夏は高温高湿でむし暑く，大都市では人工熱の放熱などで夜になっても気湿が下がりにくく，熱帯夜が続く。睡眠不足や生体リズムの乱れは神経系の不調さらに自律神経失調をまねき，食欲不振や胃腸障害など体力の低下(いわゆる夏バテ)を引き起こす。冷た過ぎる食べ物や飲料水による胃腸障害や冷房病もその原因となる。回復には，消化の良い良質なたんぱく質，食塩，水分，ビタミン B_1，B_2，C の補給が必要である。また，休養を十分にとり，夜型の生活はできるだけ避ける。調理には香辛料，食酢，食塩を用いて胃液の分泌を促進し，食欲の増進をはかる。

(3) 低温環境

寒さは気温の低下だけでなく，風速の強さが大きく関わっている。寒さは，血管を収縮させたり，筋肉を緊張させるため，特に高血圧や心臓病など循環器の病気には危険を生じやすい。

1) 低温環境下での体温調節

低温環境で交感神経が興奮しアドレナリンの分泌が増加すると，皮膚血管の収縮が起こり，末梢血管抵抗は増大して血圧は上昇する。また，ふるえ，立毛筋の収縮(鳥肌)や筋肉の緊張により，熱産生は促進し熱放散は抑制される。

2) 低温環境下での代謝

寒冷刺激によりグルココルチコイドの分泌が増加し，アドレナリンやサイロキシンの作用が促進することにより血糖利用率が高まり，食欲の増進が起こる。ノルアドレナリンが分泌され，脂肪組織の貯蔵脂肪が分解されると，

血中に遊離脂肪酸が増える。脂肪酸はβ酸化を受けて産熱を促進する。たんぱく質の分解により生じたアミノ酸からの糖新生が亢進し、エネルギー需要の増大に対応する。

3) 低温障害

脳への寒冷の影響　長時間寒冷下にさらされると、体温の低下に伴い、いち早く脳の働きが障害される。精神活動の鈍麻に始まり、眠気、倦怠などが現われて、正確な判断がつきにくくなる。一方、筋肉は動きが鈍くなり、歩行は酩酊状態のようにふらつき、ふるえや呼吸は弱くなってくる。この状態が進むと組織の酸素が欠乏し、幻覚や錯覚が現われ意味のないことを口走ったりする。遂には昏睡状態に陥り、脈拍微弱となり、呼吸も絶えだえとなる（仮死状態）。このまま放置すると強直痙攣を起こして死亡する（凍死）。

凍傷　皮膚組織が氷点下で冷却されたため組織が凍結し、損傷したものをいう。酷寒地で不完全な防寒着や防寒具で長く寒風にさらされたり、素手で金属を握ったり、靴下をぬらしたまま足を冷やした場合に凍結しやすい。手足、耳、鼻、頬など身体の末梢部位に起こりやすい。予防には、防寒と抵抗力の増強が必要である。温かい食物、特に糖質に富んだものは身体を暖め、エネルギーの補給や体熱の産生を促進するため有効である。手足の局所に痛みを発する場合は、局所の保温と血流の促進に努める。

凍瘡（しもやけ）　8〜10℃程度の冷たい外気または冷水に、繰り返し手足をさらすと発症する。皮膚血管が寒冷によって麻痺して、局所のうっ血が起こり、その結果、血管壁はその透過性が増し、血液中の水分が組織に浸出する。ひどくなると水疱やびらんとなり潰瘍を生じる。

飲酒酩酊　泥酔して戸外に寝込んでしまうと、体温調節機能が麻痺し、皮膚血管の収縮による放熱抑制の能力が失われ凍死に陥る。

4) 低温環境と栄養

低温環境下では、エネルギー代謝が亢進し、食物摂取量は増加する。エネルギー源として、炭水化物は最優先され燃焼も速いが、脂肪はゆっくり燃焼し、生理的燃焼熱も高く、耐寒性を促進する効果がある。エネルギー代謝を円滑に行うために、ビタミンB_1・B_2、マグネシウムが必要である。グルココルチコイド、アドレナリンの分泌亢進は、ビタミンC消費量の増加やたんぱく質代謝の亢進をもたらす。パントテン酸は、副腎皮質ホルモンの合成および脂肪代謝に関与する。皮膚表面や末端の血管収縮、体中心部の血流増加のため利尿が促進され、水分の喪失が起こる。したがって寒冷下の作業には、温かい、甘い飲料やスープを栄養と水分補給のために用意しておくとよい。唐辛子の辛味成分のカプサイシンは中枢神経を刺激し、アドレナリンの分泌を促進して体温を上昇させる。また、保温には、ニンニク、玉ねぎ、卵、

表 13.4　南極地域観測越冬基地食栄養摂取量

栄養素他\区分	1人1日平均栄養摂取量												
	エネルギー kcal	たんぱく質 g	脂質 g	カルシウム mg	鉄 mg	ビタミン				穀類エネルギー比 %	たんぱく質エネルギー比 %	脂質エネルギー比 %	動物性たんぱく質比 %
						A効力 IU	B$_1$ mg	B$_2$ mg	C mg				
*3 次隊	3,300												
*5 次隊	3,762	105.2	112.3							49	11	27	53
*7 次隊	4,789	201.8	190.3							46	17	36	56
*8 次隊	4,837	241.9	137.1							51	20	26	64
13次隊	3,454	128.1	131.3	506	13.7	2,645	1.91	1.59	132	44	15	34	62
15次隊	3,092	111.7	121.0	480	11.8	2,641	1.87	1.40	157	46	14	35	61
21次隊	2,922	129.4	113.5	595	16.1	2,706	1.85	1.60	85	45	18	35	62
基準量	3,778	144.8	161.1	878	17.7	3,804	2.34	2.00	162	43	15	38	62

注）＊三訂食品成分表より算出。東京都食品類別荷重平均成分表より算出（1980）
出所）藤野富士代：栄養日本, 39, 14（1996）

バター，チーズなどを調理に用いるとよい[*1]。食塩は，体熱産生を促し耐寒性を増加させる効果があるが，高糖食での食塩摂取量の増加は，寒冷下の血圧上昇作用を増強させることに留意する必要がある。

　参考として南極特別委員会による，南極越冬隊の栄養摂取基準量を示した。これによると，平素 2,500 kcal 摂取している人も，極地では 3,500 kcal または，それ以上が必要になる（表 13.4）。

13.2.4　高圧・低圧環境と栄養

　日本人の多くは，海抜 300 m 以下の平地に 1 気圧[*2]のもとで生活している。気圧は，海面から上昇するほど低下し，これに伴い空気中の酸素分圧（気圧 ×O$_2$ 組成％）は下がり，絶対量が減少するため酸素を摂取しにくくなる（酸素解離特性[*3]）。一方，水中では水深 10 m ごとに 1 気圧が加わり，10 m の水深では，2 気圧になる。気圧の変化による障害として，低圧では高山病，高圧ではその状態から常圧に戻る時に起こる潜水病がある。低圧および高圧環境における生体の適応現象とその限界を知ることは，気圧の変化による障害を予防する上で重要である。

（1）低圧環境

　低圧環境として知られているのは高所である。高所では，低圧に伴う低酸素と低温の影響が体に加わる。標高による気圧と酸素分圧の低下（酸素解離特性）は，標高 2,500 m では海面の約 4 分の 3，標高 5,500 m では約 2 分の 1，地球最高峰エベレスト（チョモランマ・標高

*1　ニンニクや玉ねぎに含まれるビタミン B$_1$ は，アリシンと結合したアリチアミンで腸管からの吸収率が高く，エネルギー代謝を活発にする。卵やチーズの良質たんぱく質は，熱産生が高く体温保持によい。高脂肪のバターは，生理的燃焼熱が高く，エネルギー源として耐寒性を増強する。

表 13.5　高度と気圧および酸素分圧

高度 (m)	気圧 (mmHg)	酸素分圧 (mmHg)	高度 (m)	気圧 (mmHg)	酸素分圧 (mmHg)
0	760	159	5,000	405	85
500	716	150	5,500	379	79
1,000	674	141	6,000	354	74
1,500	634	133	6,500	330	69
2,000	596	125	7,000	308	65
2,500	560	117	7,500	287	60
3,000	525	110	8,000	267	56
3,500	493	103	8,500	248	52
4,000	462	97	9,000	231	48
4,500	432	91	9,500	213	45

出所）牧野国義：環境と保健の情報学, 99, 南山堂（1997）

*2　気圧　気圧は大気が地面に及ぼす圧力で，1 気圧は水銀柱の高さ 760 mmHg。または 1013 ヘクトパスカル（hPa：hect pascal）で表わす。

*3　酸素解離特性　0 m で空気中の酸素分圧が 149 mmHg の時，ヘモグロビンの 97 ％が酸素で飽和される。しかし，高度 3000 m で空気中の酸素分圧が 110 mmHg になるとヘモグロビン酸素飽和度は 90 ％に低下する（表 13.5, 6）。このように，高度が上がるにつれて酸素分圧は低下し，大気中から肺に取り込む酸素も減少する。酸素分圧の低下は，血液や組織が低酸素状態に陥る原因となる。

8848 m)では約3分の1になる(**表13.5**)。また、気温は1,000 mごとに6℃ずつ下がるため、地上14℃の時2,500 mでは0℃、標高5,500 mでは零下18℃位、エベレスト山頂では零下38℃位、高度1万m上空では、零下50℃位にもなる。

1）　低圧環境における生体反応

呼吸器・心臓　酸素の少ない環境では、酸素を摂取しにくくなるため呼吸が大きくなり、換気量の増大によって酸素不足を代償する。また、取り込んだ酸素を細胞に運ぶため心拍数は増加する。

血液の変化　低酸素状態になると、腎臓からエリスロポエチン産生が増加し骨髄に作用し、赤血球の生成を促進する。そのため、高地に長期間滞在すると、赤血球や血色素が増加する。長距離陸上選手らを対象とした高地トレーニングにも応用されている。

消化器系　交感神経の興奮によって消化管の血流が少なくなり、働きが抑制されるために食欲が減退し食物摂取量も減少する。さらに、肝臓のグリコーゲンがブドウ糖に分解して血糖値が高くなり食欲が抑えられる。その結果、長期間の高所での滞在では、体重の減少が起こる。この減少は脂肪とたんぱく質の異化に基づく。また、甘いものを嗜好するようになるが、寒冷の作用も加わると脂肪代謝も促進され、筋のふるえがあると糖の利用も促進される。

神経系　特に脳は酸素消費量が大きいため、低酸素によって脳では思考力、判断力、計算力の低下が起こる。交感神経系が優位となり副腎髄質からのアドレナリンの分泌が増加する。

視力：酸素不足に鋭敏に反応するのは夜間の視力低下(うす暗いところで物を見る視力)である。3,000 m以下の高度でも起こる(**表13.6**)。

体水分量　低圧の高所環境では低温・乾燥空気によって換気量が増大するため、呼気や皮膚からの水分放出が増加する。つまり、不感蒸泄量が増大する。高所での登攀(とうはん)の場合、発汗によって失われる水分量が増加するにもかかわらず、口渇感の麻痺により飲水量が減少するため、さらに脱水のリスクが高まる。

2）　高地居住と順化

世界で最も高地にある都市は標高3,750mのラパス(ボリビア)で、ついで標高3,600 mのラサ(チベット)であり、さらに標高5,000 mを超える高地に1,400万人が居住している。これらの人びとは「高

表13.6　急性低圧環境暴露時の生理的高度区分と低酸素症症状

生理的高度区分	高度(m)	肺胞酸素分圧(mmHg)	動脈血の酸素飽和度(%)	症　状
不関域	3,000以下	109〜60	97〜90	夜間視力が低下するほかは、ほとんど症状はあらわれない。
代償域	3,000〜4,500	60〜45	90〜80	呼吸・循環系の機能亢進による代償作用がほぼ完全に行われるので、酸素欠乏による障害は普通あらわれない。
障害域	4,500〜6,000	45〜35	80〜70	代償が不完全なため、組織の酸素欠乏をきたし、中枢神経症状、循環器系症状などがあらわれる。
危険域	6,000以上	35以下	70以下	意識喪失、ショック状態となり、生命の危険が生じる。

出所) 万木良平，井上太郎：異常環境の生理と栄養，145，光生館（1980）

「所順化」という適応現象により日常生活を営んでいる。

中央アンデス山地の標高4,500mの鉱山村モロコカの住民と，海面に近い平地リマの住民の血液性状を比較すると，赤血球，ヘマトクリット値，ヘモグロビン量は，いずれも約1.3倍に増加しており，高所に順化した人びとに特異的な赤血球の増生機能の亢進が認められた（表13.7）。

3）　高山病

近年，バスや登山電車を利用することにより標高2,000〜3,000mの山に登ることも可能になり，**高山病**[*]も身近な問題になってきた。高山病は，適応のための時間を超越した急速な登行により，急激な低酸素状態にさらされることによって生じる。症状により急性高山病・高所肺水腫・高所脳浮腫・高所眼底出血があるが，いずれも浮腫を伴う体液の分布異常を病態としている。急性高山病は軽症の高山病で，症状は頭痛，不眠，食欲不振，吐き気，おう吐，倦怠感，息切れ，めまいなどである。

4）　低圧環境と栄養

高所に永住できる高度の限界は5,000〜6,000mまでとされている。このような順化可能限界高度，またはそれ以上の低圧環境では摂食，飲水量の低下をきたし脱水を伴う体重減少がみられる。登山活動において標高3,000m以下の高度では，摂取エネルギー量は約4,500 kcal/日を必要とし，通常は摂取可能である。しかし，標高5,000〜6,000m以上の高地で気圧が2分の1以下になると食欲が減退し，エネルギー摂取量は3,500 kcal/日になる。

高所環境では嗜好の変化をきたし，脂肪分の多い食物を敬遠し，糖質を多く含んだ飲料を好む傾向が強くなる。摂食量が低下するので高エネルギーで栄養価の高いもの，消化吸収のよいものを摂取する。また脱水予防には，1

表13.7　0mの平地住民と標高4,540mの高地住民の血液性状の比較

（平均±SE）

項　目		平地住民 （0m）	高地住民 （4,540m）
赤 血 球 数	（万/mm³）	511±2	644±9
ヘマトクリット値	（%）	46.6±0.15	59.5±0.68
ヘモグロビン量	（g/dl）	15.64±0.05	20.13±0.22
網 赤 血 球 数	（千/mm³）	17.9±1.0	45.5±4.7
総 ビ リ ル ビ ン 量	（mg/dl）	0.76±0.03	1.28±0.13
間接ビリルビン量	（mg/dl）	0.42±0.02	0.9±0.11
直接ビリルビン量	（mg/dl）	0.33±0.01	0.37±0.03
血 小 板 数	（千/mm³）	406±14.9	419±22.5
白 血 球 数	（千/mm³）	6.68±0.10	7.04±0.19
循 環 血 液 量	（ml/kg体重）	79.6±1.49	100.5±2.29
循 環 血 漿 量	（ml/kg体重）	42.0±0.99	39.2±0.99
全 赤 血 球 容 積	（ml/kg体重）	37.2±0.71	61.1±1.93
全ヘモグロビン量	（g/kg体重）	12.6±0.3	20.7±0.6

出所）表13.6と同じ，153（1980）

[*] **高山病**　高山病の予防対策としては，ゆっくり時間をかけて登る。尿はできるだけ排泄するようにする。お茶やスポーツ飲料などを多く飲み，電解質を正常な状態に戻す。高山病になったらできるだけ早く低地に引き返す。酸素吸入により病状は好転するので携帯酸素ボンベを装備するのもよい。現在，富士山や北アルプス登山でも携帯酸素ボンベはよく使用されている。

コラム14　減圧症の予防

予防の基本は，潜水中に溶け込む窒素が過飽和になりすぎないために，あまり深く潜らないことである。具体的には14mなら40分間，20mなら20分，30mなら10分間程度までなら安全で，30mを超える潜水は行わないのが無難である。これを大幅に超え，一定以上窒素を取り込んでしまった潜水からの浮上に際しては，排出していく窒素が過飽和の許容限度を超えないよう，浮上を途中で停止し，溶在窒素が許容範囲まで減少するのを待って，再び浮上していく減圧方法を行う（日本体力学会学術委員会監修『スポーツ医学』より）。

日の尿量を約 1.5 L に維持するために 3 〜 4 L の水分摂取が必要である。

(2) 高圧環境

高圧環境にさらされるのは，水中での潜水・潜函作業などがある。

1) 高圧による障害

常圧から高圧への加圧作用によるものと，高圧から常圧への減圧作用によるものとに分けられる。特に問題となるのは高圧環境から常圧に急激に戻るときに起こる障害である。これは高圧のもとで血液に溶け込んでいた窒素の気泡が，急な減圧により血管にガス塞栓の状態を起こすためで，減圧症または潜水病という。関節と筋肉の痛み，および発疹やかゆみが主症状の I 型と，呼吸困難，胸痛，しびれ，めまい，麻痺，意識障害などの症状の II 型に分類される。

2) 高圧環境と栄養

高圧環境では皮膚からの熱放散が大きく，皮膚温が低下しやすい。体温維持のためには高エネルギー摂取が望ましい。活性酸素が発生しやすいため，抗酸化効果をもつビタミン A，C，E を補給する。

13.2.5 無重力環境（宇宙空間）と栄養

人間が 1961 年に宇宙空間に進出して 60 年あまりが経過した。長期宇宙ステーション滞在や短期の宇宙観光旅行も現実のものとなってきた。宇宙空間という特殊な環境下で，人体は循環器，骨代謝，筋肉系，血液系，免疫系，感覚系や放射線被爆などさまざまな影響を受ける。したがって，無重力環境での適切な栄養摂取や食事のあり方は，宇宙環境で働く人びとの健康状態を維持するための重要な課題である。

(1) 無重力環境の人体への影響

骨量の減少　重力負荷のない状況では，骨から脱カルシウムを生じ，尿中へのカルシウムの排泄が増加し骨密度が低下する。これは地上で荷重のかかる骨，とくに踵骨の脱カルシウムが著しい。また，尿中へのカルシウム排泄の増加は，尿路結石へと結びつく心配がある。

筋萎縮　重力に対抗して身体を動かし姿勢を保持する必要がないため，とくに抗重力筋という姿勢を維持する筋肉（大腿筋，腓腹筋）は，廃用性萎縮を生じる。

循環器系への影響　重力に逆らって脳に血液を循環させるための血圧調節機能が低下する。宇宙においては顔のむくみ，頭重感（頭が重たい感じ），鼻閉感（鼻がつまる感じ）等を生じる。また，地球帰還時の再重力負荷において，頭部へ移動した体液が急激に移動するため起立したときの血圧低下を生じ，意識消失を起こす場合（起立性の低下）がある。

宇宙酔い　無重力状態に入り数分から数時間以内に「宇宙酔い」という乗

り物酔いと似た症状が
現われる。症状は倦怠
感，生あくび，冷や汗，
顔面蒼白，胃部不快感，
吐き気，突発的な嘔吐
である。原因は「眼と
耳の離反」である。地
上では地球の重力に従
って上下の区別があり，
これを確認して平衡感
覚を司る前庭神経系
（耳）でバランスをとっ
ているが無重力の宇宙
空間では，絶対的な位

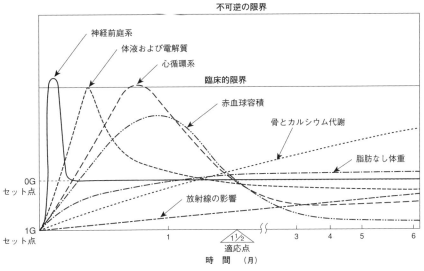

図 13.3　無重力への順応過程

出所）渡辺悟：無重力環境の人体への影響，化学と工業，42（7），768（1989）

置関係がなくなるため，平衡感覚を失い混乱することによる（図13.3）。

宇宙放射線の影響　宇宙空間では，宇宙放射線を遮る地表の厚い大気や地
球の磁湯がないため，地上に比べて大量の放射線がある。とくに太陽活動が
活発な時には，高エネルギーの粒子が大量に放出される。宇宙放射線被爆に
よる発がんや遺伝的影響の発現については長期的影響を監視する必要があり，
宇宙飛行士の健康管理上重要な問題である。

国際宇宙ステーション(ISS)における精神面への影響　現在，ISS においては
少人数多国籍の宇宙飛行士が 3 ～ 6 か月の長期閉鎖環境で，共同生活，各種
実験，宇宙船の運航について細かい作業スケジュールで行動している。宇宙
飛行士の精神的ストレスの影響も十分検討されなければならない。

(2) 国際宇宙ステーション滞在時における栄養管理

宇宙環境で重要なミッションを行う宇宙飛行士にとって，「食事」は，肉
体的・精神的な健康を維持するために重要であり，宇宙滞在中の食事の摂取
量や栄養バランスは，地上からモニタリングを行っている。過去の短期およ
び長期宇宙滞在データから，自由に食事をした場合には宇宙滞在中の宇宙飛
行士のエネルギー摂取量は世界保健機構(WHO)の推奨する摂取基準量より
も一般的に 30 ～ 40 ％ほど低く，一方，エネルギー消費量は同じか上回る
ことが示されている（**表13.8**）。

ISS では医学運用の要求として，1 週間に 1 度程度，食事摂取についての
アンケート（食物頻度調査 Food Frequency Questionnaire：FFQ）を実施している。ア
ンケートの回答は，地上に送信される。また，実験としては栄養状態の評価
（採血・採尿分析）も行われている。

　2006 年 12 月 5 日，JAXA は，ISS に滞在する宇宙飛行士へ供給するための宇宙食の認証基準を発表した。日本国内で製造された食品について衛生面，栄養面，品質面に加え，ISS への供給という特殊性を考慮し，保存面，調理面，無重力環境での摂食性などの基準を制定している。「宇宙日本食」は，日本人宇宙飛行士をはじめとする ISS 長期滞在宇宙飛行士の健康維持への貢献と共に，将来的には地上での食生活，非常時用の保存食，栄養強化食品等への応用も期待されている。

13.2.6　災害時の栄養

　近年，日本各地で地震や風水害等の自然災害が国民生活に不安と衝撃を与えている。2011 年 3 月の東日本大震災を機に被災地への行政栄養士の派遣が始まり，災害時における被災者の栄養・食生活支援活動が重要視されている。日本には様々な災害対策・対応に関する法令があり，災害とは，地震をはじめとする異常な自然現象や大規模な火事，原子力緊急事態など，様々な原因によって国民の生命・身体・財産に生じる被害と定義されている。

（1）災害の分類

　原因，発生場所，スピード・期間による分類がされている。原因をもとに大別すると自然的素因による災害，社会的素因による災害があり，自然的素因には地形，地質，気象，気候などの自然的条件によるもの，社会的素因に危険地の開発，人間関係の希薄化，核家族化，貧困などによるものが挙げられる。また，発生場所による分類として，都市型災害と地方型災害がある。都市型災害では，ライフラインの寸断によりただちに日常生活が困難となる。また日頃からの人間関係が希薄であるため被災者同士の支えあいが難しくなる。地方型災害では，被災者が孤立しやすく，支援が行き届かず，遅れがちになりやすい。

　被害・影響が発生するスピード・期間による分類には，急性期，亜急性期，

表13.8　国際宇宙ステーション滞在時と米国および日本の食事摂取基準

栄養素	ISSミッション摂取基準 (360日以内)	惑星ミッション (数年)	米国 (地上基準) 男性	米国 (地上基準) 女性	日本 (地上基準) 男性	日本 (地上基準) 女性	単位
エネルギー	WHO基準に準じる[*1]	EER基準に準じる[*2]	EER基準に準じる[*2]		2,400 − 2,650	1,950 − 2,000	kcal
たんぱく質	10 − 15	0.8 g/kg/d, <35% 2/3動物性, 1/3植物性	10 − 35	10 − 35	<20	<20	%エネルギー比
炭水化物	50	50 − 55	45 − 65	45 − 65	50 − 70	50 − 70	%エネルギー比
脂質	30 − 35	25 − 35	20 − 35	20 − 35	20 − 25	20 − 25	%エネルギー比
水分	1.0 − 1.5[*3], >2,000[*4]	1.0 − 1.5[*3], >2,000[*4]	3,700[*4]	2,700[*4]	(−)[*5]	(−)[*5]	[*3]ml/kcal, [*4]ml/d
ビタミンA	1,000	700 − 900	900	700	700 − 750	600	μgレチノール当量
ビタミンD	10	25	5 − 10	5 − 10	5	5	μg
ビタミンE	20	15	15	15	8 − 9	8	mg α-トコフェロール当量
ビタミンK	80	120 (男性), 90 (女性)	120	90	75	65	μg
ビタミンC	100	90	90	75	100	100	mg
ビタミンB$_{12}$	2	2.4	2.4	2.4	2.4	2.4	μg
ビタミンB$_6$	2	1.7	1.3 − 1.7	1.3 − 1.5	1.4	1.2	mg
チアミン (ビタミンB$_1$)	1.5	1.2 (男性), 1.1 (女性)	1.2	1.1	1.3 − 1.4	1.0 − 1.1	mg
リボフラビン	2	1.3	1.3	1.1	1.4 − 1.6	1.2	mg
葉酸	400	400	400	400	240	240	μg
ナイアシン	20	16	16	14	14 − 15	11 − 12	NE or mg
ビオチン	100	30	30	30	45	45	μg
パントテン酸	5	30	5	5	6	5	mg
カルシウム	1,000 − 1,200	1,200 − 2,000	1,000 − 1,200	1,000 − 1,200	600	600	mg
リン	1,000 − 1,200 Ca摂取の1.5倍以下	700 Ca摂取の1.5倍以下	700	700	1,050	900	mg
マグネシウム	350	320 (女性), 420 (男性), <350サプリメント	420	320	350 − 370	280 − 290	mg
ナトリウム	1,500 − 3,500	1,500 − 2,300	1,300 − 1,500	1,300 − 1,500	<4,000	<3,200	mg
カリウム	3,500	4,700	4,700	4,700	2,000	1,600	mg
鉄	10	8 − 10	8	8 − 18	7.5	10.5	mg
銅	1.5 − 3.0	0.5 − 9	0.9	0.9	0.8	0.7	mg
マンガン	2.0 − 5.0	2.3 (男性), 1.8 (女性)	2.3	1.8	4.0	3.5	mg
フッ素	4	4 (男性), 3 (女性)	4	3	(−)[*5]	(−)[*5]	mg
亜鉛	15	11	11	8	9	7	mg
セレン	70	55 − 400	55	55	30 − 35	25	μg
ヨウ素	150	150	150	150	150	150	μg
クロム	100 − 200	35	30 − 35	20 − 25	35 − 40	30	μg
食物繊維	10 − 25[*6]	10 − 14 g/1,000 kcal	30 − 38[*6]	21 − 25[*6]	24 − 26[*6]	19 − 20[*6]	[*6]g/day

[*1]　WHOの計算式
　男性 (30−60歳, 活動度ふつう)：必要摂取エネルギー = 1.7 × (11.6 × 体重〔kg〕 + 879)
　女性 (30−60歳, 活動度ふつう)：必要摂取エネルギー = 1.6 × (8.7 × 体重〔kg〕 + 829)
　船外活動時は500kcal増
[*2]　地上の米国基準 (EER：推定エネルギー必要量)
　次の公式に年齢, 体重, 身長, 活動度の因子 (activity factor) = 1.25を代入。
　男性 (19歳以上)：EER = 622 − 9.52 × 年齢 + 1.25 × (15.9 × 体重〔kg〕 + 539.6 × 身長〔m〕)
　女性 (19歳以上)：EER = 354 − 6.91 × 年齢 + 1.25 × (9.36 × 体重〔kg〕 + 726 × 身長〔m〕)
[*3], [*4], [*6]：表の右側の単位参照　　[*5]：表示されていない
米国人の食事摂取基準は, 米国農務省による「アメリカ人のための食事摂取基準 (2005年版)」による。
日本人の食事摂取基準は, 厚生労働省 (2005年版) による。
EER：推定エネルギー必要量 (estimated energy expenditure：EER)
出所)　松本暁子：宇宙での栄養, 宇宙航空環境医学, 45(3), (2008)

慢性期があり，地震や竜巻など予測や警報を出すことが難しいものを急性期とし，台風や火山噴火など警報を出すことが可能なものを慢性期，干ばつや飢饉などは被害の発生までの経過が長いため慢性期とされている。

(2) 災害時のフェーズと栄養学的対応

災害時の栄養を考える際には，災害時の各段階（フェーズ）に応じた栄養などを考慮した食事の提供を考える必要がある。図13.4に災害時の栄養・食生活支援ガイドを示した。災害発生直後は，水とエネルギーの補給を最優先に考え，避難所に支援物資が配給されるまでの間は非常食を使用する。水分の摂取不足は，脱水症や便秘，エコノミークラス症候群などを生じる原因となるため積極的な水分補給が重要となる。エネルギー補給については，発災直後のフェーズ0～1（72時間まで）はおにぎり，カップ麺，パン類などの炭水化物が中心の偏った栄養摂取が続くことが多い。フェーズ2（4日目～1か月）以降の期間では，たんぱく質不足やビタミン，ミネラルの不足への対応が必要になる。特に被災という身体的・精神的ストレスによりエネルギーやたんぱく質とともにビタミン B_1 をはじめとするビタミンB群や抗酸化作用を有するビタミンCやビタミンEを補給する。

(3) 東日本大震災の際にフェーズごとに示された栄養の参照量

東日本大震災の発生の約1か月の時点で，被災後3か月までの当面の目標として厚生労働省より「避難所における食事提供の計画・評価のための当面

フェーズ	フェーズ0	フェーズ1	フェーズ2	フェーズ3	フェーズ4
	初動対策期	緊急対策期	応急対策期	復旧対策期	復興対策期
	24時間以内	72時間以内	4日目から1～2週間	概ね1～2週間から1～2か月	概ね2か月以降
状況	ライフライン寸断	ライフライン寸断	ライフライン徐々に復旧	ライフライン概ね復旧	仮設住宅
想定される栄養課題	食糧確保 飲料水確保　要食配慮者の食品不足（乳児用ミルク，アレルギー食，嚥下困難者，食事制限等）	支援物資到着（物資過不足，分配の混乱）　水分摂取を控えるため脱水，エコノミー症候群	栄養不足 避難所栄養過多 栄養バランス悪化　便秘，慢性疲労，体調不良者増加 エコノミー症候群　食生活上の個別対応が必要な人の把握	食事の簡便化 栄養バランス悪化 栄養過多　慢性疾患悪化　活動量不足による肥満	自立支援 食事の簡便化 栄養バランス悪化 栄養過多　慢性疾患悪化　活動量不足による肥満
栄養補給	高エネルギー食	たんぱく質，ビタミン，ミネラル不足への対応			
食事提供	主食（おにぎり・パン等）　水分	炊き出し ――――	弁当 ――――		―――→
支援活動		避難所アセスメント，巡回栄養相談			健康教育，相談

図13.4　フェーズに応じた栄養・食生活支援活動

出所）日本栄養士会：災害時の栄養・食生活支援マニュアル（2022）

表 13.9　避難所における食事提供の計画・評価のための当面目標とする栄養の参照量（対象特性別）

	対象特性別（1人1日当たり）			
	幼児 （1～5歳）	成長期I （6～14歳）	成長期II・成人 （15～69歳）	高齢者 （70歳以上）
エネルギー（kcal）	1,200	1,900	2,100	1,800
たんぱく質（g）	25	45	55	55
ビタミンB$_1$（mg）	0.6	1.0	1.1	0.9
ビタミンB$_2$（mg）	0.7	1.1	1.3	1.1
ビタミンC（mg）	45	80	100	100

※日本人の食事摂取基準（2010年版）で示されているエネルギー及び各栄養素の摂取基準値をもとに，該当の年齢区分ごとに，平成17年国勢調査結果で得られた性・年齢階級別の人口構成を用いて加重平均により算出。なお，エネルギーは身体活動レベルI及びIIの中間値を用いて算出。
出所）厚生労働省健康局

目標とする栄養の参照量（対象特性別）」（表13.9）が示された。これら参照量は日本人の食事摂取基準（2010年版）の各栄養素の摂取基準値をもとに算定されている。

　さらに東日本大震災の発生の約5か月の時点でエネルギーおよびたんぱく質，ビタミンB$_1$，B$_2$，Cの摂取不足の回避のための参照量（表13.10），「対象特性に応じて配慮が必要な栄養素について」（表13.11）として，カルシウム，ビタミンA，鉄，食塩が示された。

(4) 日本栄養士会災害支援チーム（JDA-DAT）

　日本栄養士会は，2011年3月に発生した東日本大震災を機に，大規模災害発生時に被災地での支援活動を行う「日本栄養士会災害支援チーム（JDA-DAT：The Japan Dietetic Association-Disaster Assistance Team）」を設立した。JDA-DATは，国内外で地震，台風など大規模な自然災害が発生した場合，迅速に被災地内の医療・福祉・行政栄養部門と協力して，緊急栄養補給物資の支援など，状況に応じた栄養・食生活支援活動を通じ，被災地支援を行うことを目的としている。JDA-DATは，災害支援管理栄養士と被災地管理栄養士で構成され，研修を通じ，災害発生後72時間以内に行動できる機動性や大規模災害に対応できる広域性，栄養支援トレーニングによる専門的スキルなどを養っている。また，食料の調達，移動手段の確保などを自身で行う自己完結性も備えるよう

表 13.10　避難所における食事提供の評価・計画のための栄養の参照量
　　　　　─エネルギー及び主な栄養素について─

目的	エネルギー・栄養素	1歳以上，1人1日当たり
エネルギー摂取の過不足の回避	エネルギー	1,800～2,200kcal
栄養素の摂取不足の回避	たんぱく質	55g以上
	ビタミンB$_1$	0.9mg以上
	ビタミンB$_2$	1.0mg以上
	ビタミンC	80mg以上

※日本人の食事摂取基準（2010年版）で示されているエネルギー及び各栄養素の値をもとに，平成17年国勢調査結果で得られた性・年齢階級別の人口構成を用いて加重平均により算出。
出所）厚生労働省健康局

表 13.11　避難所における食事提供の評価・計画のための栄養の参照量
―対象特性に応じて配慮が必要な栄養素について―

目的	栄養素	配慮事項
栄養素の摂取不足の回避	カルシウム	骨量が最も蓄積される思春期に十分な摂取量を確保する観点から，特に6～14歳においては，600mg/日を目安とし，牛乳・乳製品，豆類，緑黄色野菜，小魚など多様な食品の摂取に留意すること
	ビタミンA	欠乏による成長阻害や骨及び神経系の発達抑制を回避する観点から，成長期の子ども，特に1～5歳においては，300 μg RE/日を下回らないよう主菜や副菜（緑黄色野菜）の摂取に留意すること
	鉄	月経がある場合には，十分な摂取に留意するとともに，特に貧血の既往があるなど個別の配慮を要する場合は，医師・管理栄養士等による専門的評価を受けること
生活習慣病の一次予防	ナトリウム（食塩）	高血圧の予防の観点から，成人においては，目標量（食塩相当量として，男性9.0g未満/日，女性7.5g未満/日）を参考に，過剰摂取を避けること

※日本人の食事摂取基準（2010年版）で示されているエネルギー及び各栄養素の値をもとに，平成17年国勢調査結果で得られた性・年齢階級別の人口構成を用いて加重平均により算出。
出所）厚生労働省健康局

にしている。日本栄養士会では，JDA-DAT リーダー 1,000 名の育成，JDA-DAT スタッフ 4,000 名の養成を目指している。

【演習問題】

問1　ストレス時（抵抗期）の生体反応に関する記述である。最も適当なのはどれか。2つ選べ。　　　　　　　　　　　　　　　（2021年国家試験改変）
(1) エネルギー消費量は，低下する。
(2) たんぱく質の異化は，抑制される。
(3) 脂肪の合成は，亢進する。
(4) 糖新生は，促進される。
(5) ビタミンCの需要は，増加する。
解答　(4)，(5)

問2　特殊環境下での生理的変化に関する記述である。最も適当なのはどれか。2つ選べ。　　　　　　　　　　　　　　　（2022年国家試験改変）
(1) 高温環境では，皮膚血管が収縮する。
(2) 低温環境では，基礎代謝量が上昇する。
(3) 低温環境では，アドレナリン分泌が抑制される。
(4) 低圧環境では，肺胞内酸素分圧が低下する。
(5) 無重力環境では，循環血液量が増加する。
解答　(2)，(4)

問3　災害発生後24時間以内に，被災者に対して優先的に対応すべき栄養上の問題である。最も適当なのはどれか。1つ選べ。　（2021年国家試験）

(1) エネルギー摂取量の不足
(2) たんぱく質摂取量の不足
(3) 水溶性ビタミン摂取量の不足
(4) 脂溶性ビタミン摂取量の不足
(5) ミネラル摂取量の不足

解答（1）

問4　「避難所における食事提供の計画・評価のために当面の目標とする栄養の参照量」に示されている栄養素である。正しいのはどれか。1つ選べ。

（2022年国家試験）

(1) ビタミンA
(2) ビタミンD
(3) ビタミンE
(4) ビタミンB_1
(5) ビタミンB_6

解答（4）

📖 参考文献・参考資料

石川俊男：ストレスのメカニズム，臨床栄養，76(2)（1990）

伊藤洋平：日本南極地域観測隊医療報告（I），南極資料，No.6（1959）

上田五雨：高所環境と人間，化学と工業，42（1989）

大久保嘉明：第9次越冬隊員の昭和基地および極点旅行中での生理学的変化，医学のあゆみ，81（1971）

春日規克・竹倉宏明編著：改訂版 運動生理学の基礎と発展，フリースペース（2007）

環境庁：環境白書（総説）平成11年版，大蔵省印刷局（1999）

環境省環境保健部環境安全課：熱中症環境保健マニュアル2022年3月改訂（2022）

黒島晨汎：環境生理学，理工学社（1998）

厚生労働省：平成26年版厚生労働白書（2014）

佐々木隆，千葉喜彦編：時間生物学，朝倉書店（1984）

高瀬義昌監修：高齢者の脱水，健康と良い友だち社（2010）

特定非営利活動法人 日本栄養改善学会 監修，南久則，木戸康博編：管理栄養士養成のためのモデル・コア・カリキュラム準拠 第6巻 応用栄養学 ライフステージと多様な環境に対応した栄養学，医歯薬出版（2021）

道家達將，新飯田宏：地球環境を考える，放送大学教育振興会（1999）

日本体力医学会学術委員会：スポーツ医学—基礎と臨床—，朝倉書店（1998）

樋口満編著：スポーツ現場に生かす運動生理・生化学，120，市村出版（2011）

樋口満監修：栄養・スポーツ系の運動生理学，南江堂（2021）

藤野富士代：南極地域観測越冬隊の食生活，栄養日本，39（1996）

古河太郎，本田良行：現代の生理学，金原出版（1982）

万木良平，井上太郎：異常環境の生理と栄養，光生館（1980）

松本暁子：宇宙食の現状と“宇宙日本食”開発の展望，日本栄養・食糧学会誌，
　5(72)（2004）

松本暁子：宇宙での栄養，宇宙航空環境医学，45(3)，75-97（2008）

三浦豊彦：冬と寒さと健康，労働科学研究所印刷部（1989）

三浦豊彦：夏と暑さと健康，労働科学研究所印刷部（1993）

宮澤清治：天気図と気象の本，国際地学協会（1998）

山崎元：スポーツ医学のすすめⅡ，慶應義塾大学出版会（1997）

吉武素二，増原良彦：気象と地震の話，大蔵省印刷局（1986）

付　表

1.1 基準を策定した栄養素と指標（1歳以上）

栄養素			推定平均必要量（EAR）	推奨量（RDA）	目安量（AI）	耐容上限量（UL）	目標量（DG）
たんぱく質²			○b	○b	—	—	○³
脂　質		脂質	—	—	—	—	○³
		飽和脂肪酸⁴	—	—	—	—	○³
		n-6 系脂肪酸	—	—	○	—	—
		n-3 系脂肪酸	—	—	○	—	—
		コレステロール⁵	—	—	—	—	—
炭水化物		炭水化物	—	—	—	—	○³
		食物繊維	—	—	—	—	○
		糖類	—	—	—	—	—
主要栄養素バランス²			—	—	—	—	○³
ビタミン	脂溶性	ビタミン A	○a	○a	—	○	—
		ビタミン D²	—	—	○	○	—
		ビタミン E	—	—	○	○	—
		ビタミン K	—	—	○	—	—
	水溶性	ビタミン B₁	○c	○c	—	—	—
		ビタミン B₂	○c	○c	—	—	—
		ナイアシン	○a	○a	—	○	—
		ビタミン B₆	○b	○b	—	○	—
		ビタミン B₁₂	○a	○a	—	—	—
		葉酸	○a	○a	—	○⁷	—
		パントテン酸	—	—	○	—	—
		ビオチン	—	—	○	—	—
		ビタミン C	○x	○x	—	—	—
ミネラル	多量	ナトリウム⁶	○a	—	—	—	○
		カリウム	—	—	○	—	○
		カルシウム	○b	○b	—	○	—
		マグネシウム	○b	○b	—	○⁷	—
		リン	—	—	○	○	—
	微量	鉄	○x	○x	—	○	—
		亜鉛	○b	○b	—	○	—
		銅	○b	○b	—	○	—
		マンガン	—	—	○	○	—
		ヨウ素	○a	○a	—	○	—
		セレン	○a	○a	—	○	—
		クロム	—	—	○	○	—
		モリブデン	○b	○b	—	○	—

1　一部の年齢階級についてのみ設定した場合も含む。
2　フレイル予防を図る上での留意事項を表の脚注として記載。
3　総エネルギー摂取量に占めるべき割合（％エネルギー）。
4　脂質異常症の重症化予防を目的としたコレステロールの量と，トランス脂肪酸の摂取に関する参考情報を表の脚注として記載。
5　脂質異常症の重症化予防を目的とした量を飽和脂肪酸の表の脚注に記載。
6　高血圧及び慢性腎臓病（CKD）の重症化予防を目的とした量を表の脚注として記載。
7　通常の食品以外の食品からの摂取について定めた。
a　集団内の半数の者に不足又は欠乏の症状が現れ得る摂取量をもって推定平均必要量とした栄養素。
b　集団内の半数の者で体内量が維持される摂取量をもって推定平均必要量とした栄養素。
c　集団内の半数の者で体内量が飽和している摂取量をもって推定平均必要量とした栄養素。
x　上記以外の方法で推定平均必要量が定められた栄養素。

1.2　身体活動レベル別に見た活動内容と活動時間の代表例

身体活動レベル[1]	低い（Ⅰ） 1.50 （1.40 ～ 1.60）	ふつう（Ⅱ） 1.75 （1.60 ～ 1.90）	高い（Ⅲ） 2.00 （1.90 ～ 2.20）
日常生活の内容[2]	生活の大部分が座位で，静的な活動が中心の場合	座位中心の仕事だが，職場内での移動や立位での作業・接客等，通勤・買い物での歩行，家事，軽いスポーツ，のいずれかを含む場合	移動や立位の多い仕事への従事者，あるいは，スポーツ等余暇における活発な運動習慣を持っている場合
中程度の強度（3.0 ～ 5.9 メッツ）の身体活動の1日当たりの合計時間（時間 / 日）[3]	1.65	2.06	2.53
仕事での1日当たりの合計歩行時間（時間 / 日）[3]	0.25	0.54	1.00

1　代表値。（　）内はおよその範囲。
2　Black, et al., Ishikawa-Takata, et al. を参考に，身体活動レベル（PAL）に及ぼす仕事時間中の労作の影響が大きいことを考慮して作成。
3　Ishikawa-Takata, et al. による。

1.3 エネルギー・栄養素の食事摂取基準 ［2020 年版］

1.3.1 参照体位 （参照身長, 参照体重）

性　別	男　性		女　性 [2]	
年齢等	参照身長 （cm）	参照体重 （kg）	参照身長 （cm）	参照体重 （kg）
0 ～ 5 （月）	61.5	6.3	60.1	5.9
6 ～ 11 （月）	71.6	8.8	70.2	8.1
6 ～ 8 （月）	69.8	8.4	68.3	7.8
9 ～ 11 （月）	73.2	9.1	71.9	8.4
1 ～ 2 （歳）	85.8	11.5	84.6	11.0
3 ～ 5 （歳）	103.6	16.5	103.2	16.1
6 ～ 7 （歳）	119.5	22.2	118.3	21.9
8 ～ 9 （歳）	130.4	28.0	130.4	27.4
10 ～ 11 （歳）	142.0	35.6	144.0	36.3
12 ～ 14 （歳）	160.5	49.0	155.1	47.5
15 ～ 17 （歳）	170.1	59.7	157.7	51.9
18 ～ 29 （歳）	171.0	64.5	158.0	50.3
30 ～ 49 （歳）	171.0	68.1	158.0	53.0
50 ～ 64 （歳）	169.0	68.0	155.8	53.8
65 ～ 74 （歳）	165.2	65.0	152.0	52.1
75 以上 （歳）	160.8	59.6	148.0	48.8

1　0 ～ 17 歳は, 日本小児内分泌学会・日本成長学会合同標準値委員会による小児の体格評価に用いる身長, 体重の標準値を基に, 年齢区分に応じて, 当該月齢及び年齢区分の中央時点における中央値を引用した。 ただし, 公表数値が年齢区分と合致しない場合は, 同様の方法で算出した値を用いた。18 歳以上は, 平成 28 年国民健康・栄養調査における当該の性及び年齢階級における身長・体重の中央値を用いた。
2　妊婦, 授乳婦を除く。

1.3.2 参照体重における基礎代謝量

性　別	男　性			女　性		
年齢 （歳）	基礎代謝基準値 （kcal/kg 体重/日）	参照体重 （kg）	基礎代謝量 （kcal/日）	基礎代謝基準値 （kcal/kg 体重/日）	参照体重 （kg）	基礎代謝量 （kcal/日）
1 ～ 2	61.0	11.5	700	59.7	11.0	660
3 ～ 5	54.8	16.5	900	52.2	16.1	840
6 ～ 7	44.3	22.2	980	41.9	21.9	920
8 ～ 9	40.8	28.0	1,140	38.3	27.4	1,050
10 ～ 11	37.4	35.6	1,330	34.8	36.3	1,260
12 ～ 14	31.0	49.0	1,520	29.6	47.5	1,410
15 ～ 17	27.0	59.7	1,610	25.3	51.9	1,310
18 ～ 29	23.7	64.5	1,530	22.1	50.3	1,110
30 ～ 49	22.5	68.1	1,530	21.9	53.0	1,160
50 ～ 64	21.8	68.0	1,480	20.7	53.8	1,110
65 ～ 74	21.6	65.0	1,400	20.7	52.1	1,080
75 以上	21.5	59.6	1,280	20.7	48.8	1,010

1.3.3　年齢階級別に見た身体活動レベルの群分け（男女共通）

身体活動レベル	Ⅰ（低い）	Ⅱ（ふつう）	Ⅲ（高い）
1〜2（歳）	—	1.35	—
3〜5（歳）	—	1.45	—
6〜7（歳）	1.35	1.55	1.75
8〜9（歳）	1.40	1.60	1.80
10〜11（歳）	1.45	1.65	1.85
12〜14（歳）	1.50	1.70	1.90
15〜17（歳）	1.55	1.75	1.95
18〜29（歳）	1.50	1.75	2.00
30〜49（歳）	1.50	1.75	2.00
50〜64（歳）	1.50	1.75	2.00
65〜74（歳）	1.45	1.70	1.95
75以上（歳）	1.40	1.65	—

1.3.4　推定エネルギー必要量（kcal/日）

性　別	男　性			女　性		
身体活動レベル[1]	Ⅰ	Ⅱ	Ⅲ	Ⅰ	Ⅱ	Ⅲ
0〜5（月）	—	550	—	—	500	—
6〜8（月）	—	650	—	—	600	—
9〜11（月）	—	700	—	—	650	—
1〜2（歳）	—	950	—	—	900	—
3〜5（歳）	—	1,300	—	—	1,250	—
6〜7（歳）	1,350	1,550	1,750	1,250	1,450	1,650
8〜9（歳）	1,600	1,850	2,100	1,500	1,700	1,900
10〜11（歳）	1,950	2,250	2,500	1,850	2,100	2,350
12〜14（歳）	2,300	2,600	2,900	2,150	2,400	2,700
15〜17（歳）	2,500	2,800	3,150	2,050	2,300	2,550
18〜29（歳）	2,300	2,650	3,050	1,700	2,000	2,300
30〜49（歳）	2,300	2,700	3,050	1,750	2,050	2,350
50〜64（歳）	2,200	2,600	2,950	1,650	1,950	2,250
65〜74（歳）	2,050	2,400	2,750	1,550	1,850	2,100
75以上（歳）[2]	1,800	2,100	—	1,400	1,650	—
妊婦（付加量）[3]　初期				＋50	＋50	＋50
中期				＋250	＋250	＋250
後期				＋450	＋450	＋450
授乳婦（付加量）				＋350	＋350	＋350

1　身体活動レベルは，低い，ふつう，高いの三つのレベルとして，それぞれⅠ，Ⅱ，Ⅲで示した。
2　レベルⅡは自立している者，レベルⅠは自宅にいてほとんど外出しない者に相当する。レベルⅠは高齢者施設で自立に近い状態で過ごしている者にも適用できる値である。
3　妊婦個々の体格や妊娠中の体重増加量及び胎児の発育状況の評価を行うことが必要である。
注1：活用に当たっては，食事摂取状況のアセスメント，体重及びBMIの把握を行い，エネルギーの過不足は，体重の変化又はBMIを用いて評価すること。
注2：身体活動レベルⅠの場合，少ないエネルギー消費量に見合った少ないエネルギー摂取量を維持することになるため，健康の保持・増進の観点からは，身体活動量を増加させる必要がある。

1.3.5　エネルギー出納バランスの基本概念

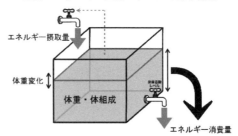

エネルギー摂取量

体重変化

体重・体組成

身体活動レベル

エネルギー消費量

　体重とエネルギー出納の関係は，水槽に貯まったモデルで理解される。エネルギー摂取量とエネルギー消費量が等しいとき，体重の変化はなく，体格（BMI）は一定に保たれる。エネルギー摂取量がエネルギー消費量を上回ると体重が増加し，肥満につながる。エネルギー消費量がエネルギー摂取量を上回ると体重が減少し，やせにつながる。しかし，長期的には，体重変化によりエネルギー消費量やエネルギー摂取量が変化し，エネルギー出納はゼロとなり，体重が安定する。肥満者もやせの者も体重に変化がなければ，エネルギー摂取量とエネルギー消費量は等しい。

1.3.6　たんぱく質の食事摂取基準

（推定平均必要量，推奨量，目安量：g/日，目標量：％エネルギー）

性　　別	男　　性				女　　性			
年齢等	推定平均必要量	推奨量	目安量	目標量[1]	推定平均必要量	推奨量	目安量	目標量[1]
0 〜 5 （月）	—	—	10	—	—	—	10	—
6 〜 8 （月）	—	—	15	—	—	—	15	—
9 〜 11 （月）	—	—	25	—	—	—	25	—
1 〜 2 （歳）	15	20	—	13 〜 20	15	20	—	13 〜 20
3 〜 5 （歳）	20	25	—	13 〜 20	20	25	—	13 〜 20
6 〜 7 （歳）	25	30	—	13 〜 20	25	30	—	13 〜 20
8 〜 9 （歳）	30	40	—	13 〜 20	30	40	—	13 〜 20
10 〜 11 （歳）	40	45	—	13 〜 20	40	50	—	13 〜 20
12 〜 14 （歳）	50	60	—	13 〜 20	45	55	—	13 〜 20
15 〜 17 （歳）	50	65	—	13 〜 20	45	55	—	13 〜 20
18 〜 29 （歳）	50	65	—	13 〜 20	40	50	—	13 〜 20
30 〜 49 （歳）	50	65	—	13 〜 20	40	50	—	13 〜 20
50 〜 64 （歳）	50	65	—	14 〜 20	40	50	—	14 〜 20
65 〜 74 （歳）[2]	50	60	—	15 〜 20	40	50	—	15 〜 20
75 以上 （歳）[2]	50	60	—	15 〜 20	40	50	—	15 〜 20
妊婦（付加量）（初期）					＋ 0	＋ 0	13 〜 20	—[3]
（中期）					＋ 5	＋ 5	13 〜 20	—[3]
（後期）					＋ 20	＋ 20	15 〜 20	—[4]
授乳婦（付加量）					＋ 20	＋ 15	15 〜 20	—[4]

1　範囲に関しては，おおむねの値を示したものであり，弾力的に運用すること。
2　65 歳以上の高齢者について，フレイル予防を目的とした量を定めることは難しいが，身長・体重が参照体位に比べて小さい者や，特に 75 歳以上であって加齢に伴い身体活動量が大きく低下した者など，必要エネルギー摂取量が低い者では，下限が推奨量を下回る場合があり得る。この場合でも，下限は推奨量以上とすることが望ましい。
3　妊婦（初期・中期）の目標量は，13 〜 20 ％エネルギーとした。
4　妊婦（後期）及び授乳婦の目標量は，15 〜 20 ％エネルギーとした。

1.3.7 脂質の食事摂取基準（％エネルギー）

性　別	男　性		女　性	
年齢等	目安量	目標量[1]	目安量	目標量[1]
0〜5（月）	50	—	50	—
6〜11（月）	40	—	40	—
1〜2（歳）	—	20〜30	—	20〜30
3〜5（歳）	—	20〜30	—	20〜30
6〜7（歳）	—	20〜30	—	20〜30
8〜9（歳）	—	20〜30	—	20〜30
10〜11（歳）	—	20〜30	—	20〜30
12〜14（歳）	—	20〜30	—	20〜30
15〜17（歳）	—	20〜30	—	20〜30
18〜29（歳）	—	20〜30	—	20〜30
30〜49（歳）	—	20〜30	—	20〜30
50〜64（歳）	—	20〜30	—	20〜30
65〜74（歳）	—	20〜30	—	20〜30
75以上（歳）	—	20〜30	—	20〜30
妊　婦			—	20〜30
授乳婦			—	20〜30

1 範囲に関してはおおむねの値を示したものである。

1.3.8 飽和脂肪酸の食事摂取基準（％エネルギー）[1,2]

性　別	男　性	女　性
年齢等	目標量	目標量
0〜5（月）	—	—
6〜11（月）	—	—
1〜2（歳）	—	—
3〜5（歳）	10以下	10以下
6〜7（歳）	10以下	10以下
8〜9（歳）	10以下	10以下
10〜11（歳）	10以下	10以下
12〜14（歳）	10以下	10以下
15〜17（歳）	8以下	8以下
18〜29（歳）	7以下	7以下
30〜49（歳）	7以下	7以下
50〜64（歳）	7以下	7以下
65〜74（歳）	7以下	7以下
75以上（歳）	7以下	7以下
妊　婦		7以下
授乳婦		7以下

1 飽和脂肪酸と同じく，脂質異常症及び循環器疾患に関与する栄養素としてコレステロールがある。コレステロールに目標量は設定しないが，これは許容される摂取量に上限が存在しないことを保証するものではない。また，脂質異常症の重症化予防の目的からは，200 mg/日未満に留めることが望ましい。
2 飽和脂肪酸と同じく，冠動脈疾患に関与する栄養素としてトランス脂肪酸がある。日本人の大多数は，トランス脂肪酸に関するWHOの目標（1％エネルギー未満）を下回っており，トランス脂肪酸の摂取による健康への影響は，飽和脂肪酸の摂取によるものと比べて小さいと考えられる。ただし，脂質に偏った食事をしている者では，留意する必要がある。トランス脂肪酸は人体にとって不可欠な栄養素ではなく，健康の保持・増進を図る上で積極的な摂取は勧められないことから，その摂取量は1％エネルギー未満に留めることが望ましく，1％エネルギー未満でもできるだけ低く留めることが望ましい。

1.3.9 n-6系脂肪酸の食事摂取基準（g/日）

性　別	男　性	女　性
年齢等	目安量	目安量
0〜5（月）	4	4
6〜11（月）	4	4
1〜2（歳）	4	4
3〜5（歳）	6	6
6〜7（歳）	8	7
8〜9（歳）	8	7
10〜11（歳）	10	8
12〜14（歳）	11	9
15〜17（歳）	13	9
18〜29（歳）	11	8
30〜49（歳）	10	8
50〜64（歳）	10	8
65〜75（歳）	9	8
75以上（歳）	8	7
妊　婦		9
授乳婦		10

1.3.10 n-3系脂肪酸の食事摂取基準（g/日）

性　別	男　性	女　性
年齢等	目安量	目安量
0〜5（月）	0.9	0.9
6〜11（月）	0.8	0.8
1〜2（歳）	0.7	0.8
3〜5（歳）	1.1	1.0
6〜7（歳）	1.5	1.3
8〜9（歳）	1.5	1.3
10〜11（歳）	1.6	1.6
12〜14（歳）	1.9	1.6
15〜17（歳）	2.1	1.6
18〜29（歳）	2.0	1.6
30〜49（歳）	2.0	1.6
50〜64（歳）	2.2	1.9
65〜75（歳）	2.2	2.0
75以上（歳）	2.1	1.8
妊　婦		1.6
授乳婦		1.8

1.3.11 炭水化物の食事摂取基準（％エネルギー）

性　別	男　性	女　性
年齢等	目標量 [1,2]	目標量 [1,2]
0 〜 5 （月）	—	—
6 〜 11 （月）	—	—
1 〜 2 （歳）	50 〜 65	50 〜 65
3 〜 5 （歳）	50 〜 65	50 〜 65
6 〜 7 （歳）	50 〜 65	50 〜 65
8 〜 9 （歳）	50 〜 65	50 〜 65
10 〜 11 （歳）	50 〜 65	50 〜 65
12 〜 14 （歳）	50 〜 65	50 〜 65
15 〜 17 （歳）	50 〜 65	50 〜 65
18 〜 29 （歳）	50 〜 65	50 〜 65
30 〜 49 （歳）	50 〜 65	50 〜 65
50 〜 64 （歳）	50 〜 65	50 〜 65
65 〜 74 （歳）	50 〜 65	50 〜 65
75 以上 （歳）	50 〜 65	50 〜 65
妊　婦		50 〜 65
授乳婦		50 〜 65

1　範囲については，おおむねの値を示したものである。
2　アルコールを含む。ただし，アルコールの摂取を勧めるものではない。

1.3.12 食物繊維の食事摂取基準（g/日）

性　別	男　性	女　性
年齢等	目標量	目標量
0 〜 5 （月）	—	—
6 〜 11 （月）	—	—
1 〜 2 （歳）	—	—
3 〜 5 （歳）	8 以上	8 以上
6 〜 7 （歳）	10 以上	10 以上
8 〜 9 （歳）	11 以上	11 以上
10 〜 11 （歳）	13 以上	13 以上
12 〜 14 （歳）	17 以上	17 以上
15 〜 17 （歳）	19 以上	18 以上
18 〜 29 （歳）	21 以上	18 以上
30 〜 49 （歳）	21 以上	18 以上
50 〜 64 （歳）	21 以上	18 以上
65 〜 74 （歳）	20 以上	17 以上
75 以上 （歳）	20 以上	17 以上
妊　婦		18 以上
授乳婦		18 以上

1.3.13 エネルギー産生栄養素バランス（％エネルギー）

性　別	男　性				女　性			
	目標量 [1,2]				目標量 [1,2]			
		脂質 [4]				脂質 [4]		
年齢等	たんぱく質 [3]	脂質	飽和脂肪酸	炭水化物 [5,6]	たんぱく質 [3]	脂質	飽和脂肪酸	炭水化物 [5,6]
0 〜 11 （月）	—	—	—	—	—	—	—	—
1 〜 2 （歳）	—	—	—	—	—	—	—	—
3 〜 5 （歳）	13 〜 20	20 〜 30	10 以下	50 〜 65	13 〜 20	20 〜 30	10 以下	50 〜 65
6 〜 7 （歳）	13 〜 20	20 〜 30	10 以下	50 〜 65	13 〜 20	20 〜 30	10 以下	50 〜 65
8 〜 9 （歳）	13 〜 20	20 〜 30	10 以下	50 〜 65	13 〜 20	20 〜 30	10 以下	50 〜 65
10 〜 11 （歳）	13 〜 20	20 〜 30	10 以下	50 〜 65	13 〜 20	20 〜 30	10 以下	50 〜 65
12 〜 14 （歳）	13 〜 20	20 〜 30	10 以下	50 〜 65	13 〜 20	20 〜 30	10 以下	50 〜 65
15 〜 17 （歳）	13 〜 20	20 〜 30	8 以下	50 〜 65	13 〜 20	20 〜 30	8 以下	50 〜 65
18 〜 29 （歳）	13 〜 20	20 〜 30	7 以下	50 〜 65	13 〜 20	20 〜 30	7 以下	50 〜 65
30 〜 49 （歳）	13 〜 20	20 〜 30	7 以下	50 〜 65	13 〜 20	20 〜 30	7 以下	50 〜 65
50 〜 64 （歳）	13 〜 20	20 〜 30	7 以下	50 〜 65	13 〜 20	20 〜 30	7 以下	50 〜 65
65 〜 74 （歳）	13 〜 20	20 〜 30	7 以下	50 〜 65	13 〜 20	20 〜 30	7 以下	50 〜 65
75 以上 （歳）	13 〜 20	20 〜 30	7 以下	50 〜 65	13 〜 20	20 〜 30	7 以下	50 〜 65
妊婦（初期）					13 〜 20	20 〜 30	7 以下	50 〜 65
（中期）					13 〜 20			
（後期）					15 〜 20			
授乳婦					15 〜 20			

1　必要なエネルギー量を確保した上でのバランスとすること。
2　範囲に関してはおおむねの値を示したものであり，弾力的に運用すること。
3　65 歳以上の高齢者について，フレイル予防を目的とした量を定めることは難しいが，身長・体重が参照体位に比べて小さい者や，特に 75 歳以上であって加齢に伴い身体活動量が大きく低下した者など，必要エネルギー摂取量が低い者では，下限が推奨量を下回る場合があり得る。この場合でも，下限は推奨量以上とすることが望ましい。
4　脂質については，その構成成分である飽和脂肪酸など，質への配慮を十分に行う必要がある。
5　アルコールを含む。ただし，アルコールの摂取を勧めるものではない。
6　食物繊維の目標量を十分に注意すること。

<h2 align="center">脂溶性ビタミン</h2>

1.3.14　ビタミン A の食事摂取基準（μg RAE/日）[1]

性　別	男　性				女　性			
年齢等	推定平均 必要量 [2]	推奨量 [2]	目安量 [3]	耐容 上限量 [3]	推定平均 必要量 [2]	推奨量 [2]	目安量 [3]	耐容 上限量 [3]
0 〜 5 （月）	—	—	300	600	—	—	300	600
6 〜 11 （月）	—	—	400	600	—	—	400	600
1 〜 2 （歳）	300	400	—	600	250	350	—	600
3 〜 5 （歳）	350	450	—	700	350	500	—	850
6 〜 7 （歳）	300	400	—	950	300	400	—	1,200
8 〜 9 （歳）	350	500	—	1,200	350	500	—	1,500
10 〜 11 （歳）	450	600	—	1,500	400	600	—	1,900
12 〜 14 （歳）	550	800	—	2,100	500	700	—	2,500
15 〜 17 （歳）	650	900	—	2,500	500	650	—	2,800
18 〜 29 （歳）	600	850	—	2,700	450	650	—	2,700
30 〜 49 （歳）	650	900	—	2,700	500	700	—	2,700
50 〜 64 （歳）	650	900	—	2,700	500	700	—	2,700
65 〜 74 （歳）	600	850	—	2,700	500	700	—	2,700
75 以上 （歳）	550	800	—	2,700	450	650	—	2,700
妊婦 （付加量）（前期）					+ 0	+ 0	—	—
（中期）					+ 0	+ 0	—	—
（後期）					+ 60	+ 80	—	—
授乳婦 （付加量）					+ 300	+ 450	—	—

1　レチノール活性当量（μgRAE）
　　＝レチノール（μg）＋ β-カロテン（μg）× 1/12 ＋ α-カロテン（μg）× 1/24
　　＋ β-クリプトキサンチン（μg）× 1/24 ＋その他のプロビタミン A カロテノイド（μg）× 1/24
2　プロビタミン A カロテノイドを含む。
3　プロビタミン A カロテノイドを含まない。

1.3.15　ビタミン D の食事摂取基準（μg/ 日）[1]

性　別	男　性		女　性	
年齢等	目安量	耐容上限量	目安量	耐容上限量
0 〜 5 （月）	5.0	25	5.0	25
6 〜 11 （月）	5.0	25	5.0	25
1 〜 2 （歳）	3.0	20	3.5	20
3 〜 5 （歳）	3.5	30	4.0	30
6 〜 7 （歳）	4.5	30	5.0	30
8 〜 9 （歳）	5.0	40	6.0	40
10 〜 11 （歳）	6.5	60	8.0	60
12 〜 14 （歳）	8.0	80	9.5	80
15 〜 17 （歳）	9.0	90	8.5	90
18 〜 29 （歳）	8.5	100	8.5	100
30 〜 49 （歳）	8.5	100	8.5	100
50 〜 64 （歳）	8.5	100	8.5	100
65 〜 74 （歳）	8.5	100	8.5	100
75 以上 （歳）	8.5	100	8.5	100
妊　婦			8.5	—
授乳婦			8.5	—

1　日照により皮膚でビタミン D が産生されることを踏まえ，フレイル予防を図る者はもとより，
　　全年齢区分を通じて，日常生活において可能な範囲内での適度な日光浴を心がけるとともに，
　　ビタミン D の摂取については，日照時間を考慮に入れることが重要である。

1.3.16 ビタミン E の食事摂取基準（mg/日）[1]

性　別	男　性		女　性	
年齢等	目安量	耐容上限量	目安量	耐容上限量
0 〜 5 （月）	3.0	—	3.0	—
6 〜 11 （月）	4.0	—	4.0	—
1 〜 2 （歳）	3.0	150	3.0	150
3 〜 5 （歳）	4.0	200	4.0	200
6 〜 7 （歳）	5.0	300	5.0	300
8 〜 9 （歳）	5.0	350	5.0	350
10 〜 11 （歳）	5.5	450	5.5	450
12 〜 14 （歳）	6.5	650	6.0	600
15 〜 17 （歳）	7.0	750	5.5	650
18 〜 29 （歳）	6.0	850	5.0	650
30 〜 49 （歳）	6.0	900	5.5	700
50 〜 64 （歳）	7.0	850	6.0	700
65 〜 74 （歳）	7.0	850	6.5	650
75 以上 （歳）	6.5	750	6.5	650
妊　婦			6.5	—
授乳婦			7.0	—

1　α-トコフェロールについて算定した。α-トコフェロール以外のビタミン E は含んでいない。

1.3.17 ビタミン K の食事摂取基準（μg/日）

性　別	男　性	女　性
年齢等	目安量	目安量
0 〜 5 （月）	4	4
6 〜 11 （月）	7	7
1 〜 2 （歳）	50	60
3 〜 5 （歳）	60	70
6 〜 7 （歳）	80	90
8 〜 9 （歳）	90	110
10 〜 11 （歳）	110	140
12 〜 14 （歳）	140	170
15 〜 17 （歳）	160	150
18 〜 29 （歳）	150	150
30 〜 49 （歳）	150	150
50 〜 64 （歳）	150	150
65 〜 74 （歳）	150	150
75 以上 （歳）	150	150
妊　婦		150
授乳婦		150

水溶性ビタミン

1.3.18 ビタミン B_1 の食事摂取基準（mg/日）[1,2]

性　別	男　性			女　性		
年齢等	推定平均 必要量	推奨量	目安量	推定平均 必要量	推奨量	目安量
0 〜 5 （月）	—	—	0.1	—	—	0.1
6 〜 11 （月）	—	—	0.2	—	—	0.2
1 〜 2 （歳）	0.4	0.5	—	0.4	0.5	—
3 〜 5 （歳）	0.6	0.7	—	0.6	0.7	—
6 〜 7 （歳）	0.7	0.8	—	0.7	0.8	—
8 〜 9 （歳）	0.8	1.0	—	0.8	0.9	—
10 〜 11 （歳）	1.0	1.2	—	0.9	1.1	—
12 〜 14 （歳）	1.2	1.4	—	1.1	1.3	—
15 〜 17 （歳）	1.3	1.5	—	1.0	1.2	—
18 〜 29 （歳）	1.2	1.4	—	0.9	1.1	—
30 〜 49 （歳）	1.2	1.4	—	0.9	1.1	—
50 〜 69 （歳）	1.1	1.3	—	0.9	1.0	—
70 以上 （歳）	1.0	1.2	—	0.8	0.9	—
妊婦 （付加量）				+ 0.2	+ 0.2	—
授乳婦 （付加量）				+ 0.2	+ 0.2	—

1　チアミン塩化物塩酸塩（分子量 = 337.3）の重量として示した。
2　身体活動レベルⅡの推定エネルギー必要量を用いて算定した。
特記事項：推定平均必要量は，ビタミン B1 の欠乏症である脚気を予防するに足る最小必要量から
　　　　　ではなく，尿中にビタミン B1 の排泄量が増大し始める摂取量（体内飽和量）から算定。

1.3.19 ビタミン B_2 の食事摂取基準（mg/日）[1]

性　別	男　性			女　性		
年齢等	推定平均 必要量	推奨量	目安量	推定平均 必要量	推奨量	目安量
0 〜 5 （月）	—	—	0.3	—	—	0.3
6 〜 11 （月）	—	—	0.4	—	—	0.4
1 〜 2 （歳）	0.5	0.6	—	0.5	0.5	—
3 〜 5 （歳）	0.7	0.8	—	0.6	0.8	—
6 〜 7 （歳）	0.8	0.9	—	0.7	0.9	—
8 〜 9 （歳）	0.9	1.1	—	0.9	1.0	—
10 〜 11 （歳）	1.1	1.4	—	1.0	1.3	—
12 〜 14 （歳）	1.3	1.6	—	1.2	1.4	—
15 〜 17 （歳）	1.4	1.7	—	1.2	1.4	—
18 〜 29 （歳）	1.3	1.6	—	1.0	1.2	—
30 〜 49 （歳）	1.3	1.6	—	1.0	1.2	—
50 〜 64 （歳）	1.2	1.5	—	1.0	1.2	—
65 〜 74 （歳）	1.2	1.5	—	1.0	1.2	—
75 以上 （歳）	1.1	1.3	—	0.9	1.0	—
妊婦 （付加量）				+ 0.2	+ 0.3	—
授乳婦 （付加量）				+ 0.5	+ 0.6	—

1　身体活動レベルⅡの推定エネルギー必要量を用いて算定した。
特記事項：推定平均必要量は，ビタミン B_2 の欠乏症である口唇炎，口角炎，舌炎などの皮膚炎を予
　　　　　防するに足る最小量からではなく，尿中にビタミン B2 の排泄量が増大し始める摂取量（体
　　　　　内飽和量）から算定。

1.3.20 ナイアシンの食事摂取基準 （mgNE/日）[1,2]

性　別	男　性				女　性			
年齢等	推定平均 必要量	推奨量	目安量	耐容 上限量[3]	推定平均 必要量	推奨量	目安量	耐容 上限量[3]
0 ～ 5 （月）[4]	—	—	2	—	—	—	2	—
6 ～ 11 （月）	—	—	3	—	—	—	3	—
1 ～ 2 （歳）	5	6	—	60 （15）	4	5	—	60 （15）
3 ～ 5 （歳）	6	8	—	80 （20）	6	7	—	80 （20）
6 ～ 7 （歳）	7	9	—	100 （30）	7	8	—	100 （30）
8 ～ 9 （歳）	9	11	—	150 （35）	8	10	—	150 （35）
10 ～ 11 （歳）	11	13	—	200 （45）	10	10	—	150 （45）
12 ～ 14 （歳）	12	15	—	250 （60）	12	14	—	250 （60）
15 ～ 17 （歳）	14	17	—	300 （70）	11	13	—	250 （65）
18 ～ 29 （歳）	13	15	—	300 （80）	9	11	—	250 （65）
30 ～ 49 （歳）	13	15	—	350 （85）	10	12	—	250 （65）
50 ～ 64 （歳）	12	14	—	350 （85）	9	11	—	250 （65）
65 ～ 74 （歳）	12	14	—	330 （80）	9	11	—	250 （65）
75 以上 （歳）	11	13	—	300 （75）	9	10	—	250 （60）
妊婦 （付加量）					＋ 0	＋ 0	—	—
授乳婦 （付加量）					＋ 3	＋ 3	—	—

1　ナイアシン当量（NE）＝ナイアシン＋ 1/60 トリプトファンで示した。
2　身体活動レベル II の推定エネルギー必要量を用いて算定した。
3　ニコチンアミドの重量（mg/日），（　）内はニコチン酸の重量（mg/日）。
4　単位は mg/日。

1.3.21 ビタミン B₆ の食事摂取基準 （mgNE/日）[1]

性　別	男　性				女　性			
年齢等	推定平均 必要量	推奨量	目安量	耐容 上限量[2]	推定平均 必要量	推奨量	目安量	耐容 上限量[2]
0 ～ 5 （月）	—	—	0.2	—	—	—	0.2	—
6 ～ 11 （月）	—	—	0.3	—	—	—	0.3	—
1 ～ 2 （歳）	0.4	0.5	—	10	0.4	0.5	—	10
3 ～ 5 （歳）	0.5	0.6	—	15	0.5	0.6	—	15
6 ～ 7 （歳）	0.7	0.8	—	20	0.6	0.7	—	20
8 ～ 9 （歳）	0.8	0.9	—	25	0.8	0.9	—	25
10 ～ 11 （歳）	1.0	1.1	—	30	1.0	1.1	—	30
12 ～ 14 （歳）	1.2	1.4	—	40	1.0	1.3	—	40
15 ～ 17 （歳）	1.2	1.5	—	50	1.0	1.3	—	45
18 ～ 29 （歳）	1.1	1.4	—	55	1.0	1.1	—	45
30 ～ 49 （歳）	1.1	1.4	—	60	1.0	1.1	—	45
50 ～ 64 （歳）	1.1	1.4	—	55	1.0	1.1	—	45
65 ～ 74 （歳）	1.1	1.4	—	55	1.0	1.1	—	40
75 以上 （歳）	1.1	1.4	—	50	1.0	1.1	—	40
妊婦 （付加量）					＋ 0.2	＋ 0.2	—	—
授乳婦 （付加量）					＋ 0.3	＋ 0.3	—	—

1　たんぱく質の推奨量を用いて算定した（妊婦・授乳婦の付加量は除く）。
2　ピリドキシン（分子量＝ 169.2）の重量として示した。

1.3.22　ビタミン B₁₂ の食事摂取基準（μg/日）[1]

性　別	男　性			女　性		
年齢等	推定平均 必要量	推奨量	目安量	推定平均 必要量	推奨量	目安量
0～5（月）	—	—	0.4	—	—	0.4
6～11（月）	—	—	0.5	—	—	0.5
1～2（歳）	0.8	0.9	—	0.8	0.9	—
3～5（歳）	0.9	1.1	—	0.9	1.1	—
6～7（歳）	1.1	1.3	—	1.1	1.3	—
8～9（歳）	1.3	1.6	—	1.3	1.6	—
10～11（歳）	1.6	1.9	—	1.6	1.9	—
12～14（歳）	2.0	2.4	—	2.0	2.4	—
15～17（歳）	2.0	2.4	—	2.0	2.4	—
18～29（歳）	2.0	2.4	—	2.0	2.4	—
30～49（歳）	2.0	2.4	—	2.0	2.4	—
50～64（歳）	2.0	2.4	—	2.0	2.4	—
65～74（歳）	2.0	2.4	—	2.0	2.4	—
75 以上（歳）	2.0	2.4	—	2.0	2.4	—
妊婦（付加量）				＋ 0.3	＋ 0.4	—
授乳婦（付加量）				＋ 0.7	＋ 0.8	—

1　シアノコバラミン（分子量＝1,355.37）の重量として示した。

1.3.23　葉酸の食事摂取基準（μg/日）[1]

性　別	男　性				女　性			
年齢等	推定平均 必要量	推奨量	目安量	耐容 上限量[2]	推定平均 必要量	推奨量	目安量	耐容 上限量[2]
0～5（月）	—	—	40	—	—	—	40	—
6～11（月）	—	—	60	—	—	—	60	—
1～2（歳）	80	90	—	200	90	90	—	200
3～5（歳）	90	110	—	300	90	110	—	300
6～7（歳）	110	140	—	400	110	140	—	400
8～9（歳）	130	160	—	500	130	160	—	500
10～11（歳）	160	190	—	700	160	190	—	700
12～14（歳）	200	240	—	900	200	240	—	900
15～17（歳）	220	240	—	900	200	240	—	900
18～29（歳）	200	240	—	900	200	240	—	900
30～49（歳）	200	240	—	1,000	200	240	—	1,000
50～64（歳）	200	240	—	1,000	200	240	—	1,000
65～74（歳）	200	240	—	900	200	240	—	900
75 以上（歳）	200	240	—	900	200	240	—	900
妊婦（付加量）[3,4]					＋ 200	＋ 240	—	—
授乳婦（付加量）					＋ 80	＋ 100	—	—

1　プテロイルモノグルタミン酸（分子量＝441.40）の重量として示した。
2　通常の食品以外の食品に含まれる葉酸（狭義の葉酸）に適用する。
3　妊娠を計画している女性，妊娠の可能性がある女性及び妊娠初期の妊婦は，胎児の神経管閉鎖障害のリスク低減のために，
　　通常の食品以外の食品に含まれる葉酸（狭義の葉酸）を 400 μg/ 日摂取することが望まれる。
4　付加量は，中期及び末期にのみ設定した。

1.3.24 パントテン酸の食事摂取基準（mg/日）

性　別	男　性	女　性
年齢等	目安量	目安量
0 〜 5 （月）	4	4
6 〜 11 （月）	5	5
1 〜 2 （歳）	3	4
3 〜 5 （歳）	4	4
6 〜 7 （歳）	5	5
8 〜 9 （歳）	6	5
10 〜 11 （歳）	6	6
12 〜 14 （歳）	7	6
15 〜 17 （歳）	7	6
18 〜 29 （歳）	5	5
30 〜 49 （歳）	5	5
50 〜 64 （歳）	6	5
65 〜 74 （歳）	6	5
75 以上 （歳）	6	5
妊　婦		5
授乳婦		6

1.3.25 ビオチンの食事摂取基準（mg/日）

性　別	男　性	女　性
年齢等	目安量	目安量
0 〜 5 （月）	4	4
6 〜 11 （月）	5	5
1 〜 2 （歳）	20	20
3 〜 5 （歳）	20	20
6 〜 7 （歳）	30	30
8 〜 9 （歳）	30	30
10 〜 11 （歳）	40	40
12 〜 14 （歳）	50	50
15 〜 17 （歳）	50	50
18 〜 29 （歳）	50	50
30 〜 49 （歳）	50	50
50 〜 64 （歳）	50	50
65 〜 74 （歳）	50	50
75 以上 （歳）	50	50
妊　婦		50
授乳婦		50

1.3.26 ビタミンＣの食事摂取基準（mg/日）[1]

性　別	男　性			女　性		
年齢等	推定平均必要量	推奨量	目安量	推定平均必要量	推奨量	目安量
0 〜 5 （月）	—	—	40	—	—	40
6 〜 11 （月）	—	—	40	—	—	40
1 〜 2 （歳）	35	40	—	35	40	—
3 〜 5 （歳）	40	50	—	40	50	—
6 〜 7 （歳）	50	60	—	50	60	—
8 〜 9 （歳）	60	70	—	60	70	—
10 〜 11 （歳）	70	85	—	70	85	—
12 〜 14 （歳）	85	100	—	85	100	—
15 〜 17 （歳）	85	100	—	85	100	—
18 〜 29 （歳）	85	100	—	85	100	—
30 〜 49 （歳）	85	100	—	85	100	—
50 〜 64 （歳）	85	100	—	85	100	—
65 〜 74 （歳）	80	100	—	80	100	—
75 以上 （歳）	80	100	—	80	100	—
妊婦 （付加量）				＋ 10	＋ 10	—
授乳婦 （付加量）				＋ 40	＋ 45	—

1　L- アスコルビン酸（分子量 = 176.12）の重量で示した。
特記事項：推定平均必要量は，ビタミンＣの欠乏症である壊血病を予防するに足る最少量からではなく，心臓血管系の疾病予防効果及び抗酸化作用の観点から算定。

1.3.27　ナトリウムの食事摂取基準（mg/日，（　）は食塩相当量 [g/日]）[1]

性　別	男　性			女　性		
年齢等	推定平均 必要量	目安量	目標量	推定平均 必要量	目安量	目標量
0〜5（月）	—	100（0.3）	—	—	100（0.3）	—
6〜11（月）	—	600（1.5）	—	—	600（1.5）	—
1〜2（歳）	—	—	（3.0 未満）	—	—	（3.0 未満）
3〜5（歳）	—	—	（3.5 未満）	—	—	（3.5 未満）
6〜7（歳）	—	—	（4.5 未満）	—	—	（4.5 未満）
8〜9（歳）	—	—	（5.0 未満）	—	—	（5.0 未満）
10〜11（歳）	—	—	（6.0 未満）	—	—	（6.0 未満）
12〜14（歳）	—	—	（7.0 未満）	—	—	（6.5 未満）
15〜17（歳）	—	—	（7.5 未満）	—	—	（6.5 未満）
18〜29（歳）	600（1.5）	—	（7.5 未満）	600（1.5）	—	（6.5 未満）
30〜49（歳）	600（1.5）	—	（7.5 未満）	600（1.5）	—	（6.5 未満）
50〜64（歳）	600（1.5）	—	（7.5 未満）	600（1.5）	—	（6.5 未満）
65〜74（歳）	600（1.5）	—	（7.5 未満）	600（1.5）	—	（6.5 未満）
75 以上（歳）	600（1.5）	—	（7.5 未満）	600（1.5）	—	（6.5 未満）
妊　婦				600（1.5）	—	（6.5 未満）
授乳婦				600（1.5）	—	（6.5 未満）

1　高血圧及び慢性腎臓病（CKD）の重症化予防のための食塩相当量の量は，男女とも 6.0g/日未満とした。

1.3.28　カリウムの食事摂取基準（mg/日）

性　別	男　性		女　性	
年齢等	目安量	目標量	目安量	目標量
0〜5（月）	400	—	400	—
6〜11（月）	700	—	700	—
1〜2（歳）	900	—	900	—
3〜5（歳）	1,000	1,400 以上	1,000	1,400 以上
6〜7（歳）	1,300	1,800 以上	1,200	1.800 以上
8〜9（歳）	1,500	2,000 以上	1,500	2,000 以上
10〜11（歳）	1,800	2,200 以上	1,800	2,000 以上
12〜14（歳）	2,300	2,400 以上	1,900	2,400 以上
15〜17（歳）	2,700	3,000 以上	2,000	2,600 以上
18〜29（歳）	2,500	3,000 以上	2,000	2,600 以上
30〜49（歳）	2,500	3,000 以上	2,000	2,600 以上
50〜64（歳）	2,500	3,000 以上	2,000	2,600 以上
65〜74（歳）	2,500	3,000 以上	2,000	2,600 以上
75 以上（歳）	2,500	3,000 以上	2,000	2,600 以上
妊　婦			2,000	2,600 以上
授乳婦			2,200	2,600 以上

1.3.29 カルシウムの食事摂取基準 (mg/日)

性 別	男 性				女 性			
年齢等	推定平均必要量	推奨量	目安量	耐容上限量	推定平均必要量	推奨量	目安量	耐容上限量
0 〜 5 (月)	—	—	200	—	—	—	200	—
6 〜 11 (月)	—	—	250	—	—	—	250	—
1 〜 2 (歳)	350	450	—	—	350	400	—	—
3 〜 5 (歳)	500	600	—	—	450	550	—	—
6 〜 7 (歳)	500	600	—	—	450	550	—	—
8 〜 9 (歳)	550	650	—	—	600	750	—	—
10 〜 11 (歳)	600	700	—	—	600	750	—	—
12 〜 14 (歳)	850	1,000	—	—	700	800	—	—
15 〜 17 (歳)	650	800	—	—	550	650	—	—
18 〜 29 (歳)	650	800	—	2,500	550	650	—	2,500
30 〜 49 (歳)	600	750	—	2,500	550	650	—	2,500
50 〜 64 (歳)	600	750	—	2,500	550	650	—	2,500
65 〜 74 (歳)	600	750	—	2,500	550	650	—	2,500
75 以上 (歳)	600	700	—	2,500	500	600	—	2,500
妊婦 (付加量)					+ 0	+ 0	—	—
授乳婦 (付加量)					+ 0	+ 0	—	—

1.3.30 マグネシウムの食事摂取基準 (mg/日)

性 別	男 性				女 性			
年齢等	推定平均必要量	推奨量	目安量	耐容上限量	推定平均必要量	推奨量	目安量	耐容上限量
0 〜 5 (月)	—	—	20	—	—	—	20	—
6 〜 11 (月)	—	—	60	—	—	—	60	—
1 〜 2 (歳)	60	70	—	—	60	70	—	—
3 〜 5 (歳)	80	100	—	—	80	100	—	—
6 〜 7 (歳)	110	130	—	—	110	130	—	—
8 〜 9 (歳)	140	170	—	—	140	160	—	—
10 〜 11 (歳)	180	210	—	—	180	220	—	—
12 〜 14 (歳)	250	290	—	—	240	290	—	—
15 〜 17 (歳)	300	360	—	—	260	310	—	—
18 〜 29 (歳)	280	340	—	—	230	270	—	—
30 〜 49 (歳)	310	370	—	—	240	290	—	—
50 〜 64 (歳)	310	370	—	—	240	290	—	—
65 〜 74 (歳)	290	350	—	—	230	280	—	—
75 以上 (歳)	270	320	—	—	220	260	—	—
妊婦 (付加量)					+ 30	+ 40	—	—
授乳婦 (付加量)					+ 0	+ 0	—	—

1 通常の食品以外からの摂取量の耐容上限量は成人の場合 350 mg/日，小児では 5 mg/kg 体重 /日とした。それ以外の通常の食品からの摂取の場合，耐容上限量は設定しない。

1.3.31　リンの食事摂取基準（mg/日）

性　別	男　性		女　性	
年齢等	目安量	耐容上限量	目安量	耐容上限量
0 〜 5（月）	120	—	120	—
6 〜 11（月）	260	—	260	—
1 〜 2（歳）	500	—	500	—
3 〜 5（歳）	700	—	700	—
6 〜 7（歳）	900	—	800	—
8 〜 9（歳）	1,000	—	1,000	—
10 〜 11（歳）	1,100	—	1,000	—
12 〜 14（歳）	1,200	—	1,000	—
15 〜 17（歳）	1,200	—	900	—
18 〜 29（歳）	1,000	3,000	800	3,000
30 〜 49（歳）	1,000	3,000	800	3,000
50 〜 64（歳）	1,000	3,000	800	3,000
65 〜 74（歳）	1,000	3,000	800	3,000
75 以上（歳）	1,000	3,000	800	3,000
妊　婦			800	—
授乳婦			800	—

1.3.32　鉄の食事摂取基準（mg/日）

性別	男性				女性					
					月経なし		月経あり			
年齢等	推定平均必要量	推奨量	目安量	耐容上限量	推定平均必要量	推奨量	推定平均必要量	推奨量	目安量	耐容上限量
0〜5（月）	—	—	0.5	—	—	—	—	—	0.5	—
6〜11（月）	3.5	5.0	—	—	3.5	4.5	—	—	—	—
1〜2（歳）	3.0	4.5	—	25	3.0	4.5	—	—	—	20
3〜5（歳）	4.0	5.5	—	25	4.0	5.5	—	—	—	25
6〜7（歳）	5.0	5.5	—	30	4.5	5.5	—	—	—	30
8〜9（歳）	6.0	7.0	—	35	6.0	7.5	—	—	—	35
10〜11（歳）	7.0	8.5	—	35	7.0	8.5	10.0	12.0	—	35
12〜14（歳）	8.0	10.0	—	40	7.0	8.5	10.0	12.0	—	40
15〜17（歳）	8.0	10.0	—	50	5.5	7.0	8.5	10.5	—	40
18〜29（歳）	6.5	7.5	—	50	5.5	6.5	8.5	10.5	—	40
30〜49（歳）	6.5	7.5	—	50	5.5	6.5	9.0	10.5	—	40
50〜64（歳）	6.5	7.5	—	50	5.5	6.5	9.0	11.0	—	40
65〜74（歳）	6.0	7.5	—	50	5.0	6.0	—	—	—	40
75以上（歳）	6.0	7.0	—	50	5.0	6.0	—	—	—	40
妊婦（付加量）初期					+ 2.0	+ 2.5	—	—	—	—
中期・後期					+ 8.0	+ 9.5	—	—	—	—
授乳婦（付加量）					+ 2.0	+ 2.5	—	—	—	—

1.3.33　亜鉛の食事摂取基準（mg/日）

性別	男性				女性			
年齢等	推定平均必要量	推奨量	目安量	耐容上限量	推定平均必要量	推奨量	目安量	耐容上限量
0〜5（月）	—	—	2	—	—	—	2	—
6〜11（月）	—	—	3	—	—	—	3	—
1〜2（歳）	3	3	—	—	2	3	—	—
3〜5（歳）	3	4	—	—	3	3	—	—
6〜7（歳）	4	5	—	—	3	4	—	—
8〜9（歳）	5	6	—	—	4	5	—	—
10〜11（歳）	6	7	—	—	5	6	—	—
12〜14（歳）	9	10	—	—	7	8	—	—
15〜17（歳）	10	12	—	—	7	8	—	—
18〜29（歳）	9	11	—	40	7	8	—	35
30〜49（歳）	9	11	—	45	7	8	—	35
50〜64（歳）	9	11	—	45	7	8	—	35
65〜74（歳）	9	11	—	40	7	8	—	35
75以上（歳）	9	10	—	40	6	8	—	30
妊婦（付加量）					+ 1	+ 2	—	—
授乳婦（付加量）					+ 3	+ 4	—	—

1.3.34　銅の食事摂取基準（mg/日）

性　別	男　性				女　性			
年齢等	推定平均 必要量	推奨量	目安量	耐容 上限量	推定平均 必要量	推奨量	目安量	耐容 上限量
0 〜 5 （月）	—	—	0.3	—	—	—	0.3	—
6 〜 11 （月）	—	—	0.3	—	—	—	0.3	—
1 〜 2 （歳）	0.3	0.3	—	—	0.2	0.3	—	—
3 〜 5 （歳）	0.3	0.4	—	—	0.3	0.3	—	—
6 〜 7 （歳）	0.4	0.4	—	—	0.4	0.4	—	—
8 〜 9 （歳）	0.4	0.5	—	—	0.4	0.5	—	—
10 〜 11 （歳）	0.5	0.6	—	—	0.5	0.6	—	—
12 〜 14 （歳）	0.7	0.8	—	—	0.6	0.8	—	—
15 〜 17 （歳）	0.8	0.9	—	—	0.6	0.7	—	—
18 〜 29 （歳）	0.7	0.9	—	7	0.6	0.7	—	7
30 〜 49 （歳）	0.7	0.9	—	7	0.6	0.7	—	7
50 〜 64 （歳）	0.7	0.9	—	7	0.6	0.7	—	7
65 〜 74 （歳）	0.7	0.9	—	7	0.6	0.7	—	7
75 以上 （歳）	0.7	0.8	—	7	0.6	0.7	—	7
妊　婦 （付加量）					+ 0.1	+ 0.1		
授乳婦 （付加量）					+ 0.5	+ 0.6		

1.3.35　マンガンの食事摂取基準（mg/日）

性　別	男　性		女　性	
年齢等	目安量	耐容上限量	目安量	耐容上限量
0 〜 5 （月）	0.01	—	0.01	—
6 〜 11 （月）	0.5	—	0.5	—
1 〜 2 （歳）	1.5	—	1.5	—
3 〜 5 （歳）	1.5	—	1.5	—
6 〜 7 （歳）	2.0	—	2.0	—
8 〜 9 （歳）	2.5	—	2.5	—
10 〜 11 （歳）	3.0	—	3.0	—
12 〜 14 （歳）	4.0	—	4.0	—
15 〜 17 （歳）	4.5	—	3.5	—
18 〜 29 （歳）	4.0	11	3.5	11
30 〜 49 （歳）	4.0	11	3.5	11
50 〜 64 （歳）	4.0	11	3.5	11
65 〜 74 （歳）	4.0	11	3.5	11
75 以上 （歳）	4.0	11	3.5	11
妊　婦			3.5	—
授乳婦			3.5	—

1.3.36 ヨウ素の食事摂取基準（μg/日）

性　別	男　性				女　性			
年齢等	推定平均必要量	推奨量	目安量	耐容上限量	推定平均必要量	推奨量	目安量	耐容上限量
0〜5（月）	—	—	100	250	—	—	100	250
6〜11（月）	—	—	130	250	—	—	130	250
1〜2（歳）	35	50	—	300	35	50	—	300
3〜5（歳）	45	60	—	400	45	60	—	400
6〜7（歳）	55	75	—	550	55	75	—	550
8〜9（歳）	65	90	—	700	65	90	—	700
10〜11（歳）	80	110	—	900	80	110	—	900
12〜14（歳）	95	140	—	2,000	95	140	—	2,000
15〜17（歳）	100	140	—	3,000	100	140	—	3,000
18〜29（歳）	95	130	—	3,000	95	130	—	3,000
30〜49（歳）	95	130	—	3,000	95	130	—	3,000
50〜64（歳）	95	130	—	3,000	95	130	—	3,000
65〜74（歳）	95	130	—	3,000	95	130	—	3,000
75以上（歳）	95	130	—	3,000	95	130	—	3,000
妊　婦（付加量）					＋75	＋110	—	—[1]
授乳婦（付加量）					＋100	＋140	—	—[1]

1　妊婦及び授乳婦の耐容上限量は，2,000 μg/日とした。

1.3.37 セレンの食事摂取基準（μg/日）

性　別	男　性				女　性			
年齢等	推定平均必要量	推奨量	目安量	耐容上限量	推定平均必要量	推奨量	目安量	耐容上限量
0〜5（月）	—	—	15	—	—	—	15	—
6〜11（月）	—	—	15	—	—	—	15	—
1〜2（歳）	10	10	—	100	10	10	—	100
3〜5（歳）	10	15	—	100	10	10	—	100
6〜7（歳）	15	15	—	150	15	15	—	150
8〜9（歳）	15	20	—	200	15	20	—	200
10〜11（歳）	20	25	—	250	20	25	—	250
12〜14（歳）	25	30	—	350	25	30	—	300
15〜17（歳）	30	35	—	400	20	25	—	350
18〜29（歳）	25	30	—	450	20	25	—	350
30〜49（歳）	25	30	—	450	20	25	—	350
50〜64（歳）	25	30	—	450	20	25	—	350
65〜74（歳）	25	30	—	450	20	25	—	350
75以上（歳）	25	30	—	400	20	25	—	350
妊　婦（付加量）					＋5	＋5	—	—
授乳婦（付加量）					＋15	＋20	—	—

1.3.38 クロムの食事摂取基準（μg/日）

性　別	男　性		女　性	
年齢等	目安量	耐容上限量	目安量	耐容上限量
0〜5（月）	0.8	—	0.8	—
6〜11（月）	1.0	—	1.0	—
1〜2（歳）	—	—	—	—
3〜5（歳）	—	—	—	—
6〜7（歳）	—	—	—	—
8〜9（歳）	—	—	—	—
10〜11（歳）	—	—	—	—
12〜14（歳）	—	—	—	—
15〜17（歳）	—	—	—	—
18〜29（歳）	10	500	10	500
30〜49（歳）	10	500	10	500
50〜64（歳）	10	500	10	500
65〜74（歳）	10	500	10	500
75以上（歳）	10	500	10	500
妊　婦			10	
授乳婦			10	

1.3.39 モリブデンの食事摂取基準（μg/日）

性　別	男　性				女　性			
年齢等	推定平均必要量	推奨量	目安量	耐容上限量	推定平均必要量	推奨量	目安量	耐容上限量
0〜5（月）	—	—	2	—	—	—	2	—
6〜11（月）	—	—	5	—	—	—	5	—
1〜2（歳）	10	10	—	—	10	10	—	—
3〜5（歳）	10	10	—	—	10	10	—	—
6〜7（歳）	10	15	—	—	10	15	—	—
8〜9（歳）	15	20	—	—	15	15	—	—
10〜11（歳）	15	20	—	—	15	20	—	—
12〜14（歳）	20	25	—	—	20	25	—	—
15〜17（歳）	25	30	—	—	20	25	—	—
18〜29（歳）	20	30	—	600	20	25	—	500
30〜49（歳）	25	30	—	600	20	25	—	500
50〜64（歳）	25	30	—	600	20	25	—	500
65〜74（歳）	20	30	—	600	20	25	—	500
75以上（歳）	20	25	—	600	20	25	—	500
妊婦（付加量）					＋0	＋0	—	—
授乳婦（付加量）					＋3	＋3	—	—

2　健康づくりのための各種指針（食生活，対象特性別，運動，休養，睡眠）
2.1　食生活指針

○食事を楽しみましょう。
  ・毎日の食事で，健康寿命をのばしましょう。
  ・おいしい食事を，味わいながらゆっくりよく噛んで食べましょう。
  ・家族の団らんや人との交流を大切に，また，食事づくりに参加しましょう。
○1日の食事のリズムから，健やかな生活リズムを。
  ・朝食で，いきいきした1日を始めましょう。
  ・夜食や間食はとりすぎないようにしましょう。
  ・飲酒はほどほどにしましょう。
○適度な運動とバランスのよい食事で，適正体重の維持を。
  ・普段から体重を量り，食事量に気をつけましょう。
  ・普段から意識して身体を動かすようにしましょう。
  ・無理な減量はやめましょう。
  ・特に若年女性のやせ，高齢者の低栄養にも気をつけましょう。
○主食，主菜，副菜を基本に，食事のバランスを。
  ・多様な食品を組み合わせましょう。
  ・調理方法が偏らないようにしましょう。
  ・手作りと外食や加工食品・調理食品を上手に組み合わせましょう。
○ごはんなどの穀類をしっかりと。
  ・穀類を毎食とって，糖質からのエネルギー摂取を適正に保ちましょう。
  ・日本の気候・風土に適している米などの穀類を利用しましょう。
○野菜・果物，牛乳・乳製品，豆類，魚なども組み合わせて。
  ・たっぷり野菜と毎日の果物で，ビタミン，ミネラル，食物繊維をとりましょう。
  ・牛乳・乳製品，緑黄色野菜，豆類，小魚などで，カルシウムを十分にとりましょう。
○食塩は控えめに，脂肪は質と量を考えて。
  ・食塩の多い食品や料理を控えめにしましょう。食塩摂取量の目標値は，男性で1日8g未満，女性で7g未満とされています。
  ・動物，植物，魚由来の脂肪をバランスよくとりましょう。
  ・栄養成分表示を見て，食品や外食を選ぶ習慣を身につけましょう。
○日本の食文化や地域の産物を活かし，郷土の味の継承を。
  ・「和食」をはじめとした食文化を大切にして，日々の食生活に活かしましょう。
  ・地域の産物や旬の素材を使うとともに，行事食を取り入れながら，自然の恵みや四季の変化を楽しみましょう。
  ・食材に関する知識や料理技術を身につけましょう。
  ・地域や家庭で受け継がれてきた料理や作法を伝えていきましょう。
○食料資源を大切に，無駄や廃棄の少ない食生活を。
  ・まだ食べられるのに廃棄されている食品ロスを減らしましょう。
  ・調理や保存を上手にして，食べ残しのない適量を心がけましょう。
  ・賞味期限や消費期限を考えて利用しましょう。
○「食」に関する理解を深め，食生活を見直してみましょう。
  ・子どものころから，食生活を大切にしましょう。
  ・家庭や学校，地域で，食品の安全性を含めた「食」に関する知識や理解を深め，望ましい習慣を身につけましょう。
  ・家族や仲間と，食生活を考えたり，話し合ったりしてみましょう。
  ・自分たちの健康目標をつくり，よりよい食生活を目指しましょう。

出所）　文部科学省，農林水産省：平成12（2000）年策定，平成28（2016）年6月一部改正

2.2 対象特性別食生活指針

(1) 生活習慣病予防のための食生活指針
 1 いろいろ食べて生活習慣病予防
  ・主食，主菜，副菜をそろえ，目標は1日30食品
  ・いろいろ食べても，食べすぎないように
 2 日常生活は食事と運動のバランスで
  ・食事はいつも腹八分目
  ・運動十分で食事を楽しもう
 3 減塩で高血圧と胃がん予防
  ・塩からい食品を避け，食塩摂取は1日10グラム以下
  ・調理の工夫で，無理なく減塩
 4 脂肪を減らして心臓病予防
  ・脂肪とコレステロール摂取を控えめに
  ・動物性脂肪，植物油，魚油をバランス良く
 5 生野菜，緑黄色野菜でがん予防
  ・生野菜，緑黄色野菜を毎食の食卓に
 6 食物繊維で便秘・大腸がんを予防
  ・野菜，海藻をたっぷりと
 7 カルシウムを十分とって丈夫な骨づくり
  ・骨粗鬆症の予防は青壮年期から
  ・カルシウムに富む牛乳，小魚，海藻を
 8 甘い物はほどほどに
  ・糖分を控えて肥満を予防
 9 禁煙，節酒で健康長寿
  ・禁煙は百益あっても一害なし
  ・百薬の長アルコールも飲み方次第
(2) 成長期のための食生活指針
 1 子どもと親を結ぶ絆としての食事—乳児期—
  ・食事を通してのスキンシップを大切に
  ・母乳で育つ赤ちゃん，元気
  ・離乳の完了，満1歳
  ・いつでも活用，母子健康手帳
 2 食習慣の基礎づくりとしての食事—幼児期—
  ・食事のリズム大切，規則的に
  ・何でも食べられる元気な子
  ・うす味と和食料理に慣れさせよう
  ・与えよう，牛乳・乳製品を十分に
  ・一家そろって食べる食事の楽しさを
  ・心掛けよう，手づくりおやつのすばらしさ
  ・保育所や幼稚園での食事にも関心を
  ・外遊び，親子そろって習慣に
 3 食習慣の完成期としての食事—学童期—
  ・一日三食規則的，バランスのとれた良い食事
  ・飲もう，食べよう，牛乳・乳製品
  ・十分に食べる習慣，野菜と果物
  ・食べすぎや偏食なしの習慣を
  ・おやつには，いろんな食品や量に気配りを
  ・加工食品，インスタント食品の正しい利用
  ・楽しもう，一家団らんおいしい食事
  ・考えよう，学校給食のねらいと内容
  ・つけさせよう，外に出て体を動かす習慣
 4 食習慣の自立期としての食事—思春期—
  ・朝，昼，晩，いつもバランス良い食事

  ・進んでとろう，牛乳・乳製品
  ・十分に食べて健康，野菜と果物
  ・食べすぎ，偏食，ダイエットにはご用心
  ・偏らない，加工食品，インスタント食品に
  ・気を付けて，夜食の内容，病気のもと
  ・楽しく食べよう，みんなで食事
  ・気を配ろう，適度な運動，健康づくり
(3) 女性（母性を含む）のための食生活指針
 1 食生活は健康と美のみなもと
  ・上手に食べて体の内から美しく
  ・無茶な減量，貧血のもと
  ・豊富な野菜で便秘を予防
 2 新しい生命と母に良い栄養
  ・しっかり食べて，一人二役
  ・日常の仕事，買い物，良い運動
  ・酒とたばこの害から胎児を守ろう
 3 次の世代に賢い食習慣を
  ・うす味のおいしさを，愛児の舌にすり込もう
  ・自然な生活リズムを幼いときから
  ・よく噛んで，よーく味わう習慣を
 4 食事に愛とふれ合いを
  ・買ってきた加工食品にも手のぬくもりを
  ・朝食はみんなの努力で勢ぞろい
  ・食卓は「いただきます」で始まる今日の出来事報告会
 5 家族の食事，主婦はドライバー
  ・食卓で，家族の顔みて健康管理
  ・栄養のバランスは，主婦のメニューで安全運転
  ・調理自慢，味と見栄えに安全チェック
 6 働く女性は正しい食事で元気はつらつ
  ・体が資本，食で健康投資
  ・外食は新しい料理を知る良い機会
  ・食事づくりに趣味を見つけてストレス解消
 7 「伝統」と「創造」で新しい食文化を
  ・「伝統」と「創造」を加えて，我が家の食文化
  ・新しい生活の知恵で環境の変化に適応
  ・食文化，あなたとわたしの積み重ね
(4) 高齢者のための食生活指針
 1 低栄養に気を付けよう
  ・体重低下は黄信号
 2 調理の工夫で多様な食生活を
  ・何でも食べよう，だが食べすぎに気をつけて
 3 副食から食べよう
  ・年をとったらおかずが大切
 4 食生活をリズムに乗せよう
  ・食事はゆっくり欠かさずに
 5 よく体を動かそう
  ・空腹感は最高の味つけ
 6 食生活の知恵を身につけよう
  ・食生活の知恵は若さと健康づくりの羅針盤
 7 おいしく，楽しく，食事をとろう
  ・豊かな心が育む健やかな高齢期

資料）厚生省，1990年

2.3 健康づくりのための運動指針

1. 生活の中に運動を
(1) 歩くことからはじめよう
(2) 1日30分を目標に
(3) 息がはずむ程度のスピードで
2. 明るく楽しく安全に
(1) 体調に合わせマイペース
(2) 工夫して，楽しく運動長続き
(3) ときには楽しいスポーツも
3. 運動を生かす健康づくり
(1) 栄養・休養とのバランスを
(2) 禁煙と節酒も忘れずに
(3) 家族のふれあい，友達づくり

(厚生省，平成5年)

2.4 健康づくりのための休養指針

1. 生活にリズムを
・早める気付こう，自分のストレスに
・睡眠は気持ちよい目覚めがバロメーター
・入浴で，からだもこころもリフレッシュ
・旅に出かけて，こころの切り換えを
・休養と仕事のバランスで能率アップと過労防止
2. ゆとりの時間でみのりある休養を
・一日30分，自分の時間をみつけよう
・活かそう休暇を，真の休養に
・ゆとりの中に，楽しみや生きがいを
3. 生活の中にオアシスを
・身近な中にもいこいの大切さ
・食事空間にもバラエティを
・自然とのふれあいで感じよう，健康の息ぶきを
4. 出会いときずなで豊かな人生を
・見出そう，楽しく無理のない社会参加
・きずなの中ではずくむ，クリエイティブ・ライフ

(厚生省，平成6年)

2.5 健康づくりのための睡眠指針 2014 〜睡眠 12 箇条〜

第1条．良い睡眠で，からだもこころも健康に。
　　良い睡眠で，からだの健康づくり
　　良い睡眠で，こころの健康づくり
　　良い睡眠で，事故防止

第2条．適度な運動，しっかり朝食，ねむりとめざめのメリハリを。
　　定期的な運動や規則正しい食生活は良い睡眠をもたらす
　　朝食はからだとこころのめざめに重要
　　睡眠薬代わりの寝酒は睡眠を悪くする
　　就寝前の喫煙やカフェイン摂取を避ける

第3条．良い睡眠は，生活習慣病予防につながります。
　　睡眠不足や不眠は生活習慣病の危険を高める
　　睡眠時無呼吸は生活習慣病の原因になる
　　肥満は睡眠時無呼吸のもと

第4条．睡眠による休養感は，こころの健康に重要です。
　　眠れない，睡眠による休養感が得られない場合，こころのSOSの場合あり
　　睡眠による休養感がなく，日中もつらい場合，うつ病の可能性も

第5条．年齢や季節に応じて，ひるまの眠気で困らない程度の睡眠を。
　　必要な睡眠時間は人それぞれ
　　睡眠時間は加齢で徐々に短縮
　　年をとると朝型化し男性でより顕著
　　日中の眠気で困らない程度の自然な睡眠が一番

第6条．良い睡眠のためには，環境づくりも重要です。
　　自分にあったリラックス法が眠りへの心身の準備となる
　　自分の睡眠に適した環境づくり

第7条．若年世代は夜更かし避けて，体内時計のリズムを保つ。
　　子どもには規則正しい生活を
　　休日に遅くまで寝床で過ごすと夜型化を促進
　　朝目が覚めたら日光を取り入れる
　　夜更かしは睡眠を悪くする

第8条．勤労世代の疲労回復・能率アップに，毎日十分な睡眠を。
　　日中の眠気が睡眠不足のサイン
　　睡眠不足は結果的に仕事の効率を低下させる
　　睡眠不足が蓄積すると回復に時間がかかる
　　午後の短い昼寝で眠気をやり過ごし能率改善

第9条．熟年世代は朝晩メリハリ，ひるまに適度な運動で良い睡眠。
　　寝床で長く過ごしすぎると熟睡感が減る
　　年齢にあった睡眠時間を大きく超えない習慣を
　　適度な運動は睡眠を促進

第10条．眠くなってから寝床に入り，起きる時刻は遅らせない。
　　眠たくなってから寝床に就く，就床時刻にこだわりすぎない
　　眠ろうとする意気込みが頭を冴えさせ寝つきを悪くする
　　眠りが浅いときは，むしろ積極的に遅寝・早起きに

第11条．いつもと違う睡眠には，要注意。
　　睡眠中の激しいいびき・呼吸停止，手足のぴくつき・むずむず感や歯ぎしりは要注意
　　眠っても日中の眠気や居眠りで困っている場合は専門家に相談

第12条．眠れない，その苦しみをかかえずに，専門家に相談を。
　　専門家に相談することが第一歩
　　薬剤は専門家の指示で使用

2.6 健康づくりのための身体活動基準・指針 2023

性・年代別の全身持久力のあらたな基準値（単位：メッツ）

年齢	10 〜 19 歳	20 〜 29 歳	30 〜 39 歳	40 〜 49 歳	50 〜 59 歳	60 〜 69 歳	70 〜 79 歳
男性	14.5（参考値）	12.5	11	10	9	8	7.5
2013	なし	11	11	10	10	9	なし
女性	12.0（参考値）	9.5	8.5	7.5	7	6.5	6
2013	なし	9.5	9.5	8.5	8.5	7.5	なし

・表のメッツ値の強度の運動あるいは生活活動の約 3 分間継続できた場合，全身持久力の基準を満たすと考えられる。
・メッツ値を 3.5 倍することで最高酸素摂取量（単位：mL/kg/ 分）の基準値に換算することが可能である。
・10 〜 19 歳の値は脂肪や疾患発症のリスクとの関係が明確でないため参考値とする。
・2013 の欄内は，「健康づくりのための身体活動基準 2013」で示された基準値

2.7 生活活動のメッツ表

メッツ	3 メッツ以上の生活活動の例
3.0	普通歩行（平地，67 m/分，犬を連れて），電動アシスト付き自転車に乗る，家財道具の片付け，台所の手伝い，大工仕事，梱包，ギター演奏（立位）
3.3	カーペット掃き，フロア掃き，掃除機，身体の動きを伴うスポーツ観戦
3.5	歩行（平地，75 ～ 85 m/分，ほどほどの速さ，散歩など），楽に自転車に乗る（8.9 km/時），階段を下りる，軽い荷物運び，車の荷物の積み下ろし，荷づくり，モップがけ，床磨き，風呂掃除，庭の草むしり，車椅子を押す，スクーター（原付）・オートバイの運転
4.0	自転車に乗る（≒16 km/時未満，通勤），階段を上る（ゆっくり），動物と遊ぶ（歩く/走る，中強度），高齢者や障害者の介護（身支度，風呂，ベッドの乗り降り），屋根の雪下ろし
4.3	やや速歩（平地，やや速めに＝93 m/分），苗木の植栽，農作業（家畜に餌を与える）
4.5	耕作，家の修繕
5.0	かなり速歩（平地，速く＝107 m/分），動物と遊ぶ（歩く/走る，活発に）
5.5	シャベルで土や泥をすくう
5.8	子どもと遊ぶ（歩く/走る，活発に），家具・家財道具の移動・運搬
6.0	スコップで雪かきをする
7.8	農作業（干し草をまとめる，納屋の掃除）
8.0	運搬（思い荷物）
8.3	荷物を上の階へ運ぶ
8.8	階段を上る（速く）

メッツ	3 メッツ未満の生活活動の例
1.8	立位（会話，電話，読書），皿洗い
2.0	ゆっくりした歩行（平地，非常に遅い＝53 m/分未満，散歩または家の中），料理や食材の準備（立位，座位），洗濯，子どもを抱えながら立つ，洗車・ワックスがけ
2.2	子どもと遊ぶ（座位，軽度）
2.3	ガーデニング（コンテナを使用する），動物の世話，ピアノの演奏
2.5	植物への水やり，子どもの世話，仕立て作業
2.8	ゆっくりした歩行（平地，遅い＝53 m/分），子ども・動物と遊ぶ（立位，軽度）

出所）　国立健康・栄養研究所改定版「身体活動のメッツ（METs）表」より改編
　　　　厚生労働省健康づくりのための身体活動基準・指針の改訂に関する検討会：健康づくりのための身体活動・運動ガイド 2023（令和 6 年 1 月）

2.8 運動のメッツ表

メッツ	3メッツ以上の運動の例
3.0	ボウリング，バレーボール，社交ダンス（ワルツ，サンバ，タンゴ），ピラティス，太極拳
3.5	自転車エルゴメーター（30〜50ワット），体操（家で，軽・中等度），ゴルフ（手引きカートを使って）
3.8	ほどほどの強度で行う筋トレ（腕立て伏せ・腹筋運動）
4.0	卓球，パワーヨガ，ラジオ体操第1
4.3	やや速歩（平地，やや速めに＝93 m/分），ゴルフ（クラブを担いで運ぶ）
4.5	テニス（ダブルス），水中歩行（中等度），ラジオ体操第2
4.8	水泳（ゆっくりとした背泳）
5.0	かなり速歩（平地，速く＝107 m/分），野球，ソフトボール，サーフィン，バレエ（モダン，ジャズ），筋トレ（スクワット）
5.3	水泳（ゆっくりとした平泳ぎ），スキー，アクアビクス
5.5	バドミントン
6.0	ゆっくりとしたジョギング，ウェイトトレーニング（高強度，パワーリフティング，ボディビル），バスケットボール，水泳（のんびり泳ぐ）
6.5	山を登る（0〜4.1 kgの荷物を持って）
6.8	自転車エルゴメーター（90〜100ワット）
7.0	ジョギング，サッカー，スキー，スケート，ハンドボール
7.3	エアロビクス，テニス（シングルス）*，山を登る（約4.5〜9.0 kgの荷物を持って）
8.0	サイクリング（約20 km/時），激しい強度で行う筋トレ（腕立て伏せ・腹筋運動）
8.3	ランニング（134 m/分），水泳（クロール，ふつうの速さ，46 m/分未満），ラグビー
9.0	ランニング（139 m/分）
9.8	ランニング（161 m/分）
10.0	水泳（クロール，速い，69 m/分）
10.3	武道・武術（柔道，柔術，空手，キックボクシング，テコンドー）
11.0	ランニング（188 m/分），自転車エルゴメーター（161〜200ワット）

メッツ	3メッツ未満の運動の例
2.3	ストレッチング
2.5	ヨガ，ビリヤード
2.8	座って行うラジオ体操，楽な強度で行う筋トレ（腹筋運動）

出所）国立健康・栄養研究所改定版「身体活動のメッツ（METs）表」より改編
　　　厚生労働省健康づくりのための身体活動基準・指針の改訂に関する検討会：健康づくりのための身体活動・運動ガイド2023（令和6年1月）

妊産婦のための食事バランスガイド
～あなたの食事は大丈夫？～

「食事バランスガイド」ってなあに？

「食事バランスガイド」とは、1日に「何を」「どれだけ」食べたらよいかが一目でわかる食事の目安です。「主食」「副菜」「主菜」「牛乳・乳製品」「果物」の5つのグループの料理や食品を組み合わせてとれるよう、コマにたとえてそれぞれの適量をイラストでわかりやすく示しています。

妊娠前から、健康なからだづくりを

妊娠前にやせすぎ、肥満はありませんか。健康な子どもを生み育てるためには、妊娠前からバランスのよい食事と適正な体重を目指しましょう。「主食」「副菜」「主菜」「果物」のグループの料理や食品をバランスよく組み合わせてとれるように、妊娠前から適正な体重でからだやからだやかを

[バランスの悪い例] [バランスの良い例] [バランスの悪い例] [バランスの良い例]

このイラストの料理例を組み合わせるとおおよそ2,200kcal。非妊娠時・妊娠初期（20～49歳女性）の身体活動レベル「ふつう（Ⅱ）」以上の1日分の適量を示しています。

厚生労働省・農林水産省決定

水・お茶

	非妊娠時	妊娠初期	妊娠中期	妊娠末期授乳期
1日分付加量				
主食	5～7 (SV)	—	—	+1
副菜	5～6 (SV)	—	+1	+1
主菜	3～5 (SV)	—	+1	+1
牛乳・乳製品	2 (SV)	—	—	+1
果物	2 (SV)	—	+1	+1

非妊娠時、妊娠初期の1日分を基本とし、妊娠中期、妊娠末期・授乳期には必要に応じて付加量を補うことが必要です。

食塩・油脂については料理の中に使用されているものであり、「コマ」のイラストとして表現されていませんが、実際の食事選択の場面で表示される際には食塩相当量や脂質も合わせて情報提供されることが望まれます。

料理例

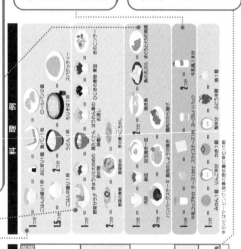

※SVとはサービング（食事の提供量の単位）の略

「主食」を中心に、エネルギーをしっかりと

妊娠・授乳期は、非妊娠時に比べてエネルギーが多く必要となります。主食を中心に、必要なエネルギーをしっかりとりましょう。また体重の変化も確認しましょう。

不足しがちなビタミン・ミネラルを「副菜」でたっぷりと

緑黄色野菜を積極的に食べて葉酸などビタミンを摂取しましょう。特に妊娠を計画していたり、妊娠初期の人には神経管閉鎖障害発症リスク低減のために、葉酸の栄養機能食品を利用することも勧められています。

副菜で不足しがちな栄養素を摂取しましょう！

からだづくりの基礎となる「主菜」は適量を

肉、魚、卵、大豆料理をバランスよくとりましょう。赤身の肉や魚などを上手に取り入れて、貧血を防ぎましょう。ただし、妊娠初期にはビタミンAの過剰摂取に気をつけて。

牛乳・乳製品などの多様な食品を組み合わせて、カルシウムを十分に

妊娠期・授乳期には、必要とされる量のカルシウムが摂取できるように、偏りのない食習慣を確立しましょう。

母乳育児も、バランスのよい食生活のなかで

母乳育児はお母さんにも赤ちゃんにも最良の方法です。バランスのよい食生活で、母乳育児を継続しましょう。

たばことお酒の害から赤ちゃんを守りましょう

妊娠・授乳中の喫煙、受動喫煙、飲酒は、胎児や乳児の発育、母乳分泌に影響を与えます。禁煙、禁酒に努め、周囲にも協力を求めましょう。

<食事バランスガイドの詳細>
http://www.j-balanceguide.com/
http://www.mhlw.go.jp/bunya/kenkou/eiyou-syokuji.html

厚生労働省及び農林水産省が食生活指針を具体的な行動に結びつけるものとして作成・公表した「食事バランスガイド」（2005年）に、食事摂取基準の妊娠期・授乳期の付加量を参考に一部加筆

222

索　引

執筆者紹介

岸　　昌代　東京家政大学栄養学部管理栄養学科准教授　（1, 12）

大森　　聡　富山短期大学食物栄養学科准教授　（2, 11）

＊塩入　輝恵　東京家政大学短期大学部栄養科准教授　（3.1-2）

＊七尾由美子　金沢学院大学栄養学部栄養学科教授　（3.3）

石黒真理子　仁愛大学人間生活学部健康栄養学科講師　（4）

小林　理恵　東京家政大学家政学部栄養学科教授　（5）

大瀬良知子　東洋大学食環境科学部健康栄養学科准教授　（6, 10）

増野　弥生　つくば国際大学医療保健学部保健栄養学科教授　（7, 9）

佐喜眞未帆　岐阜市立女子短期大学健康栄養学科講師　（8）

山本　浩範　仁愛大学人間生活学部健康栄養学科教授　（13）

（執筆順，＊編者）

サクセスフル食物と栄養学基礎シリーズ9　応用栄養学

2024年3月30日　第一版第一刷発行　　　　　　　　　　　　　　◎検印省略

編　者　塩入輝恵
七尾由美子

発行所　株式会社　学文社
発行者　田中千津子

郵便番号　　　　153-0064
東京都目黒区下目黒3-6-1
電　話　03（3715）1501（代）
https://www.gakubunsha.com

Printed in Japan
印刷所　新灯印刷株式会社

ISBN 978-4-7620-3346-9